内 容 简 介

本书是根据教育部关于理工科概率论与数理统计课程的教学基本要求编写的概率论与数理统计课程的教材,编者全部是具有丰富教学经验的一线教师.全书共分为八章,内容包括:概率论的基本概念、随机变量及其概率分布、随机变量的数字特征、大数定律与中心极限定理、数理统计的基本知识、参数估计、假设检验、方差分析与回归分析.本书按节配置习题,每章有总练习题,书末附有参考答案与提示,便于读者参考.本书根据理工科学生的实际要求及相关课程的设置次序,对传统的教学内容在结构和内容上做了合理调整,使之更适合新世纪概率论与数理统计课程的教学理念和教学内容的改革趋势.其主要特点是:选材取舍精当,行文简约严密,讲解重点突出,服务后续课程,衔接考研思路;强调基本理论与基础训练,注重解决实际问题能力的提高与综合能力的培养.

本书可作为高等院校理工科各专业本科生概率论与数理统计课程的教材,也可作为相关专业的大学生、自学考试学生的教材或教学参考书.

21 世纪高等院校数学规划教材

概 率 统 计

王翠香　褚宝增　主编

图书在版编目(CIP)数据

概率统计/王翠香，褚宝增主编. —北京：北京大学出版社，2020.9
21世纪高等院校数学规划教材
ISBN 978-7-301-31518-7

Ⅰ.①概⋯　Ⅱ.①王⋯　②褚⋯　Ⅲ.①概率统计—高等学校—教材　Ⅳ.①O211

中国版本图书馆 CIP 数据核字（2020）第 149687 号

书　　　名	概率统计
	GAILÜ TONGJI
著作责任者	王翠香　褚宝增　主编
责 任 编 辑	曾婉婷
标 准 书 号	ISBN 978-7-301-31518-7
出 版 发 行	北京大学出版社
地　　　址	北京市海淀区成府路 205 号　100871
网　　　址	http://www.pup.cn　新浪微博：@北京大学出版社
电 子 信 箱	zpup@pup.cn
电　　　话	邮购部 010-62752015　发行部 010-62750672　编辑部 010-62754819
印 刷 者	北京市科星印刷有限责任公司
经 销 者	新华书店
	787 毫米×960 毫米　16 开本　14.5 印张　314 千字
	2020 年 9 月第 1 版　2022 年 1 月第 2 次印刷
定　　　价	38.00 元

未经许可，不得以任何方式复制或抄袭本书之部分或全部内容。
版权所有，侵权必究
举报电话：010-62752024　电子信箱：fd@pup.pku.edu.cn
图书如有印装质量问题，请与出版部联系，电话：010-62756370

前　言

当前，我国高等教育蓬勃发展，教学改革不断深入，高等院校理工科类数学基础课的教学理念、教学内容及教材建设也孕育在这种变革中．为适应高等教育21世纪教学内容和课程体系改革的总目标，培养具有创新能力的高素质人才，我们应北京大学出版社的邀请，经集体讨论，分工编写了这套"21世纪高等院校数学规划教材"，本教材为其中的《概率统计》分册．

本教材参照教育部关于理工科概率论与数理统计课程的教学基本要求，按照"加强基础、培养能力、重视应用"的指导方针，精心选材，力求实现基础性、应用性、前瞻性的和谐统一，集中体现了编者长期讲授理工科概率论与数理统计课程所积累的丰富教学经验，反映了当前理工科概率论与数理统计课程教学理念和教学内容的改革趋势．具体体现在以下几个方面：

1. 精心构建教材内容．本教材在内容选择方面，根据理工科学生的实际要求及相关专业课程的特点，汲取了国内外优秀教材的特点，对传统的教学内容在结构和内容上做了适当的取舍、补充和调整，为后续课程打好坚实的基础．

2. 内容讲述符合认知规律．以实际的例子导入问题，然后引出相关概念，并在叙述时力求严谨，兼顾直观和抽象，再通过有针对性的例题和习题加深对概念的理解与结论的应用；对重点概念、重要定理、难点内容从多侧面进行剖析，做到难点分散，便于学生理解与掌握．

3. 加强基础训练和基本能力的培养．紧密结合概念、定理和运算法则配置丰富的例题，并剖析一些综合性例题．按节配有适量习题，每章配有总练习题，书末附有参考答案与提示，便于读者参考．

4. 注重学生数学思维的训练．本教材自始至终贯穿了从具体到抽象的建模过程和从抽象到具体的应用体验，提高学生的符号演绎能力，力求达到培养学生的数学思想和实际应用能力的双重目标．

全书共分八章：第一章由吴飞编写，第二章由王翠香编写，第三章由褚宝增编写，第四、五、六章由王锡禄编写，第七、八章由郭翠平编写．全书由王翠香统稿，褚宝增审定．

前言

本书的主要特点是:选材取舍精当,行文简约严密,讲解重点突出,服务后续课程,衔接考研思路等.

感谢王祖朝教授、高世臣教授对本教材的认真审稿及提出的修改意见.北京大学出版社曾琬婷同志为本教材做了很多细致的工作,在此表示诚挚的谢意.

囿于编者水平及编写时间较为仓促,教材之中难免存在疏漏与不妥之处,恳请广大读者不吝指正.

编 者

2019 年 10 月

目 录

第一章 概率论的基本概念 ······ (1)
 §1.1 随机现象与随机事件 ······ (1)
  一、随机现象与随机试验 ······ (1)
  二、样本空间和随机事件 ······ (2)
  三、事件之间的关系和事件的运算 ······ (3)
  习题 1.1 ······ (6)
 §1.2 概率的定义 ······ (7)
  一、频率与概率 ······ (7)
  二、概率的公理化定义 ······ (9)
  习题 1.2 ······ (11)
 §1.3 古典概型与几何概型 ······ (11)
  一、古典概型 ······ (11)
  二、几何概型 ······ (14)
  习题 1.3 ······ (15)
 §1.4 条件概率 ······ (15)
  一、条件概率 ······ (15)
  二、乘法公式 ······ (17)
  三、全概率公式和贝叶斯公式 ······ (19)
  习题 1.4 ······ (21)
 §1.5 随机事件的独立性 ······ (22)
  一、相互独立的随机事件 ······ (22)
  二、独立重复试验概型 ······ (25)
  习题 1.5 ······ (26)
 总练习题一 ······ (26)

第二章 随机变量及其概率分布 ······ (28)
 §2.1 随机变量与分布函数 ······ (28)
  一、随机变量 ······ (28)
  二、分布函数 ······ (30)
  习题 2.1 ······ (32)

目录

§2.2 离散型随机变量 ··· (32)
    一、离散型随机变量的概念 ·· (32)
    二、几种常见的离散型随机变量的分布 ································ (34)
    习题 2.2 ··· (39)

§2.3 连续型随机变量 ··· (41)
    一、概率密度函数的概念 ·· (41)
    二、几种常见的连续型随机变量的分布 ································ (43)
    习题 2.3 ··· (50)

§2.4 二维随机变量 ·· (52)
    一、二维随机变量及其分布函数 ··· (52)
    二、二维离散型随机变量 ·· (54)
    三、二维连续型随机变量 ·· (56)
    习题 2.4 ··· (60)

§2.5 条件分布与随机变量的独立性 ······································· (61)
    一、条件分布 ·· (61)
    二、随机变量的独立性 ·· (66)
    习题 2.5 ··· (68)

§2.6 随机变量函数的概率分布 ··· (70)
    一、一维随机变量函数的概率分布 ····································· (70)
    二、二维随机变量函数的概率分布 ····································· (74)
    习题 2.6 ··· (78)

总练习题二 ··· (80)

第三章 随机变量的数字特征 ··· (83)

§3.1 数学期望 ·· (83)
    习题 3.1 ··· (89)

§3.2 方差 ·· (90)
    习题 3.2 ··· (94)

§3.3 二维随机变量的数学期望与方差 ···································· (94)
    习题 3.3 ··· (99)

§3.4 协方差与相关系数 ·· (99)
    习题 3.4 ··· (103)

§3.5 矩与协方差矩阵 ··· (104)
    习题 3.5 ··· (105)

总练习题三 ··· (105)

第四章　大数定律与中心极限定理 ……………………………………………… (107)

§4.1　依概率收敛 ……………………………………………………………… (107)

§4.2　大数定律 ………………………………………………………………… (108)

　　习题 4.2 …………………………………………………………………… (110)

§4.3　中心极限定理 …………………………………………………………… (111)

　　习题 4.3 …………………………………………………………………… (113)

总练习题四 ………………………………………………………………………… (114)

第五章　数理统计的基本知识 …………………………………………………… (116)

§5.1　数理统计的基本概念 …………………………………………………… (116)

　　一、总体与样本 …………………………………………………………… (116)

　　二、样本的分布函数 ……………………………………………………… (117)

　　三、经验分布函数 ………………………………………………………… (117)

　　四、统计量 ………………………………………………………………… (118)

　　习题 5.1 …………………………………………………………………… (120)

§5.2　抽样分布 ………………………………………………………………… (120)

　　一、χ^2 分布 …………………………………………………………… (120)

　　二、t 分布 ………………………………………………………………… (122)

　　三、F 分布 ………………………………………………………………… (123)

　　习题 5.2 …………………………………………………………………… (124)

§5.3　χ^2 分布、t 分布与 F 分布之间的关系 ……………………………… (124)

　　习题 5.3 …………………………………………………………………… (127)

总练习题五 ………………………………………………………………………… (127)

第六章　参数估计 ………………………………………………………………… (129)

§6.1　矩估计 …………………………………………………………………… (129)

　　习题 6.1 …………………………………………………………………… (131)

§6.2　最大似然估计 …………………………………………………………… (131)

　　一、离散型总体参数的最大似然估计 …………………………………… (131)

　　二、连续型总体参数的最大似然估计 …………………………………… (132)

　　三、最大似然估计的一般求解步骤 ……………………………………… (133)

　　习题 6.2 …………………………………………………………………… (135)

§6.3　点估计的评价标准 ……………………………………………………… (136)

　　一、无偏性 ………………………………………………………………… (136)

　　二、有效性 ………………………………………………………………… (137)

　　三、相合性 ………………………………………………………………… (138)

目录

   习题 6.3 ·· (138)

  §6.4 区间估计 ·· (139)

   一、双侧置信区间 ·· (139)

   二、单侧置信区间 ·· (141)

   习题 6.4 ·· (141)

  §6.5 正态总体均值与方差的区间估计 ·································· (142)

   一、单个正态总体参数的区间估计 ································ (142)

   二、两个正态总体参数相比较的置信区间 ······················· (144)

   习题 6.5 ·· (146)

  §6.6 非正态总体参数的区间估计 ·· (146)

   习题 6.6 ·· (148)

  总练习题六 ·· (148)

第七章 假设检验 ··· (150)

  §7.1 假设检验的基本概念 ·· (150)

   一、假设检验问题的提出 ·· (150)

   二、假设检验的基本原理 ·· (151)

   三、两类错误 ·· (152)

   四、假设检验的基本步骤 ·· (153)

   习题 7.1 ·· (153)

  §7.2 单个正态总体参数的假设检验 ···································· (154)

   一、总体均值的假设检验 ·· (154)

   二、总体方差的假设检验 ·· (157)

   习题 7.2 ·· (159)

  §7.3 两个正态总体参数的假设检验 ···································· (159)

   一、两个正态总体均值差的假设检验 ···························· (160)

   二、基于成对数据的假设检验 ······································ (163)

   三、两个正态总体方差相比较的假设检验 ······················ (164)

   习题 7.3 ·· (166)

  总练习题七 ·· (167)

第八章 方差分析与回归分析 ·· (170)

  §8.1 单因素方差分析 ·· (170)

   一、问题的提出 ·· (170)

   二、单因素方差分析模型 ·· (171)

   三、平方和分解式 ··· (173)

　　　　四、检验统计量及拒绝域 ……………………………………………… (173)
　　　　五、未知参数的估计 …………………………………………………… (175)
　　　　习题 8.1 …………………………………………………………………… (176)
　§ 8.2　双因素方差分析 …………………………………………………………… (177)
　　　　一、双因素方差分析模型 ……………………………………………… (178)
　　　　二、双因素无重复试验的方差分析 …………………………………… (179)
　　　　三、双因素等重复试验的方差分析 …………………………………… (182)
　　　　习题 8.2 …………………………………………………………………… (185)
　§ 8.3　一元线性回归 ……………………………………………………………… (186)
　　　　一、一元线性回归模型 ………………………………………………… (186)
　　　　二、一元线性回归模型参数的估计 …………………………………… (187)
　　　　三、线性假设的显著性检验 …………………………………………… (191)
　　　　四、回归系数的置信区间 ……………………………………………… (192)
　　　　五、回归函数值的点估计和区间估计 ………………………………… (192)
　　　　六、观察值的点预测和区间预测 ……………………………………… (192)
　　　　习题 8.3 …………………………………………………………………… (194)
　　　总练习题八 ………………………………………………………………… (195)
部分习题答案与提示 ……………………………………………………………… (198)
附表 1　标准正态分布表 ……………………………………………………………… (209)
附表 2　泊松分布表 …………………………………………………………………… (210)
附表 3　t 分布表 ……………………………………………………………………… (211)
附表 4　χ^2 分布表 …………………………………………………………………… (212)
附表 5　F 分布表 ……………………………………………………………………… (214)

第一章 概率论的基本概念

> 概率论源于博弈问题的讨论. 在生产实践和物理学、生物学等学科发展的推动下,概率论得到了飞速的发展,其理论和实践研究不断深入,它的思想和方法已经渗透到各学科. 概率论在可靠性理论、信息论、工程技术和社会科学等许多领域都有着重要的应用. 本章是概率论的基础,主要介绍概率论的基本概念、基本公式,事件的独立性以及概率的计算.

§1.1 随机现象与随机事件

一、随机现象与随机试验

概率论的主要研究对象是随机现象. 那么,什么是随机现象呢?人们通过观察会发现,在自然界和人类社会中存在着两类不同的现象:一类是在一定的条件下必然会发生的现象. 例如,在标准大气压下,水在 100 ℃ 时必然会沸腾;太阳从东方升起;等等. 这类现象称为**确定性现象**. 但是,在自然界和社会生活中还广泛存在着与确定性现象有着本质区别的另一类现象. 例如,在相同条件下多次抛掷同一颗骰子,观察出现的点数,其结果可能是 1~6 点中的任何一个,并且在每次抛掷前无法知道抛掷的结果是什么;自动车床加工出来的机械零件,可能是合格品,也可能是次品;一门大炮向同一目标发射多发同种炮弹,因受各种因素的影响,弹着点各不一样;等等. 这类现象的一个共同特点是:在基本条件不变的情况下,做一系列试验或观察,会得到不同的结果. 通常称这类现象为**随机现象**. 在随机现象中,虽然做单个试验或观察时会时而出现这种结果,时而出现那种结果,但在大量重复试验或观察下,其结果却呈现出某种规律性. 例如,在相同条件下多次抛掷同一颗骰子时会发现,出现各点数大致各占 $\frac{1}{6}$;一门大炮向同一目标发射同种炮弹的弹着点按照一定的规律分布;等等. 概率论与数理统计就是研究和揭示随机现象在大量重复试验或观察中所呈现出的统计规律性的一门数学学科.

第一章 概率论的基本概念

研究随机现象是通过随机试验来进行的. 概率论中的试验是一个含义广泛的术语,包括各种各样的科学实验,甚至对事物某一特征的观察也可认为是一种试验. 我们称具备以下三个特点的试验为**随机试验**:

(1) 可在相同条件下重复进行;

(2) 每次试验可出现不同结果,进行一次试验之前不能确定哪种结果会出现;

(3) 每次试验前知道可能出现的全部结果.

通常用 E 表示随机试验. 下面举一些随机试验的例子:

E_1: 抛掷一颗骰子,观察出现的点数;

E_2: 将一枚硬币抛掷 3 次,观察出现正面 H 的次数;

E_3: 将一枚硬币抛掷 3 次,观察正面 H 和反面 T 出现的情况;

E_4: 观察某城市一个电话交换台一昼夜接到的呼唤次数;

E_5: 从某厂生产的灯管中任意抽取一根,测试它的使用寿命.

从上述例子可知,随机试验是产生随机现象的过程. 我们是通过研究随机试验来研究随机现象,揭示随机现象的统计规律性的.

二、样本空间和随机事件

样本空间和随机事件是概率论中最基本的两个概念. 下面我们结合例子来介绍这两个基本概念.

为了研究随机试验,首先需要知道随机试验可能出现的结果. 我们把随机试验 E 的所有可能结果组成的集合称为 E 的**样本空间**,记为 Ω. 样本空间的元素,即 E 的每个结果,称为**样本点**,记为 e. 在具体问题中,给出样本空间是描述随机现象的第一步.

下面给出上一小节中随机试验 $E_k(k=1,2,\cdots,5)$ 的样本空间 $\Omega_k(k=1,2,\cdots,5)$:

$\Omega_1 = \{1,2,3,4,5,6\}$; $\quad \Omega_2 = \{0,1,2,3\}$;

$\Omega_3 = \{HHH, HHT, HTH, THH, HTT, THT, TTH, TTT\}$;

$\Omega_4 = \{0,1,2,3,\cdots\}$; $\quad \Omega_5 = \{t: t \geqslant 0\}$.

从上面的例子可以看出,随着随机试验的要求不同,样本空间可以相当简单,也可以相当复杂. 需要注意的一点是,样本空间的元素是由随机试验的目的所决定的. 例如,在 E_2 和 E_3 中,同是将一枚硬币抛掷 3 次,由于随机试验的目的不一样,其样本空间也不一样.

通常,我们把随机试验 E 的样本空间 Ω 的子集称为 E 的**随机事件**,简称**事件**,常常用 A, B, C 等来表示. 例如,在随机试验 E_1 中,若研究抛出的点数是否为偶数的情形,则满足这一条件的样本点组成样本空间 Ω_1 的一个子集:$A = \{2,4,6\}$. A 就是随机试验 E_1 的一个随机事件.

从上面的定义可以看出,事件是由样本点组成的集合. 特别地,由一个样本点组成的单点集称为**基本事件**. 我们称**某事件发生**当且仅当它所包含的某个样本点出现.

若把样本空间作为一个事件,因在每次试验中必然出现 Ω 中的某个样本点,也即 Ω 必然发生,故称 Ω 为**必然事件**. 类似地,也把空集 $\varnothing$ 作为一个事件,它在每次试验中都不会发生,故称它为**不可能事件**. 为了今后研究问题方便,我们把必然事件和不可能事件作为随机事件的两个极端情形来统一处理.

三、事件之间的关系和事件的运算

概率论的一个重要研究课题是从简单事件的概率推算出复杂事件的概率. 为此,需要研究若干在某些相同条件下的事件以及它们之间的关系和运算. 对这个问题的研究,不仅可以帮助我们更深刻地认识事件的本质,而且可以大大地简化一些复杂事件的概率计算.

1. 事件的包含与相等

设 A,B 为两个事件. 若事件 A 发生必导致事件 B 发生,即 A 中的每个样本点都在 B 中,则称**事件 A 包含于事件 B**,或称**事件 B 包含事件 A**,记为 $A \subset B$ 或 $B \supset A$.

显然,对于任意的事件 A,必有 $\varnothing \subset A \subset \Omega$.

设 A,B 为两个事件. 若 $A \subset B$ 与 $A \supset B$ 同时成立,则称事件 A 和事件 B **相等**,记为 $A = B$.

从此定义知,对于事件 A,B,当 $A = B$ 时,事件 B 中的样本点都在事件 A 中,且事件 A 中的样本点也都在事件 B 中.

2. 事件的和

设 A,B 为两个事件,则"事件 A 或事件 B 至少有一个发生"是一个事件,称为事件 A 与事件 B 的**和**,记为 $A \cup B$ 或 $A + B$.

两个事件的和的定义可推广到有限个事件及可列无穷多个事件的情形:

"n 个事件 $A_1, A_2, \cdots, A_n$ 中至少有一个发生"是一个事件,称为 n 个事件 $A_1, A_2, \cdots, A_n$ 的**和**,记为 $A_1 \cup A_2 \cup \cdots \cup A_n$,简记为 $\bigcup_{i=1}^{n} A_i$. 当涉及可列无穷多个事件时,用符号 $\bigcup_{i=1}^{\infty} A_i$ 表示事件"可列无穷多个事件 $A_1, A_2, \cdots$ 中至少有一个发生".

3. 事件的积

设 A,B 为两个事件,则"事件 A 和事件 B 同时发生"是一个事件,称为事件 A 与事件 B 的**积**,记为 $A \cap B$ 或 AB.

显然,积事件 AB 的样本点由既属于事件 A 又属于事件 B 的公共样本点组成.

类似于事件的和,可把事件的积的概念推广到 n 个事件及可列无穷多个事件的情形:

"n 个事件 $A_1, A_2, \cdots, A_n$ 同时发生"是一个事件,称为 n 个事件 $A_1, A_2, \cdots, A_n$ 的**积**,记为 $A_1 \cap A_2 \cap \cdots \cap A_n$ 或 $A_1 A_2 \cdots A_n$,简记为 $\bigcap_{i=1}^{n} A_i$. 而用符号 $\bigcap_{i=1}^{\infty} A_i$ 表示事件"可列无穷多个事件 $A_1, A_2, \cdots$ 同时发生".

需要注意的一点是,在概率论中,为了解决复杂问题,常常将一个事件分解为若干事件之和$\left(A=\bigcup_i A_i\right)$或若干事件之积$\left(A=\bigcap_i A_i\right)$.

4. 互不相容事件

设A,B为两个事件.若事件A与事件B不能同时发生,即$AB=\varnothing$,则称事件A与事件B是**互不相容事件**或**互斥事件**.由此定义,当两个事件互不相容时,它们没有公共的样本点.

若n个事件$A_1,A_2,\cdots,A_n$中的任意两个事件都互不相容,即$A_i A_j=\varnothing (i\neq j;i,j=1,2,\cdots,n)$,则称这$n$个事件互不相容.

事件互不相容概念的引入在某些情况下可大大简化和事件的相关运算,故"事件互不相容"在概率论的理论研究和实际应用中经常出现.读者应对这一概念认真体会和准确把握.

5. 对立事件

设A,B为两个事件.若事件A与事件B互不相容,且它们的和为必然事件,即$AB=\varnothing$,且$A\cup B=\Omega$,则称事件B为事件A的**对立事件**或**逆事件**.事件A的对立事件记为$\overline{A}$.

显然$\overline{\overline{A}}=A,A\overline{A}=\varnothing,A\cup\overline{A}=\Omega$,即$A$与$\overline{A}$互为对立事件.需要注意,若事件$A,B$互为对立事件,则事件$A,B$必互不相容;反之,则不然.另外,当事件$A$较为复杂,而事件$\overline{A}$较为简单时,往往通过研究$\overline{A}$来研究$A$.有时为了研究问题的需要,可将一个事件分解为若干互不相容事件之和.例如,对于任意两个事件A,B,下述分解总是成立的:
$$A=AB\cup A\overline{B}.$$

6. 事件的差

设A,B为两个事件,则"事件A发生,而事件B不发生"是一个事件,称之为事件A与事件B的**差**,记为$A-B$.

显然,$A-B$表示包含在A中而不包含在B中的样本点的全体,并且有
$$A-B=A\overline{B}=A-AB.$$
这个关系式很重要,在概率论的研究中经常用到.

事件的运算满足下列定律,证明留给读者:

设A,B,C为三个事件,则有

(1) **交换律**:$A\cup B=B\cup A$,$A\cap B=B\cap A$;

(2) **结合律**:$A\cup(B\cup C)=(A\cup B)\cup C$,$A\cap(B\cap C)=(A\cap B)\cap C$;

(3) **分配律**:$A\cap(B\cup C)=(A\cap B)\cup(A\cap C)$,$A\cup(B\cap C)=(A\cup B)\cap(A\cup C)$;

(4) **德·摩根(De Morgan)对偶律**:$\overline{A\cup B}=\overline{A}\cap\overline{B}$,$\overline{A\cap B}=\overline{A}\cup\overline{B}$.

对于n个事件甚至可列无穷多个事件,德·摩根对偶律也成立,即
$$\overline{\bigcup_{i=1}^n A_i}=\bigcap_{i=1}^n \overline{A_i},\quad \overline{\bigcap_{i=1}^n A_i}=\bigcup_{i=1}^n \overline{A_i},$$

$$\overline{\bigcup_{i=1}^{\infty} A_i} = \bigcap_{i=1}^{\infty} \overline{A_i}, \quad \overline{\bigcap_{i=1}^{\infty} A_i} = \bigcup_{i=1}^{\infty} \overline{A_i}.$$

另外,易证以下等式成立:

$$A \cup A = A, \quad A \cap A = A, \quad A \cup \varnothing = A, \quad A \cap \varnothing = \varnothing,$$
$$A \cup \Omega = \Omega, \quad A \cap \Omega = A, \quad A \cup B = A \cup B\overline{A}.$$

有时用平面上某个矩形区域及其中的图形来表示事件之间的关系或运算比较直观. 这种表示事件之间关系或运算的图形称为**维恩(Venn)图**. 在维恩图中,用平面上的矩形区域表示样本空间 Ω,矩形区域内的点和小圆分别表示样本点和事件. 例如,在图 1 中,两个小圆分别表示事件 A 与事件 B,阴影部分表示事件 A 与事件 B 的各种关系和运算结果.

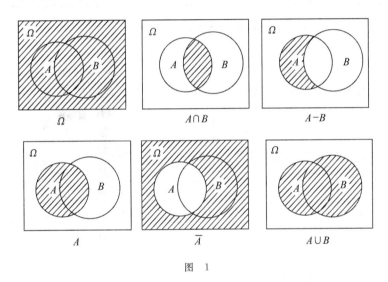

图 1

熟悉集合论的读者会注意到,事件之间的关系及运算与集合论中集合的关系及运算是完全相似的(表 1). 事件之间的关系及运算对建立概率论的严格数学基础非常重要. 在学习时,要注意用概率论的语言来解释和描述这些关系及运算,并且学会用这些关系及运算来表示一些事件.

表 1

符号	概率论中的含义	集合论中的含义
$\varnothing$	不可能事件	空集
Ω	样本空间或必然事件	全集
$\{e\}$	基本事件	单点集
$e \in \Omega$	样本点	Ω 中的元素

续表

符号	概率论中的含义	集合论中的含义
$\overline{A}$	事件 A 的对立事件	集合 A 的余集
$A=B$	事件 A 与事件 B 相等	集合 A 与集合 B 相等
$A \subset B$	事件 A 包含于事件 B	集合 A 包含于集合 B
$A \cup B$	事件 A 与事件 B 的和	集合 A 与集合 B 的并
$A \cap B$	事件 A 与事件 B 的积	集合 A 与集合 B 的交
$A-B$	事件 A 与事件 B 的差	集合 A 与集合 B 的差
$A \cap B = \varnothing$	事件 A 与事件 B 互不相容	集合 A 与集合 B 没有公共元素

例1 设 A,B,C 为三个事件,可将下列事件用 A,B,C 表示:

(1) 这三个事件都发生: ABC;

(2) 这三个事件都不发生: $\overline{A}\,\overline{B}\,\overline{C}$;

(3) 事件 A 发生,而事件 B 与事件 C 都不发生: $A\overline{B}\,\overline{C}$, $A-B-C$ 或 $A-(B \cup C)$;

(4) 事件 A 与事件 B 发生,而事件 C 不发生: $AB\overline{C}$ 或 $AB-C$;

(5) 这三个事件中恰好有一个发生: $A\overline{B}\,\overline{C}+\overline{A}B\overline{C}+\overline{A}\,\overline{B}C$;

(6) 这三个事件中恰好有两个发生: $AB\overline{C}+A\overline{B}C+\overline{A}BC$;

(7) 这三个事件中至少有一个发生:

$A \cup B \cup C$ 或 $A\overline{B}\,\overline{C}+\overline{A}B\overline{C}+\overline{A}\,\overline{B}C+AB\overline{C}+A\overline{B}C+\overline{A}BC+ABC$.

例2 一名射手连续向某一目标射击,设事件 $A_i (i=1,2,3)$ 表示该射手第 i 次射击击中目标,则下列事件可用事件 A_1, A_2, A_3 表示:

(1) 第 3 次射击未击中目标: $\overline{A_3}$;

(2) 前 2 次射击中至少有 1 次击中目标: $A_1 \cup A_2$;

(3) 3 次射击中至少有 1 次击中目标: $A_1 \cup A_2 \cup A_3$;

(4) 3 次射击都击中目标: $A_1 A_2 A_3$;

(5) 第 3 次射击击中目标,但第 2 次射击未击中目标: $A_3 \overline{A_2}$ 或 $A_3 - A_2$;

(6) 前 2 次射击均未击中目标: $\overline{A_1}\,\overline{A_2}$ 或 $\overline{A_1 \cup A_2}$;

(7) 后 2 次射击中至少有 1 次未击中目标: $\overline{A_2} \cup \overline{A_3}$ 或 $\overline{A_2 A_3}$;

(8) 3 次射击中至少有 2 次击中目标: $A_1 A_2 \cup A_2 A_3 \cup A_1 A_3$.

习 题 1.1

1. 写出下列随机试验的样本空间:

(1) 投掷两颗均匀的骰子,记录点数之和;

(2) 射击一个目标,直至击中目标为止,记录射击次数;

(3) 设一个袋子中有 4 个白球和 6 个黑球,逐个取出,直至白球全部取出为止,记录取球次数;

(4) 往数轴上任意投掷两个质点,观察它们之间的距离.

2. 设样本空间 $\Omega=\{1,2,3,4,5,6,7,8,9,10\}$,事件 $A=\{2,3,4\}$,$B=\{3,4,5\}$,$C=\{5,6,7\}$,求下列事件:

(1) $\overline{A}\cap\overline{B}$;   (2) $A\cup B$;   (3) $\overline{\overline{A}\cap\overline{B}}$;   (4) $A\cap\overline{(B\cap C)}$.

3. 试将事件 $A\cup B\cup C$ 表示为互不相容的事件之和.

§1.2 概率的定义

研究随机现象的目的,就是要获得随机现象中各种结果出现可能性大小的度量. 这种度量能反映随机现象的统计规律性.

一、频率与概率

对于一个随机事件 A,用一个数 $P(A)$ 来表示该事件发生的可能性大小,这个数 $P(A)$ 就称为随机事件 A 的概率. 因此,概率度量了随机事件发生的可能性大小,是随机现象的统计规律性的数量刻画.

为了估算随机事件的概率的大小以及了解概率的性质,下面引入频率的定义及其性质.

定义 1 若事件 A 在 n 次重复试验中出现了 n_A 次,则称 n_A 为**频数**,而称 $\frac{n_A}{n}$ 为事件 A 的**频率**,记作 $f_n(A)$,即

$$f_n(A)=\frac{n_A}{n}.\qquad ①$$

显然,事件 A 的频率 $f_n(A)$ 具有以下**基本性质**:

(1) **非负性**:对于任意事件 A,有 $0\leqslant f_n(A)\leqslant 1$;

(2) **规范性**:$f_n(\Omega)=1$;

(3) **有限可加性**:若 $A_1,A_2,\cdots,A_k$ 是 k 个互不相容的事件,则

$$f_n\left(\bigcup_{i=1}^{k}A_i\right)=\sum_{i=1}^{k}f_n(A_i).$$

人们在长期的实践中发现,对于某一随机现象,虽然在一次试验或观察中可能出现,也可能不出现,但在大量试验或观察中它却呈现出明显的统计规律性——频率的稳定性.

历史上,曾有一些著名学者为了揭示随机现象的统计规律性,进行了抛掷硬币的随机试验,其试验数据如表 1 所示. 由表 1 提供的数据可知,随着抛掷硬币次数的增多,频率 $\frac{n_H}{n}$ 越来越明显地呈现出稳定性. 表 1 最后一列说明,当抛掷硬币的次数充分多时,出现正面的频

率在 $\frac{1}{2}$ 这个数的左右摆动. 这些学者所做的这些随机试验, 对揭示随机现象的统计规律性具有重要的意义.

表 1

试验者	投掷硬币次数 n	出现正面的次数 n_H	出现正面的频率 $\frac{n_H}{n}$
布丰(Buffon)	4 040	2 048	0.506 9
费勒(Feller)	10 000	4 979	0.497 9
皮尔逊(Pearson)	12 000	6 019	0.501 6
皮尔逊	24 000	12 012	0.500 5

高尔顿板是另一个说明频率稳定性的著名随机试验. 它是英国生物统计学家高尔顿(Galton)设计的, 试验模型如图 1 所示. 在进行试验时, 从顶端放入一个小球, 任其自由落下, 在其下落过程中, 当小球碰到钉子时, 从左边落下与从右边落下的机会相等, 碰到下一排钉子又是如此, 最后落入底板中的某个格子. 因此, 任意放入一个小球, 则该球落入哪个格子预先不能确定. 但是试验证明, 如放入大量小球, 则其最后底部小球所呈现的曲线, 几乎总是一样的. 也就是说, 小球落入各格子的频率十分稳定.

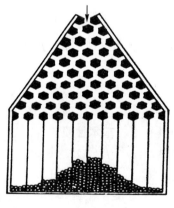

图 1

对于这些随机试验中呈现出来的统计规律性, 学习第四章大数定律与中心极限定理之后, 会有更深刻的理解. 同时, 这些随机试验所呈现出的在大量试验中随机事件发生的频率稳定性说明, 随机事件发生的可能性大小是随机事件本身所固有的客观属性, 因而可以对它进行度量.

从上面对频率稳定性的讨论可以得到启发: 当 n 足够大时, $f_n(A)$ 与 $P(A)$ 能够充分接近, 因而可以把频率作为概率的近似值. 另外, 概率通过频率稳定性跟随机试验相联系, 因而对于频率所具有的性质,概率也应具备.

二、概率的公理化定义

在总结前人研究的大量成果的基础上,柯尔莫哥洛夫(Kolmogorov)于 1933 年建立了概率的公理化定义.从此,概率论才成为一个严密的数学分支.严格地叙述概率的公理化定义涉及测度论等数学内容,故在此将概率的公理化定义简述如下:

定义 2(概率的公理化定义) 设有随机试验 E,它的样本空间为 Ω.记包括 Ω 在内的 E 的所有事件组成的集合族为 $\mathscr{F}$.若对于 $\mathscr{F}$ 中的任意一个事件 A,都能赋予一个实数 $P(A)$,且 $P(A)$ 满足条件:

(1) **非负性**:对于任意事件 A,有 $0 \leqslant P(A) \leqslant 1$;

(2) **规范性**:$P(\Omega)=1$;

(3) **可列可加性**:对于可列无穷多个互不相容的事件 $A_1, A_2, \cdots$,有

$$P\Big(\bigcup_{i=1}^{\infty} A_i\Big) = \sum_{i=1}^{\infty} P(A_i),$$

则称 $P(A)$ 为事件 A 的**概率**.

由概率的定义可推出概率的一些重要性质.

性质 1 不可能事件 $\varnothing$ 的概率为 0,即 $P(\varnothing)=0$.

证 因 $\Omega = \Omega \cup \varnothing \cup \varnothing \cup \cdots$,故由概率的可列可加性知

$$P(\Omega) = P(\Omega) + P(\varnothing) + P(\varnothing) + \cdots.$$

再由概率的非负性及规范性即得 $P(\varnothing)=0$.

性质 2(有限可加性) 若 n 个事件 $A_1, A_2, \cdots, A_n$ 互不相容,则

$$P\Big(\bigcup_{i=1}^{n} A_i\Big) = \sum_{i=1}^{n} P(A_i).$$

证 令 $A_{n+1}=A_{n+2}=\cdots=\varnothing$,则有 $A_i A_j = \varnothing (i \neq j; i,j=1,2,\cdots)$.由概率的可列可加性和性质 1 得

$$P\Big(\bigcup_{i=1}^{n} A_i\Big) = P\Big(\bigcup_{i=1}^{\infty} A_i\Big) = \sum_{i=1}^{\infty} P(A_i) = \sum_{i=1}^{n} P(A_i) + 0 = \sum_{i=1}^{n} P(A_i).$$

性质 3(逆事件的概率) 对于任意事件 A,有

$$P(\overline{A}) = 1 - P(A).$$

证 因 $\overline{A} \cup A = \Omega$,故由概率的有限可加性得

$$P(\overline{A}) + P(A) = P(\Omega) = 1, \quad 即 \quad P(\overline{A}) = 1 - P(A).$$

注 该公式很有应用价值,一般当事件 A 较复杂而 $\overline{A}$ 较简单时,就可先求出 $P(\overline{A})$,再利用该性质求出 $P(A)$.

性质 4 设 A,B 为两个事件. 若 $B \subset A$,则
$$P(A-B) = P(A) - P(B), \quad P(B) \leqslant P(A).$$

证 因 $B \subset A$,故 $A=(A-B) \cup B$. 又 $(A-B) \cap B = \varnothing$,由概率的有限可加性推得
$$P(A) = P(A-B) + P(B), \quad 即 \quad P(A-B) = P(A) - P(B).$$
由概率的非负性可知 $P(A-B) \geqslant 0$,即
$$P(A) - P(B) \geqslant 0, \quad 从而 \quad P(B) \leqslant P(A).$$

注 性质 4 中的条件 $B \subset A$ 是不可去掉的. 但是,下面的等式在任何情况下都是成立的:
$$P(A-B) = P(A-AB) = P(A) - P(AB).$$

性质 5(加法公式) 设 A,B 为任意两个事件,则
$$P(A \cup B) = P(A) + P(B) - P(AB).$$

证 由于 $A \cup B = A \cup (B-AB)$ 及 $A \cap (B-AB) = \varnothing$,且 $AB \subset B$,故
$$P(A \cup B) = P(A) + P(B-AB) = P(A) + P(B) - P(AB).$$

更一般地,设 A,B,C 是任意三个事件,则
$$P(A \cup B \cup C) = P(A) + P(B) + P(C) - P(AB) - P(AC) - P(BC) + P(ABC).$$

这一性质也可以推广到 n 个事件的情形,即对于任意的 n 个事件 $A_1, A_2, \cdots, A_n$,有下式成立:
$$P\left(\bigcup_{i=1}^{n} A_i\right) = \sum_{i=1}^{n} P(A_i) - \sum_{1 \leqslant i < j \leqslant n} P(A_i A_j) + \sum_{1 \leqslant i < j < k \leqslant n} P(A_i A_j A_k) + \cdots + (-1)^{n-1} P(A_1 A_2 \cdots A_n).$$

事件的关系和运算及概率的性质在解题中是非常有用的. 下面举几个例子.

例 1 设事件 A,B 互不相容,且 $P(A)=a, P(B)=b$,求 $P(A \cup B), P(\overline{A}B), P(\overline{A} \cup B), P(\overline{A}\,\overline{B})$.

解 因为 $AB = \varnothing$,所以 $B \subset \overline{A}$,从而
$$P(A \cup B) = P(A) + P(B) = a+b, \quad P(\overline{A}B) = P(B) = b,$$
$$P(\overline{A} \cup B) = P(\overline{A}) = 1 - P(A) = 1-a.$$
利用德·摩根对偶律,得
$$P(\overline{A}\,\overline{B}) = P(\overline{A \cup B}) = 1 - P(A \cup B) = 1-a-b.$$

例 2 设 A,B,C 为三个事件,且 $P(A)=P(B)=P(C)=\dfrac{1}{4}, P(AC)=P(BC)=\dfrac{1}{8}, P(AB)=0$,求事件 A,B,C 全不发生的概率.

解 因 $ABC \subset AB$,故由性质 5 和概率的定义知
$$0 \leqslant P(ABC) \leqslant P(AB) = 0, \quad 从而 \quad P(ABC) = 0.$$
所以,事件 A,B,C 全不发生的概率为

$$P(\overline{A}\,\overline{B}\,\overline{C}) = P(\overline{A \cup B \cup C}) = 1 - P(A \cup B \cup C)$$
$$= 1 - (P(A) + P(B) + P(C) - P(AB) - P(AC) - P(BC) + P(ABC))$$
$$= 1 - \left(\frac{1}{4} + \frac{1}{4} + \frac{1}{4} - 0 - \frac{1}{8} - \frac{1}{8} + 0\right) = \frac{1}{2}.$$

习 题 1.2

1. 设 A,B 为两个事件，且 $P(A)=0.6, P(B)=0.5, P(AB)=0.4$，求 $P(\overline{A}), P(A \cup B), P(B-A)$.

2. 设两个事件 A,B 满足条件 $P(A)=0.4, P(B)=0.3, P(A \cup B)=0.6$，求 $P(A\overline{B})$.

3. 设 A,B 为两个事件，且 $P(A)=0.7, P(A-B)=0.3$，求 $P(\overline{AB})$.

4. 设 A,B,C 是三个事件，且 $P(A)=P(B)=P(C)=\frac{1}{4}, P(AB)=P(BC)=0, P(AC)=\frac{1}{8}$，求事件 A,B,C 中至少有一个发生的概率.

5. 甲、乙两人同时射击一架飞机，已知甲击中飞机的概率为 0.7，乙击中飞机的概率为 0.8，飞机被击中的概率为 0.9，求甲、乙两人中至少有一人未击中飞机的概率.

§1.3 古典概型与几何概型

一、古典概型

古典概型（又称为等可能概型）在概率论发展中占有相当重要的地位. 这体现在它的理论及应用价值上：一是古典概型比较简单，对它的讨论有助于直观地理解概率论的许多基本概念；二是在理论研究上常常从讨论古典概型来引入新的概念；三是古典概型概率的计算在产品质量抽样检查等实际问题以及理论物理的研究中都有重要应用.

定义 1 若随机试验 E 具有如下特征：

（1）**有限性**：随机试验 E 只产生有限个基本事件，即样本空间 Ω 中样本点的总数有限；

（2）**等可能性**：每次试验中各个基本事件发生的可能性相同，

则称随机试验 E 为**古典概型**或**等可能概型**.

古典概型是有限样本空间随机试验的一种特例. 若设 $\Omega = \{e_1, e_2, \cdots, e_n\}$ 为样本空间，则在古典概型中有

$$P(\{e_1\}) = P(\{e_2\}) = \cdots = P(\{e_n\}) = \frac{1}{n}.$$

对于任何事件 $A(A \neq \varnothing)$，它总可以表示为基本事件之和. 例如，若事件 A 所含的样本点为 $e_{i_t}(t=1,2,\cdots,m)$，则 $A = \{e_{i_1}\} \cup \{e_{i_2}\} \cup \cdots \cup \{e_{i_m}\}$. 于是，由概率的定义有

$$P(A) = P(\{e_{i_1}\}) + P(\{e_{i_2}\}) + \cdots + P(\{e_{i_m}\})$$
$$= \frac{1}{n} + \frac{1}{n} + \cdots + \frac{1}{n} = \frac{m}{n}.$$

所以,在古典概型中,事件 A 的概率是一个分数,其分子是事件 A 所含样本点的个数 m,而分母是样本空间中样本点的总数 n. 这样,就得到古典概型的概率计算公式

$$P(A) = \frac{A \text{ 所含样本点的个数}}{\Omega \text{ 中样本点的总数}} = \frac{m}{n}. \qquad ①$$

古典概型的概率计算公式虽然简单,但在实际计算中,由于研究对象的复杂性,往往需要相当的技巧,还经常要用到排列、组合的知识,其中涉及下面两个重要原理:

加法原理 若完成某件事有 n 类方法,第 1 类有 m_1 种方法,第 2 类有 m_2 种方法……第 n 类有 m_n 种方法,则完成这件事共有 $m_1 + m_2 + \cdots + m_n$ 种方法.

乘法原理 若完成某件事需要分成 n 个步骤,第 1 步有 m_1 种方法,第 2 步有 m_2 种方法……第 n 步有 m_n 种方法,则完成这件事共有 $m_1 \times m_2 \times \cdots \times m_n$ 种方法.

下面看几个典型的古典概型问题.

例 1 从 $0, 1, 2, \cdots, 9$ 这 10 个数中任取 1 个,求取得偶数的概率.

解 此为古典概型问题. 样本空间中样本点的总数为 $n = 10$. 设 A 表示"取得偶数",则 A 所含样本点的个数为 $m = 5$. 因此,所求的概率为

$$P(A) = \frac{5}{10} = \frac{1}{2}.$$

例 2 用 $0, 1, 2, \cdots, 9$ 这 10 个数中的任意 2 个(可重复使用)组成一个两位数字的数码,求数码的两位数字之和为 3 的概率.

解 此为古典概型问题. 样本空间中样本点的总数为 10^2. 两位数字之和为 3 的数码有 $03, 12, 21, 30$ 这 4 种情况. 设 A 表示"数码的两位数字之和为 3",则

$$P(A) = \frac{4}{10^2} = \frac{1}{25}.$$

例 1 和例 2 所采用的求解方法称为列举法. 在简单的情形下可采用列举法,但当研究对象较复杂时,这一方法就很难奏效.

例 3 已知一个口袋中有 10 个质地、大小一样的球,其中 6 个是白球,4 个是黑球. 现从该口袋中取 2 次球,每次取 1 个. 考虑两种取球方式:(a) 有放回抽样;(b) 无放回抽样. 试就上述两种取球方式,求:

(1) 取到的 2 个球均是白球的概率;

(2) 取到的 2 个球颜色相同的概率;

(3) 取到的 2 个球中至少有 1 个是白球的概率.

解 设 A 表示"取到的 2 个球均是白球",B 表示"取到的 2 个球均是黑球",则 $A \cup B$ 表示"取到的 2 个球颜色相同",$\overline{B}$ 表示"取到的 2 个球中至少有 1 个是白球",且 $AB = \varnothing$.

在有放回抽样的情况下,有
$$P(A) = \frac{6 \times 6}{10 \times 10} = \frac{9}{25}, \quad P(B) = \frac{4 \times 4}{10 \times 10} = \frac{4}{25},$$
$$P(A \cup B) = P(A) + P(B) = \frac{13}{25}, \quad P(\overline{B}) = 1 - P(B) = 1 - \frac{4}{25} = \frac{21}{25}.$$

故对于有放回抽样,所求的概率分别为 $\frac{9}{25}, \frac{13}{25}, \frac{21}{25}$.

在无放回抽样的情况下,有
$$P(A) = \frac{6 \times 5}{10 \times 9} = \frac{1}{3}, \quad P(B) = \frac{4 \times 3}{10 \times 9} = \frac{2}{15},$$
$$P(A \cup B) = P(A) + P(B) = \frac{7}{15}, \quad P(\overline{B}) = 1 - P(B) = 1 - \frac{2}{15} = \frac{13}{15}.$$

故对于无放回抽样,所求的概率分别为 $\frac{1}{3}, \frac{7}{15}, \frac{13}{15}$.

注 例 3 是一个摸球模型.若把黑球作为废品,白球作为正品,那么例 3 这个摸球模型就可以描述为产品抽样.这种模型化的方法能抓住问题的本质,使得所抽象出来的模型带有普遍性,如某种疾病的抽查、种玉米地块的调查等都能用这个模型.若产品分为更多的等级,如一等品、二等品、三等品、等外品等,则可用多种颜色球的摸球模型来描述.

例 4 设一批产品共有 N 件,其中 $M(0 \leqslant M \leqslant N)$ 件是次品.现从这批产品中任取 $n(0 \leqslant n \leqslant N)$ 件,求这 n 件产品中恰有 $k(0 \leqslant k \leqslant M)$ 件次品的概率.

解 在不放回抽样情况下,从 N 件产品中任取 n 件,样本空间中样本点的总数为 C_N^n. 设 A 表示"取出的 n 件产品中恰有 k 件次品",则它所含样本点的个数为 $C_M^k C_{N-M}^{n-k}$. 因此,所求的概率为
$$P(A) = \frac{C_M^k C_{N-M}^{n-k}}{C_N^n}.$$

当 N, M 固定时,A 的概率只与 n, k 有关.记 $P(A) = P_n(k)$,则有
$$P_n(k) = \frac{C_M^k C_{N-M}^{n-k}}{C_N^n} \quad (k = 0, 1, 2, \cdots, M).$$

若固定 n,则随着 k 取值的不同,有相应的概率值 $P_n(k)$ 与之对应.这种概率分布称为**超几何分布**.超几何分布主要用于描述样本总体有限时,不放回抽样中不合格品的统计规律性.

在有放回抽样情况下,由读者自己完成.

例 5 设一个袋子中有 a 个白球和 b 个黑球.现每次从该袋子中任取 1 个球,取出的球不再放回,连续取 $k(1 \leqslant k \leqslant a+b)$ 次,求第 k 次取得白球的概率.

解 考虑到取球的顺序,这相当于从 $a+b$ 个球中任取 k 个的选排列,于是样本空间中样本点的总数为
$$P_{a+b}^k = (a+b)(a+b-1)\cdots(a+b-k+1).$$

设 A_k 表示"第 k 次取得白球",则因第 k 次取得的白球可以是 a 个白球中的任一个,故有 a 种取法;其余 $k-1$ 个球可在前 $k-1$ 次中顺次地从 $a+b-1$ 个球中任意取出,有 P_{a+b-1}^{k-1} 种取法.所以, A_k 所含样本点的个数为

$$P_{a+b-1}^{k-1} a = (a+b-1)(a+b-2)\cdots(a+b-k+1)a.$$

故所求的概率为

$$P(A_k) = \frac{P_{a+b-1}^{k-1} a}{P_{a+b}^{k}} = \frac{(a+b-1)(a+b-2)\cdots(a+b-k+1)a}{(a+b)(a+b-1)\cdots(a+b-k+1)} = \frac{a}{a+b}.$$

注 该例计算的结果与 k 的值无关. 这表明,无论哪一次,取得白球的概率都是一样的,即取得白球的概率与先后次序无关. 这个结果与我们平常的生活经验是一致的.

二、几何概型

古典概型只适用于样本空间中样本点的总数有限的情形. 在实际中,经常遇到样本空间中样本点无限多的情形. 在概率论发展的早期,人们就已经注意到了这种情形. 若等可能性的条件仍然成立,这时概率问题一般可以通过几何方法来求解.

定义 2 设随机试验的结果可用某一区域 Ω 内的点的随机位置来确定,且点落在 Ω 内的任意位置是等可能的;事件 A 表示"点落在 Ω 的某一子区域内",该子区域仍记为 A. 用 $\mu(A)$ 和 $\mu(\Omega)$ 分别表示区域 A 和 Ω 的度量(若区域 A 属于一维空间,即 A 为区间,则 $\mu(A)$ 表示区间 A 的长度;若区域 A 属于二维空间,则 $\mu(A)$ 表示 A 的面积;依此类推. 同样理解 $\mu(\Omega)$),则

$$P(A) = \frac{\mu(A)}{\mu(\Omega)}, \qquad ②$$

称式②定义的概率为**几何型概率**. 把这类随机试验称为**几何概型**.

注 式②说明,随机点落在区域 Ω 中任意可度量的区域 A 内的概率,与 A 的度量成正比,而与 A 的形状及它在 Ω 中的位置无关.

由式②可知,几何型概率也具有非负性、规范性和可列可加性这三条基本性质. 对此,读者可自行证明.

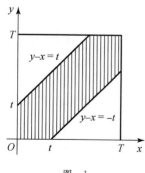

图 1

例 6(会面问题) 两人相约在某一段时间 T 内于预定地点会面,先到者等候另一人,经过时间 $t(t \leqslant T)$ 后即可离去. 假定他们在时间 T 内的任一时刻到达预定地点是等可能的,试求两人能会面的概率 p.

解 以 x, y 分别表示两人到达预定地点的时刻,则它们可以取时间区间 $[0, T]$ 内的任一值,即 $0 \leqslant x \leqslant T, 0 \leqslant y \leqslant T$. 而两人能会面的充要条件为

$$|x-y| \leqslant t,$$

即点 (x, y) 落在图 1 中的阴影部分.

这是一个几何概型问题. 若把 x,y 看作平面上一点的直角坐标,则所有样本点可以用边长为 T 的正方形区域表示出来,而两人会面所含的样本点可以用这个正方形区域内介于两条直线 $y-x=\pm t$ 之间的区域(图 1 中的阴影部分)表示出来. 因此,所求的概率 p 等于图 1 中阴影部分的面积与正方形区域的面积之比:

$$p = \frac{T^2-(T-t)^2}{T^2} = 1-\left(1-\frac{t}{T}\right)^2.$$

习 题 1.3

1. 设抛掷三枚硬币,求出现三个正面的概率.

2. 已知一部四卷本的论文集放在同一层书架上,问:恰好各卷自左向右或自右向左的卷号为 1,2,3,4 的概率是多少?

3. 设一个袋子中有 3 个黑球、5 个白球、2 个红球. 现从该袋子中任取 3 个球,求恰为一黑一白一红的概率.

4. 设一个箱子中有 100 件外形一样的同批产品,其中正品 60 件、次品 40 件. 现分别就有放回抽样和无放回抽样两种方式,从这 100 件产品中任意抽取 3 件,求其中有 2 件次品的概率.

5. (随机取数问题)从 $1,2,\cdots,10$ 这 10 个数中任取 7 个(可以重复),求下列事件的概率:

(1) 取出的 7 个数全不相同;　　(2) 取出的 7 个数中不含 1 与 10;

(3) 取出的 7 个数中恰好出现 2 个 10.

6. (分房问题)设有 n 个人,每人都以同样的概率 $\frac{1}{N}(n \leqslant N)$ 被分配在 N 间房中的任一间,求下列事件的概率:

(1) 某指定 n 间房中各有 1 人;　　(2) 恰有 n 间房,其中各有 1 人;

(3) 某指定房间中恰有 $m(m \leqslant n)$ 人.

7. 两人相约上午 8 点至 9 点在某地会面,先到者等候另一人 10 min,过时即可离去,试求两人能会面的概率.

8. 从区间 $(0,1)$ 内任取两个数,求这两个数的乘积小于 $\frac{1}{4}$ 的概率.

§1.4 条 件 概 率

一、条件概率

条件概率是概率论中的一个重要概念. 在介绍此概念之前,先看一个例子.

第一章 概率论的基本概念

例1 从 $0,1,2,\cdots,9$ 这 10 个数中任取 1 个,求:

(1) 取得的数大于 2 的概率;

(2) 已知取得的数是奇数,而它大于 2 的概率.

解 设 A 表示"取得的数大于 2",B 表示"取得的数是奇数",则问题(2)就是求"在已知事件 B 发生的条件下,事件 A 发生的概率".记这个概率为 $P(A|B)$.

(1) 这 10 个数中大于 2 的数有 7 个,故由古典概型得

$$P(A) = \frac{7}{10}.$$

(2) 这 10 个数中有 5 个是奇数,而大于 2 的奇数只有 4 个,故

$$P(A|B) = \frac{4}{5}.$$

从上面的计算结果看到 $P(A) \neq P(A|B)$.(2)中这种带有条件的概率很重要,它就是我们下面要介绍的条件概率.

定义1 设 A,B 为随机试验 E 的任意两个事件,且 $P(B)>0$,称

$$P(A|B) = \frac{P(AB)}{P(B)} \qquad ①$$

为**事件 B 发生的条件下事件 A 发生的条件概率**(简称 A 关于 B 的条件概率).

同理,当 $P(A)>0$ 时,也可类似地定义 B 关于 A 的条件概率:

$$P(B|A) = \frac{P(AB)}{P(A)}. \qquad ②$$

注 定义 1 中要求 $P(B)>0$,因为若 $P(B)=0$,由该定义给出的条件概率 $P(A|B) = \frac{P(AB)}{P(B)}$ 没有意义.

条件概率仍然是事件的概率,容易验证条件概率满足非负性、规范性和可列可加性这三条性质:

(1) **非负性**:$0 \leqslant P(A|B) \leqslant 1$;

(2) **规范性**:$P(\Omega|B) = 1$;

(3) **可列可加性**:$P\left(\bigcup_{i=1}^{\infty} A_i \Big| B\right) = \sum_{i=1}^{\infty} P(A_i|B)$,其中 $A_1, A_2, \cdots$ 为互不相容的事件.

由此可知,概率的性质 1~5 对于条件概率仍然成立,如有下面的性质成立:

$$P(\overline{A}|B) = 1 - P(A|B).$$

计算条件概率 $P(A|B)$ 一般有两种方法:

(1) 在缩减的样本空间 Ω_B(事件 B 发生条件下的样本空间)中,计算事件 A 发生的概率,就能得到 $P(A|B)$;

(2) 在原样本空间 Ω 中,先计算 $P(AB), P(B)$,再由条件概率公式①求出 $P(A|B)$.

条件概率在解决实际问题时是十分有用的,请看下面的例子.

例 2 将一枚均匀硬币抛掷 2 次,观察其出现正、反面的情况.设事件 A 表示"2 次掷出同一面",事件 B 表示"至少有 1 次出现正面",求在已知事件 B 发生的条件下,事件 A 发生的概率.

解 用 H 表示正面,T 表示反面,则由题意知样本空间为 $\Omega=\{HH,HT,TH,TT\}$,而
$$A=\{HH,TT\}, \quad B=\{HH,HT,TH\}.$$

方法 1 由于事件 B 已发生,可知"TT"不可能出现,这样就知道随机试验所有可能结果组成的集合就是 $\Omega_B=\{HH,HT,TH\}$,其中共有 3 个元素,而只有 $HH\in A$.这样,在已知事件 B 发生的条件下,事件 A 发生的概率为
$$P(A\mid B)=\frac{1}{3}.$$

方法 2 由题意知
$$P(B)=\frac{3}{4}, \quad P(AB)=\frac{1}{4},$$
再由条件概率的计算公式①得所求的概率为
$$P(A\mid B)=\frac{P(AB)}{P(B)}=\frac{1/4}{3/4}=\frac{1}{3}.$$

例 3 设甲、乙两地今天下雨的概率分别为 $\frac{1}{3},\frac{1}{6}$,两地今天都下雨的概率为 $\frac{1}{12}$.若已知其中一个地方今天下雨了,求另一个地方今天下雨的概率.

解 设 A 表示"甲地今天下雨",B 表示"乙地今天下雨",则由条件概率的计算公式①和②得所求的概率为
$$P(A\mid B)=\frac{P(AB)}{P(B)}=\frac{1/12}{1/6}=\frac{1}{2}, \quad P(B\mid A)=\frac{P(AB)}{P(A)}=\frac{1/12}{1/3}=\frac{1}{4}.$$

二、乘法公式

由条件概率公式可立刻推得概率的乘法公式,见下面的定理.

定理 1(乘法公式) 设 A,B 为两个事件.若 $P(B)>0$,则
$$P(AB)=P(B)P(A\mid B); \qquad ③$$
若 $P(A)>0$ 时,则
$$P(AB)=P(A)P(B\mid A). \qquad ④$$

概率的乘法公式③和④给出了求积事件概率的一种方法.这两个公式可推广到多个事件的情形:

设 A_1,A_2,A_3 为三个事件,且 $P(A_1A_2)>0$,则
$$P(A_1A_2A_3)=P(A_1)P(A_2\mid A_1)P(A_3\mid A_1A_2). \qquad ⑤$$

一般地,若 $A_1, A_2, \cdots, A_n$ 为 $n(n \geqslant 2)$ 个事件,且 $P(A_1 A_2 \cdots A_{n-1}) > 0$,则
$$P(A_1 A_2 A_3 \cdots A_n) = P(A_1) P(A_2 | A_1) P(A_3 | A_1 A_2) \cdots P(A_n | A_1 A_2 \cdots A_{n-1}).$$ ⑥

例 4 设一个盒子中有 4 个白球和 6 个红球. 现每次从该盒子中随机取出 1 个球(不放回),抽取 2 次,试求:

(1) 2 次都取到白球的概率;

(2) 第 1 次取到白球,第 2 次取到红球的概率;

(3) 取到白球、红球各 1 个的概率.

解 设 A 表示"2 次都取到白球",B 表示"第 1 次取到白球,第 2 次取到红球",C 表示"取到白球、红球各 1 个",A_i 表示"第 i 次取到白球" $(i = 1, 2)$.

(1) 由于 $A = A_1 A_2$,由概率的乘法公式得
$$P(A) = P(A_1 A_2) = P(A_1) P(A_2 | A_1) = \frac{4}{10} \times \frac{3}{9} = \frac{2}{15}.$$

(2) 由于 $B = A_1 \overline{A_2}$,由概率的乘法公式得
$$P(B) = P(A_1 \overline{A_2}) = P(A_1) P(\overline{A_2} | A_1) = \frac{4}{10} \times \frac{6}{9} = \frac{4}{15}.$$

(3) 因为 $C = A_1 \overline{A_2} + \overline{A_1} A_2$,且 $A_1 \overline{A_2}$ 与 $\overline{A_1} A_2$ 互不相容,所以
$$P(C) = P(A_1 \overline{A_2}) + P(\overline{A_1} A_2) = P(A_1) P(\overline{A_2} | A_1) + P(\overline{A_1}) P(A_2 | \overline{A_1})$$
$$= \frac{4}{10} \times \frac{6}{9} + \frac{6}{10} \times \frac{4}{9} = \frac{8}{15}.$$

例 5 某光学仪器厂制造的透镜,第 1 次落地时被打破的概率为 $\frac{1}{2}$;若第 1 次落地未被打破,第 2 次落地被打破的概率为 $\frac{7}{10}$;若前 2 次落地未被打破,第 3 次落地被打破的概率为 $\frac{9}{10}$.试求这种透镜落地 3 次而未被打破的概率.

解 设 B 表示"透镜落地 3 次而未被打破",A_i 表示"透镜第 i 次落地被打破" $(i = 1, 2, 3)$. 由于 $B = \overline{A_1} \, \overline{A_2} \, \overline{A_3}$,由概率的乘法公式得
$$P(B) = P(\overline{A_1} \, \overline{A_2} \, \overline{A_3}) = P(\overline{A_1}) P(\overline{A_2} | \overline{A_1}) P(\overline{A_3} | \overline{A_1} \, \overline{A_2})$$
$$= \left(1 - \frac{1}{2}\right)\left(1 - \frac{7}{10}\right)\left(1 - \frac{9}{10}\right) = \frac{3}{200}.$$

例 6 设 5 人依序抓阄,5 个阄中只有 1 个阄内有物,试计算各人抓到有物阄的概率.

解 设 A_i 表示"第 i 个人抓到有物阄" $(i = 1, 2, 3, 4, 5)$.

第 1 个人抓到有物阄的概率为
$$P(A_1) = \frac{1}{5}.$$

第 2 个人抓到有物阄意味着第 1 个人抓到空阄且第 2 个人抓到有物阄,故第 2 个人抓

到有物阄的概率为
$$P(\overline{A_1}A_2) = P(\overline{A_1})P(A_2|\overline{A_1}) = \frac{4}{5} \times \frac{1}{4} = \frac{1}{5}.$$

同样,第 3 个人抓到有物阄的概率为
$$P(\overline{A_1}\,\overline{A_2}A_3) = P(\overline{A_1})P(\overline{A_2}|\overline{A_1})P(A_3|\overline{A_1}\,\overline{A_2}) = \frac{4}{5} \times \frac{3}{4} \times \frac{1}{3} = \frac{1}{5}.$$

同理,第 4,5 个人抓到有物阄的概率也都是 $\frac{1}{5}$.

例 6 从理论上说明了抓阄的公平性,所以抓阄的方式历来被人们所认同和采用.

三、全概率公式和贝叶斯公式

从已知的简单事件的概率推算出未知的复杂事件的概率是概率论的一个重要研究课题. 为此,经常需要把一个复杂事件分解为若干互不相容的简单事件之和,再通过分别计算这些简单事件的概率,并利用概率的可加性得到所要的结果. 全概率公式对解决复杂事件的概率计算问题起着重要的作用. 下面先引入样本空间划分的定义.

定义 2 设 Ω 为样本空间. 若存在 $A_i \subset \Omega (i=1,2,\cdots,n)$,满足
$$A_iA_j = \varnothing \;(i \neq j; i,j=1,2,\cdots,n), \quad \bigcup_{i=1}^{n} A_i = \Omega,$$
则称 $A_1, A_2, \cdots, A_n$ 为 Ω 的一个**划分**.

如图 1 所示,设对于给定的样本空间 Ω,存在划分 $A_1, A_2, \cdots, A_n$,则事件 B 可表示为
$$B = B\Omega = B\left(\bigcup_{i=1}^{n} A_i\right) = \bigcup_{i=1}^{n} BA_i.$$

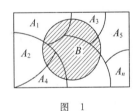

图 1

由概率的可加性得
$$P(B) = \sum_{i=1}^{n} P(BA_i).$$

当 $P(A_i) > 0 (i=1,2,\cdots,n)$ 时,再利用概率的乘法公式得
$$P(B) = \sum_{i=1}^{n} P(B|A_i)P(A_i).$$

这个公式称为全概率公式.

定理 2(全概率公式) 设样本空间 Ω 的一个划分为 $A_1, A_2, \cdots, A_n$,且 $P(A_i)>0 (i=1, 2,\cdots,n)$,则对于任意事件 $B \subset \Omega$,有
$$P(B) = \sum_{i=1}^{n} P(B|A_i)P(A_i). \tag{7}$$

全概率公式是概率论的一个基本公式,应用很广泛. 使用全概率公式的关键是对样本空间引入适当的划分,且在该划分下利用概率的乘法公式求出每个 $P(BA_i)(i=1,2,\cdots,n)$.

定理 3[贝叶斯(Bayes)公式] 设 $A_1, A_2, \cdots, A_n$ 为样本空间 Ω 的一个划分,且 $P(A_i) > 0 (i = 1, 2, \cdots, n)$. 对于任意事件 $B \subset \Omega$,若 $P(B) > 0$,则

$$P(A_i \mid B) = \frac{P(B \mid A_i) P(A_i)}{\sum_{i=1}^{n} P(B \mid A_i) P(A_i)} \quad (i = 1, 2, \cdots, n). \qquad ⑧$$

证 由条件概率的定义及全概率公式得

$$P(A_i \mid B) = \frac{P(A_i B)}{P(B)} = \frac{P(B \mid A_i) P(A_i)}{P(B)}$$

$$= \frac{P(B \mid A_i) P(A_i)}{\sum_{i=1}^{n} P(B \mid A_i) P(A_i)} \quad (i = 1, 2, \cdots, n).$$

在使用贝叶斯公式时,往往把 B 理解为"结果",样本空间 Ω 的划分 $A_1, A_2, \cdots, A_n$ 理解为"原因". 贝叶斯公式给出了在"结果" B 已发生的条件下,"原因" $A_i (i = 1, 2, \cdots, n)$ 发生的条件概率. 从这个意义上讲,它是一个"执果索因"的条件概率公式. 相对于事件 B 而言,概率论中把 $P(A_i)$ 称为**先验概率**,而把 $P(A_i \mid B)$ 称为**后验概率**. 贝叶斯公式就是用来计算后验概率的公式. 后验概率是在已有附加信息(事件 B 已发生)之后对先验概率做出的重新认识,是对先验概率的修正. 这一思想方法所产生的统计推断在工程技术、经济分析、投资决策、药物临床检验等诸多方面有极大的应用价值.

例 7 某厂用 3 台机床生产了同样规格的一批产品,第 1,2,3 台机床的产量分别占 50%,30%,20%,次品率依次为 3%,2%,4%. 现从这批产品中随机取 1 件.

(1) 试求取到次品的概率;

(2) 若已知取到的是次品,此次品由这 3 台机床生产的概率分别是多少?

解 设 B 表示"取到次品",A_i 表示"取到第 i 台机床生产的产品"($i = 1, 2, 3$). 显然,A_1, A_2, A_3 构成样本空间的一个划分. 由题意知

$$P(A_1) = 0.5, \quad P(A_2) = 0.3, \quad P(A_3) = 0.2,$$
$$P(B \mid A_1) = 0.03, \quad P(B \mid A_2) = 0.02, \quad P(B \mid A_3) = 0.04.$$

(1) 由全概率公式得

$$P(B) = \sum_{i=1}^{3} P(B \mid A_i) P(A_i) = 0.03 \times 0.5 + 0.02 \times 0.3 + 0.04 \times 0.2 = 0.029.$$

(2) 由贝叶斯公式得

$$P(A_1 \mid B) = \frac{P(B \mid A_1) P(A_1)}{P(B)} = \frac{0.03 \times 0.5}{0.029} \approx 0.517,$$

$$P(A_2 \mid B) = \frac{P(B \mid A_2) P(A_2)}{P(B)} = \frac{0.02 \times 0.3}{0.029} \approx 0.207,$$

$$P(A_3 \mid B) = \frac{P(B \mid A_3) P(A_3)}{P(B)} = \frac{0.04 \times 0.2}{0.029} \approx 0.276.$$

计算结果表明,这件次品是第 1 台车床生产的可能性最大.

例 8 临床诊断记录表明,利用某种试验检查癌症的效果如下:对癌症患者进行试验时结果呈阳性者占 95%,对非癌症患者进行试验时结果呈阴性者占 96%. 现在用这种试验对某市居民进行癌症普查,假如该市的癌症患者约占全市居民的 0.4%,求:

(1) 试验结果呈阳性者确实患有癌症的概率;

(2) 试验结果呈阴性者确实未患癌症的概率.

解 设 A 表示"试验结果呈阳性",B 表示"被检查者患有癌症",则由题意有

$$P(B) = 0.004, \quad P(A|B) = 0.95, \quad P(\overline{A}|\overline{B}) = 0.96.$$

由此可知

$$P(\overline{B}) = 0.996, \quad P(\overline{A}|B) = 0.05, \quad P(A|\overline{B}) = 0.04.$$

(1) 由贝叶斯公式得试验结果呈阳性者确实患有癌症的概率为

$$P(B|A) = \frac{P(B)P(A|B)}{P(B)P(A|B) + P(\overline{B})P(A|\overline{B})}$$

$$= \frac{0.004 \times 0.95}{0.004 \times 0.95 + 0.996 \times 0.04} \approx 0.0871.$$

(2) 同样,由贝叶斯公式得试验结果呈阴性者确实未患癌症的概率为

$$P(\overline{B}|\overline{A}) = \frac{P(\overline{B})P(\overline{A}|\overline{B})}{P(B)P(\overline{A}|B) + P(\overline{B})P(\overline{A}|\overline{B})}$$

$$= \frac{0.996 \times 0.96}{0.004 \times 0.05 + 0.996 \times 0.96} \approx 0.9998.$$

注 (1) 的结果表明,试验结果呈阳性者确实患有癌症的可能性并不大,还需要通过进一步检查才能确诊,否则将会得出错误的诊断.

(2) 的结果表明,试验结果呈阴性者确定未患癌症的可能性极大,因此这可作为排除试验结果呈阴性者患癌症的重要依据之一.

习 题 1.4

1. 设 A,B 为两个事件,且 $P(\overline{A})=0.3, P(B)=0.4, P(A\overline{B})=0.5$,求 $P(B|A\cup\overline{B})$.

2. 设 A,B 为两个事件,且 $P(A)=\frac{1}{4}, P(B|A)=\frac{1}{3}, P(A|B)=\frac{1}{2}$,求 $P(A\cup B)$.

3. 设一批零件共有 100 件,次品率为 10%. 现每次从该批零件中任取 1 件,取出的零件不放回,求第 3 次才取得合格品的概率.

4. 设一个袋子中有 r 个红球和 t 个白球. 现每次从该袋子中任取 1 个球,观察其颜色,然后放回,并再放入 a 个与所取到的那个球同色的球. 若在袋中连续取 4 次球,试求第 1,2 次取到红球且第 3,4 次取到白球的概率.

5. 设有一批产品,其中 90% 是正品,10% 是次品. 已知正品被检验为正品的概率是 0.95,次品被检验为次品的概率为 0.90. 今从这批产品中任取 1 件,求检验其为正品的概率.

6. 设甲盒中有 4 个白球和 6 个红球,乙盒中有 2 个白球和 8 个红球.

(1) 今从甲盒中随机取出 1 个球,放入乙盒中,再从乙盒中随机取出 1 个球,求取到白球的概率;

(2) 假设从乙盒中取到的是白球,求当初从甲盒中取出并放入乙盒中的球是白球的概率.

§1.5 随机事件的独立性

一、相互独立的随机事件

前面学习了条件概率,然而在实际中还存在另一类现象,即事件 A 发生与否对事件 B 的概率不产生影响. 下面我们先看一个例子.

例 1 设一个袋子中有 a 个黑球和 b 个白球. 采用有放回抽样,连续取 2 次球,每次取 1 个,求:

(1) 在已知第 1 次取得黑球的条件下,第 2 次取得黑球的概率;

(2) 第 2 次取得黑球的概率.

解 设 A 表示"第 1 次取得黑球",B 表示"第 2 次取得黑球",则

$$P(A) = \frac{a}{a+b}, \quad P(AB) = \frac{a^2}{(a+b)^2}, \quad P(\overline{A}B) = \frac{ba}{(a+b)^2}.$$

(1) 在已知第 1 次取得黑球的条件下,第 2 次取得黑球的概率为

$$P(B|A) = \frac{P(AB)}{P(A)} = \frac{a}{a+b}.$$

(2) 第 2 次取得黑球的概率为

$$P(B) = P(AB) + P(\overline{A}B) = \frac{a^2}{(a+b)^2} + \frac{ba}{(a+b)^2} = \frac{a}{a+b}.$$

从上面的计算结果可看出 $P(B|A)=P(B)$. 这说明事件 A 发生与否对事件 B 的概率没有影响. 也就是说,在有放回抽样情况下,事件 A 与 B 的发生具有某种"独立性". 为此,引入事件独立性的概念.

定义 1 若事件 A,B 满足

$$P(AB) = P(A)P(B), \quad ①$$

则称事件 A 与 B **相互独立**.

由该定义可推出如下定理:

§1.5 随机事件的独立性

定理 1 设 A,B 为两个事件,且 $P(A)>0$,则 A 与 B 相互独立的充要条件是
$$P(B|A)=P(B).$$

定理 2 若事件 A 与 B 相互独立,则三对事件 $\overline{A}$ 与 B,A 与 $\overline{B}$,$\overline{A}$ 与 $\overline{B}$ 亦相互独立.

证 因为
$$\begin{aligned}P(\overline{A}B)&=P(B-AB)=P(B)-P(AB)\\&=P(B)-P(A)P(B)=P(B)(1-P(A))\\&=P(\overline{A})P(B),\end{aligned}$$
所以 $\overline{A}$ 与 B 相互独立.其余结论由此即可推知.

例 2 甲、乙两人同时独立向一敌机开炮,已知甲击中敌机的概率为 0.6,乙击中敌机的概率为 0.5,求敌机被击中的概率.

解 设 A 表示"甲击中敌机",B 表示"乙击中敌机",C 表示"敌机被击中",则根据题意有 $C=A\cup B$.

方法 1 由概率的加法公式以及 A 与 B 相互独立得
$$\begin{aligned}P(C)&=P(A\cup B)=P(A)+P(B)-P(AB),\\&=P(A)+P(B)-P(A)P(B)\\&=0.6+0.5-0.3=0.8.\end{aligned}$$

方法 2 因为 A 与 B 相互独立,从而 $\overline{A}$ 与 $\overline{B}$ 相互独立,所以
$$\begin{aligned}P(C)&=1-P(\overline{C})=1-P(\overline{A\cup B})=1-P(\overline{A}\cap\overline{B})\\&=1-P(\overline{A})P(\overline{B})=1-0.4\times 0.5=0.8.\end{aligned}$$

例 3 若事件 A,B 互不相容,且 $P(A)>0,P(B)>0$,证明:A 与 B 不相互独立.

证 因为 $AB=\varnothing$,所以 $P(AB)=P(\varnothing)=0$. 又 $P(A)>0,P(B)>0$,于是
$$P(A)P(B)>0.$$
故 $P(AB)\neq P(A)P(B)$. 因此,A 与 B 不相互独立.

类似地,可以定义三个事件的独立性.

定义 2 对 A,B,C 三个事件,若下列四个等式同时成立,则称它们**相互独立**:
$$\left.\begin{aligned}P(AB)&=P(A)P(B),\\P(BC)&=P(B)P(C),\\P(AC)&=P(A)P(C),\end{aligned}\right\} \quad ②$$
$$P(ABC)=P(A)P(B)P(C). \quad ③$$

由两个事件相互独立的定义可知,若式②成立,则 A 与 B,B 与 C,C 与 A 都相互独立,即 A,B,C 两两相互独立. 可见,若三个事件相互独立,则它们一定两两相互独立;反之,若三事件两两相互独立,则它们不一定相互独立. 这从下面的例子可以看出.

例 4[伯恩斯坦(Bernstein)反例] 设有一个均匀的正四面体,其第 1 面染成红色,第 2 面染成白色,第 3 面染成黑色,而第 4 面同时染上红、白、黑三种颜色. 现以 A,B,C 分别记投

掷一次四面体出现红、白、黑颜色朝下的事件,则由于在四面体中两个面有红色,因此 $P(A)=\frac{1}{2}$. 同理可知 $P(B)=P(C)=\frac{1}{2}$. 由题意可计算得

$$P(AB) = P(BC) = P(AC) = \frac{1}{4},$$

于是 A,B,C 两两相互独立. 但

$$P(ABC) = \frac{1}{4} \neq \frac{1}{8} = P(A)P(B)P(C),$$

所以 A,B,C 不相互独立.

下面定义 n 个事件的独立性.

定义 3 对于 $n(n \geq 2)$ 个事件 $A_1, A_2, \cdots, A_n$,若其中任意一组事件 $A_{i_1}, A_{i_2}, \cdots, A_{i_k}$ ($2 \leq k \leq n$) 都有

$$P(A_{i_1}A_{i_2}\cdots A_{i_k}) = P(A_{i_1})P(A_{i_2})\cdots P(A_{i_k})$$

成立,则称 $A_1, A_2, \cdots, A_n$ **相互独立**.

从定义 3 容易看出, n 个事件相互独立需要 $C_n^2 + C_n^3 + \cdots + C_n^n = 2^n - n - 1$ 个等式来保证.

显然,若 n 个事件相互独立,则它们中的任何 $m(2 \leq m < n)$ 个事件也相互独立. 另外,对于多个相互独立的事件,也有类似定理 1 和定理 2 的结论成立,请读者自行叙述并验证.

需要指出的是,对于无穷多个事件,若其中任意有限个事件都相互独立,则这无穷多个事件是相互独立的.

例 5 某射手向一个目标射击,设他在每次射击中击中目标的概率为 $p=0.004$,求他在 n 次独立射击中击中目标的概率.

解 设 A 表示"在 n 次独立射击中击中目标", A_i 表示"第 i 次射击击中目标" ($i=1, 2, \cdots, n$). 由题意可知 $A_1, A_2, \cdots, A_n$ 是相互独立的,且 $A = \bigcup_{i=1}^{n} A_i$, $P(A_i) = p = 0.004$,则

$$P(A) = P\left(\bigcup_{i=1}^{n} A_i\right) = 1 - P\left(\overline{\bigcup_{i=1}^{n} A_i}\right) = 1 - P\left(\bigcap_{i=1}^{n} \overline{A_i}\right)$$
$$= 1 - P(\overline{A_1})P(\overline{A_2})\cdots P(\overline{A_n}) = 1 - (1-p)^n$$
$$= 1 - 0.996^n.$$

本例应用了德·摩根对偶律和事件的独立性,使得计算简化. 请读者在做题时注意使用这一方法. 另外,从本例的结果可见,虽然 $p=0.004$ 很小,但当 n 很大时, $P(A)$ 可以达到较大,如当 $n=100$ 时, $P(A) \approx 0.33$. 这说明,虽然小概率事件在 1 次试验中几乎不可能发生,但多次重复后,即当试验次数充分多且各次试验独立进行时,这一事件的发生几乎是必然的. 所以,在日常的生活和工作中,绝不能轻视小概率事件.

二、独立重复试验概型

独立重复试验概型在概率论的理论和应用中起着十分重要的作用. 前面已经讲过, 随机现象的统计规律性只有在相同条件下进行大量的重复试验或观察才显示出来. 独立重复试验是针对"在相同条件下进行重复试验"的概率模型而提出的. 下面研究一类最简单的重复独立试验——n 重伯努利(Bernoulli)试验.

伯努利试验(或**伯努利概型**)是指每次试验只有两个可能结果的随机试验. 这两个结果可分别用事件 A 与 $\overline{A}$ 表示, 并设
$$P(A) = p, \quad P(\overline{A}) = q \quad (0 < p < 1, q = 1-p).$$

n **重伯努利试验**是重复地进行 n 次独立的伯努利试验. 它具有下面四个特点:

(1) 共进行 n 次试验;
(2) 各次试验相互独立;
(3) 每次试验出现两个结果之一: A 或 $\overline{A}$;
(4) A 在每次试验中出现的概率 p 保持不变.

关于 n 重伯努利试验, 有下面重要的定理:

定理 3 设在 n 重伯努利试验的每次试验中事件 A 发生的概率为 p, 则在 n 次试验中事件 A 发生 k 次的概率为
$$P_n(k) = C_n^k p^k q^{n-k} \quad (0 \leqslant k \leqslant n, q = 1-p),$$
并且
$$\sum_{k=0}^{n} P_n(k) = 1.$$

证 由伯努利概型知, A 在其中的 k 次试验中发生, 而在其余 $n-k$ 次试验中不发生. 事件"A 在指定的 k 次试验中发生, 而在其余 $n-k$ 次试验中不发生"的概率为 $p^k q^{n-k}$. 显然, A 的发生有各种排列顺序, 由排列组合理论可知共有 C_n^k 种不同的排列顺序, 而 C_n^k 种排列所对应的 C_n^k 个事件是互不相容的, 故由概率的加法公式得
$$P_n(k) = C_n^k p^k q^{n-k} \quad (0 \leqslant k \leqslant n),$$
并且
$$\sum_{k=0}^{n} P_n(k) = \sum_{k=0}^{n} C_n^k p^k q^{n-k} = (p+q)^n = 1.$$

例 6 某射手对一个目标进行射击, 设他每次射击的命中率为 0.02, 独立射击了 400 次, 求他至少击中 2 次的概率.

解 设 A 表示"每次射击中击中目标", 则
$$P(A) = 0.02, \quad P(\overline{A}) = 0.98.$$
再设 B 表示"至少击中 2 次". 由题意, 可用 $n = 400$ 的伯努利概型来计算所求事件的概率

$P(B)$：

$$P(B) = \sum_{k=2}^{400} C_{400}^k \times 0.02^k \times 0.98^{400-k}$$
$$= 1 - C_{400}^0 \times 0.02^0 \times 0.98^{400} - C_{400}^1 \times 0.02^1 \times 0.98^{399}$$
$$\approx 0.9972.$$

要直接计算例 6 中的概率是很困难的,实际应用中可用近似公式进行计算.近似计算方法将在第二章中给出.

习 题 1.5

1. 设 A,B 为两个相互独立的事件,且 $P(A)=0.3, P(B)=0.5$,求 $P(\overline{A}B), P(A\overline{B}), P(\overline{A}|\overline{B})$.

2. 设 A,B 为两个相互独立的事件,且 $P(A)=0.4, P(A \cup B)=0.7$,求 $P(\overline{B}|A)$.

3. 设事件 A 与 B 相互独立,且 $P(A)=\dfrac{1}{3}, P(B)=\dfrac{1}{2}$,求 $P(\overline{A}\overline{B}), P(\overline{A \cup B})$.

4. 设 4 人同时射击一目标,他们击中目标的概率分别是 $0.5, 0.3, 0.4, 0.2$,求目标被击中的概率.

5. 设事件 $A_1, A_2, \cdots, A_n$ 相互独立,且 $P(A_k)=p_k (k=1,2,\cdots,n)$,求：

(1) 事件 $A_1, A_2, \cdots, A_n$ 均不发生的概率；

(2) 事件 $A_1, A_2, \cdots, A_n$ 中至少有一个不发生的概率；

(3) 事件 $A_1, A_2, \cdots, A_n$ 中恰好有一个发生的概率.

6. 已知某条自动生产线上产品的一级品率为 0.6.现检查了 10 件该种产品,求至少有 2 件一级品的概率.

总练习题一

1. 设 $A_1, A_2, \cdots, A_n$ 为 n 个事件,试将 $A_1 \cup A_2 \cup \cdots \cup A_n$ 表示成 n 个互不相容事件的和.

2. 设 A, B 是两个事件,且 $P(A)=0.6, P(B)=0.7$,问：

(1) 在什么条件下 $P(AB)$ 取到最大值,最大值是多少?

(2) 在什么条件下 $P(AB)$ 取到最小值,最小值是多少?

3. 设 A, B 为两个任意事件,求证：$P(AB)=P(\overline{A}\overline{B})$ 的充要条件是 $P(A)+P(B)=1$.

4. 已知甲袋中有红、黑、白球各 3 个,乙袋中有黄、黑、白球各 2 个.现从甲、乙两个袋子中各取 1 个球,求所取到的 2 个球颜色相同的概率.

5. 在 1～2000 的整数中随机地取 1 个,问：取到的整数既不能被 6 整除,又不能被 8 整除的概率是多少?

6. 从 5 双不同的鞋子中任取 4 只,问:这 4 只鞋子中至少有 2 只配成 1 双的概率是多少?

7. 如果 n 张奖券中有 m 张含有奖,现有 k 人购买,每人 1 张,求其中至少有 1 人中奖的概率.

8. 在区间 $(0,1)$ 中随机取两个数,求事件"所取得的两个数之和小于 $\frac{6}{5}$"的概率.

9. 向单位圆 $x^2+y^2<1$ 内随机投下 3 点,求这 3 点中恰有 2 点落在第一象限的概率.

10. 已知男性有 5% 是色盲患者,女性有 0.25% 是色盲患者.今从男、女人数相等的人群中随机挑选 1 人,恰好是色盲患者,问:此人是男性的概率是多少?

11. 设一个盒子中有 15 个球,其中 9 个是新球.第 1 次比赛时从中任取 3 个球使用,赛后仍放回盒子中,第 2 次比赛时再从中任取 3 个球.求:

(1) 第 2 次取出的球都是新球的概率;

(2) 已知第 2 次取出的球都是新球,第 1 次仅取出 2 个新球的概率.

12. 3 人独立地破译一份密码,已知各人能破译出密码的概率分别为 $\frac{1}{5},\frac{1}{3},\frac{1}{4}$,问:3 人中至少有 1 人能将此密码破译出的概率是多少?

13. 某人对同一目标进行 3 次独立射击,设第 1,2,3 次射击的命中率分别为 $0.4,0.5,0.7$,求:

(1) 恰好有 1 次击中目标的概率; (2) 至少有 1 次击中目标的概率.

14. 设 A,B 为两个事件,且 $P(A)=0.2, P(B)=0.3, P(\bar{B}|A)=0.6$,求 $P(\bar{A}\cup\bar{B}), P(B|\bar{A})$.

15. 设 A,B 为两个事件,且 $P(A)=P(B)=\frac{1}{3}, P(A|B)=\frac{1}{6}$,求 $P(\bar{A}|\bar{B})$.

16. 设 A,B 为两个事件,且 $P(A)=0.3, P(B)=0.4, P(B|A)=0.7$,求 $P(\bar{A}-B), P(\bar{A}|B)$.

17. 设事件 A 与 B 相互独立,且 $P(A)=P(\bar{B})=a-1, P(A\cup B)=\frac{7}{9}$,试确定 a 的值.

18. 已知事件 A,B,C 相互独立,证明:$A\cup B, A-B$ 都与 C 相互独立.

19. 设事件 A,B,C 两两相互独立,A,B,C 中至少有一个不发生的概率为 $\frac{13}{25}$,A,B,C 中至少有一个发生的概率为 $\frac{24}{25}$,且 $P(A)=P(B)=P(C)$,求 $P(A)$.

20. 设 3 人向同一飞机射击,击中的概率分别是 $0.4,0.5,0.7$.若只有 1 人击中,则该飞机被击落的概率为 0.2;若有 2 人击中,则该飞机被击落的概率是 0.6;若 3 人都击中,则该飞机一定被击落.求该飞机被击落的概率.

第二章 随机变量及其概率分布

> 在第一章中,我们研究了随机事件及其概率.为了利用更多的数学工具研究随机现象,本章中我们介绍随机变量及其分布函数的概念.随机变量的引入,可以将随机试验的结果数量化,使我们能借助近代数学中的一些重要方法,更深入地揭示随机现象的统计规律性.

§2.1 随机变量与分布函数

一、随机变量

在我们讨论过的随机试验中,有些随机试验的样本空间本身就是用数值表示测验结果的.例如,观察抛掷一颗骰子出现的点数,这时样本空间是 $\{1,2,3,4,5,6\}$;再如,测试一个电子元件的使用寿命,这时样本空间为 $\{t: t \geqslant 0\}$;等等.但是,还有一些随机试验的样本空间不是用数值而是用属性来刻画的.对于这类随机试验,我们可以设法使其样本点和数值对应起来.例如,抛掷一枚均匀的硬币,观察结果,此时样本空间是 $\{$正面,反面$\}$.如果引入变量 X,并对应于试验的两个结果将 X 的值分别规定为 1 和 0,即

$$X = \begin{cases} 1, & \text{出现正面}, \\ 0, & \text{出现反面}, \end{cases}$$

这样样本点就和数值对应起来了,同时随着试验结果的确定,X 的取值也就确定了.

由此看出,不管随机试验的结果是否为数值,我们都可以建立从样本空间到实数的对应关系,用数值来表示随机试验的结果.由于这样的数值依赖于随机试验的结果,而对随机试验来说,尽管能事先明确试验的所有可能结果,但在每次试验之前无法断定会出现何种结果,从而也就无法确定它的值,即它的值具有随机性,亦即这样的数值可以看作某个变量的随机取值.因此,我们引入随机变量的概念.

定义 1 设 E 是随机试验,它的样本空间为 Ω.若 $X = X(e) (e \in \Omega)$ 是定义在 Ω 上的一个单值实函数,且对于任意实数 x,集合 $\{X \leqslant x\} = \{e: X(e) \leqslant x, e \in \Omega\}$ 是随机事件,则称 $X = X(e)$ 为 Ω 上的一个**随机变量**.

§2.1 随机变量与分布函数

注 (1) 定义 1 表明，随机变量 $X=X(e)$ 是样本点 e 的函数，但它与普通实函数有本质的区别：普通实函数无须做试验便可依据自变量的值确定函数值；随机变量随着试验出现不同的结果而取不同的值. 由于随机试验所有可能出现的结果是预先知道的，故对每个随机变量，我们可以知道它的取值范围及取值的概率，但在试验前不能预知它取什么值，只有在试验之后，依据所出现的结果才能确定.

(2) 定义 1 中要求对于任意实数 x，$\{X \leqslant x\}$ 都是随机事件，是为了方便概率的计算. 因此，并非任何定义在 Ω 上的单值实函数 $X(e)$ 都是随机变量，而是对函数有一定要求的. 也就是说，把随机试验的结果数量化时，不可随心所欲，而应该符合概率公理体系的规范. 将定义在 Ω 上的单值实函数区分为随机变量和非随机变量，在理论研究上是必要的，但在应用中一般不会遇到这样的问题，故不做深入讨论.

在本书中，随机变量一般用大写的英文字母 X,Y,Z 等表示，其取值用小写字母 x,y,z 等表示.

引入随机变量之后，随机事件就可以用随机变量取值的集合来表示. 对于任意实数 x，集合 $\{X \leqslant x\}$ 是一个随机事件，又由

$$\{X < x\} = \bigcup_{n=1}^{\infty} \left\{X \leqslant x - \frac{1}{n}\right\}$$

知 $\{X<x\}$ 也是随机事件，于是对于任意实数 $x, x_1, x_2 (x_1 \leqslant x_2)$，

$$\{x_1 < X \leqslant x_2\} = \{X \leqslant x_2\} - \{X \leqslant x_1\}, \quad \{X = x_1\} = \{X \leqslant x_1\} - \{X < x_1\},$$

$$\{X > x\} = \overline{\{X \leqslant x\}}, \quad \{X \geqslant x\} = \overline{\{X < x\}}$$

都是随机事件. 同样，$\{x_1 \leqslant X \leqslant x_2\}, \{x_1 \leqslant X < x_2\}, \{x_1 < X < x_2\}$ 都是随机事件.

例 1 设一批产品共有 30 件，其中 8 件是次品，22 件是正品. 现从这批产品中任取 6 件. 令 X 表示取出的 6 件产品中的次品数，则 X 是一个随机变量，它的可能取值为 $0,1,2,\cdots,6$. 事件 $\{X=0\}$ 表示"取出的 6 件产品全是正品"，事件 $\{X \geqslant 1\}$ 表示"取出的 6 件产品中至少有 1 件次品".

例 2 观察某一路口在上午 8:00 到 9:00 之间通过的汽车数. 令 X 表示在该时间段内通过的汽车数，则 X 是一个随机变量，它的可能取值为 $0,1,2,\cdots$. 事件 $\{10 \leqslant X \leqslant 100\}$ 表示"通过的汽车数介于 10~100 辆之间".

例 3 某厂生产一种电子元件，按规定使用寿命小于 1000 h 的电子元件为次品，使用寿命在 1000~2000 h 之间的电子元件为二等品，使用寿命大于 2000 h 的电子元件为一等品. 现从该厂生产的电子元件中随机抽取一个进行检验，用 X 表示所测得电子元件的使用寿命，则 X 是一个随机变量，它的可能取值是非负实数. 事件 $\{X<1000\}$ 表示"电子元件是次品"，事件 $\{1000 \leqslant X \leqslant 2000\}$ 表示"电子元件是二等品"，事件 $\{X>2000\}$ 表示"电子元件是一等品".

由以上例子可以看出，随机变量的引入，使概率论由对单个随机事件的研究扩大为对随机变量所表征的随机现象的研究. 正因为随机变量可以描述不同的随机事件，使我们不只是

孤立地研究单个随机事件,而是通过随机变量将各随机事件联系起来进行研究.因此,随机事件是从静态的观点来研究随机现象,而随机变量则是从动态的观点来研究随机现象,随机事件的概念是包含在随机变量这个更广的概念之中的.

随机变量分为两类:离散型随机变量和非离散型随机变量.非离散型随机变量的范围广泛且复杂,其中最常见、最重要的随机变量就是连续型随机变量.本书只讨论离散型随机变量和连续型随机变量.

二、分布函数

对于随机变量 X,我们不只是看它取哪些值,更重要的是看它以多大的概率取那些值.由随机变量的定义可知,对于每个实数 x,$\{X \leqslant x\}$ 都是一个随机事件,因此有一个确定的概率 $P\{X \leqslant x\}$ 与之对应.所以,概率 $P\{X \leqslant x\}$ 是 x 的函数.这个函数在理论和应用中都是很重要的.为此,引入以下定义:

定义 2 设 X 是一个随机变量,则称函数

$$F(x) = P\{X \leqslant x\} \quad (-\infty < x < +\infty) \qquad ①$$

为随机变量 X 的**分布函数**.

分布函数实质上是特殊事件 $\{X \leqslant x\}$ 的概率,它是一个普通函数,其定义域为全体实数.从几何的角度来看,如果将 X 看作数轴上随机点的坐标,那么分布函数 $F(x)$ 在点 x 处的值为随机变量 X 落在区间 $(-\infty, x]$ 上的概率.

若随机变量 X 的分布函数为 $F(x)$,则对于任意实数 $x_1, x_2 (x_1 \leqslant x_2)$,有

$$P\{x_1 < X \leqslant x_2\} = P\{X \leqslant x_2\} - P\{X \leqslant x_1\} = F(x_2) - F(x_1). \qquad ②$$

因此,若已知 X 的分布函数 $F(x)$,我们就知道 X 落在任一区间 $(x_1, x_2]$ 上的概率.从这个意义上说,分布函数完整地描述了随机变量的统计规律性.

分布函数 $F(x)$ 具有以下重要**性质**:

(1) $0 \leqslant F(x) \leqslant 1$;

(2) **单调性**:当 $x_1 < x_2$ 时,$F(x_1) \leqslant F(x_2)$;

(3) $F(-\infty) = \lim\limits_{x \to -\infty} F(x) = 0$, $F(+\infty) = \lim\limits_{x \to +\infty} F(x) = 1$;

(4) **右连续性**:$F(x+0) = \lim\limits_{t \to x^+} F(t) = F(x)$.

证 (1) 由于分布函数 $F(x)$ 表示事件 $\{X \leqslant x\}$ 的概率,故 $0 \leqslant F(x) \leqslant 1$.

(2) 当 $x_1 < x_2$ 时,$\{X \leqslant x_1\} \subset \{X \leqslant x_2\}$,从而有

$$F(x_1) = P\{X \leqslant x_1\} \leqslant P\{X \leqslant x_2\} = F(x_2).$$

(3),(4) 的证明从略.

以上四条性质是分布函数最本质的性质,即任何随机变量的分布函数都具备这四条性质;反之,还可以证明,如果一元函数 $F(x)$ 具有以上四条性质,则它一定可以作为某个随机变量的分布函数.因此,这四条性质常常用于检验一个函数是否为某个随机变量的分布函数.

利用分布函数,进一步可以得到

$$P\{X<x\}=\lim_{n\to\infty}P\left\{X\leqslant x-\frac{1}{n}\right\}=\lim_{n\to\infty}F\left(x-\frac{1}{n}\right)=F(x-0),\quad ③$$

$$P\{X=x\}=P\{X\leqslant x\}-P\{X<x\}=F(x)-F(x-0),\quad ④$$

例 4 将一枚均匀硬币抛掷 3 次,用随机变量 X 表示"3 次中出现正面的次数",求:

(1) X 的分布函数; (2) $P\left\{X\leqslant\frac{1}{2}\right\}$, $P\left\{\frac{3}{2}<X\leqslant\frac{5}{2}\right\}$, $P\{2\leqslant X\leqslant 3\}$.

解 (1) 将"正面"记为 H,"反面"记为 T,则样本空间为
$$\Omega=\{HHH,HHT,HTH,THH,HTT,TTH,THT,TTT\}.$$
随机变量 X 的可能取值是 $0,1,2,3$,且
$$P\{X=0\}=\frac{1}{8},\quad P\{X=1\}=P\{X=2\}=\frac{3}{8},\quad P\{X=3\}=\frac{1}{8}.$$

当 $x<0$ 时,$F(x)=P\{X\leqslant x\}=0$;

当 $0\leqslant x<1$ 时,$F(x)=P\{X\leqslant x\}=P\{X=0\}=\frac{1}{8}$;

当 $1\leqslant x<2$ 时,$F(x)=P\{X=0\}+P\{X=1\}=\frac{1}{2}$;

当 $2\leqslant x<3$ 时,$F(x)=P\{X=0\}+P\{X=1\}+P\{X=2\}=\frac{7}{8}$;

当 $x\geqslant 3$ 时,
$F(x)=P\{X=0\}+P\{X=1\}+P\{X=2\}+P\{X=3\}=1.$

所以,X 的分布函数(图 1)为

$$F(x)=\begin{cases}0, & x<0,\\ 1/8, & 0\leqslant x<1,\\ 1/2, & 1\leqslant x<2,\\ 7/8, & 2\leqslant x<3,\\ 1, & x\geqslant 3.\end{cases}$$

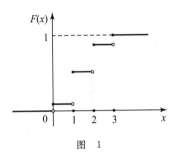

图 1

(2) 由(1)中求出的分布函数 $F(x)$ 得
$$P\left\{X\leqslant\frac{1}{2}\right\}=F\left(\frac{1}{2}\right)=\frac{1}{8},\quad P\left\{\frac{3}{2}<X\leqslant\frac{5}{2}\right\}=F\left(\frac{5}{2}\right)-F\left(\frac{3}{2}\right)=\frac{7}{8}-\frac{1}{2}=\frac{3}{8},$$
$$P\{2\leqslant X\leqslant 3\}=F(3)-F(2)+P\{X=2\}=1-\frac{7}{8}+\frac{3}{8}=\frac{1}{2}.$$

例 5 在半径为 2 的圆域 D 内任投一点,以 X 表示投入的点与圆心的距离.设点落在 D 中任何部分区域内的概率与该区域的面积成正比,求随机变量 X 的分布函数.

解 当 $x<0$ 时,$\{X\leqslant x\}$ 是不可能事件,于是 $F(x)=P\{X\leqslant x\}=0$;

当 $0\leqslant x<2$ 时,根据题意,有
$$F(x)=P\{X\leqslant x\}=P\{X\leqslant 0\}+P\{0<X\leqslant x\}$$
$$=P\{0<X\leqslant x\}=\frac{\pi x^2}{\pi\cdot 2^2}=\frac{x^2}{4};$$

第二章 随机变量及其概率分布

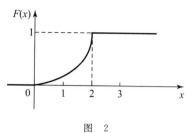

图 2

当 $x \geq 2$ 时，$\{X \leq x\}$ 是必然事件，于是 $F(x)=1$。
所以，X 的分布函数为

$$F(x)=\begin{cases} 0, & x<0, \\ x^2/4, & 0 \leq x<2, \\ 1, & x \geq 2. \end{cases}$$

$F(x)$ 的图形为一条连续曲线(图2)。

习 题 2.1

1. 观察某市一年的降水量，用随机变量表示下列事件：
(1) 降水量不足 30 mm；(2) 降水量在 60～100 mm 之间；(3) 降水量超过 200 mm.

2. 判断下列函数是否为某个随机变量的分布函数：

(1) $F(x)=\begin{cases} 0, & x<0, \\ \sin x, & 0 \leq x<\pi/2, \\ 1, & x \geq \pi/2; \end{cases}$ (2) $F(x)=\begin{cases} 0, & x<0, \\ \cos x, & 0 \leq x<\pi, \\ 1, & x \geq \pi. \end{cases}$

3. 设随机变量 X 的分布函数为

$$F(x)=\begin{cases} 0, & x<0, \\ x/3, & 0 \leq x<1, \\ x/2, & 1 \leq x<2, \\ 1, & x \geq 2, \end{cases}$$

求：(1) $P\{X \leq 1/2\}$； (2) $P\{1/2 \leq X \leq 1\}$； (3) $P\{1/2<X<1\}$；
(4) $P\{1 \leq X \leq 3/2\}$； (5) $P\{1<X<2\}$.

4. 在区间 $[a,b]$ 上任投一质点，以 X 表示这个质点的坐标．设这个质点落在 $[a,b]$ 中任意小区间内的概率与这个小区间的长度成正比例，求 X 的分布函数．

5. 设随机变量 X 的分布函数为 $F(x)=A+B\arctan x$，求：
(1) 常数 A, B 的值； (2) $P\{0<X \leq 2\}$.

6. 设函数 $F_1(x)$ 和 $F_2(x)$ 都是随机变量的分布函数，a, b 为非负常数，且 $a+b=1$，证明：函数 $F(x)=aF_1(x)+bF_2(x)$ 也是随机变量的分布函数．

§2.2 离散型随机变量

在上一节中，我们讨论了一般的随机变量．在本节及下一节中，我们将分别讨论两类最重要的随机变量——离散型随机变量和连续型随机变量．

一、离散型随机变量的概念

定义1 如果随机变量 X 的所有可能取值是有限个或可列无穷多个，那么称 X 为**离散**

型随机变量.

例如，抛掷骰子时出现的点数、n 次射击中击中目标的次数、电话交换台在一天内收到的呼叫次数都是离散型随机变量.

定义 2 设离散型随机变量 X 的所有可能取值为 $x_1, x_2, \cdots, x_n, \cdots$，则称

$$P\{X = x_k\} = p_k \quad (k = 1, 2, \cdots, n, \cdots) \qquad ①$$

为离散型随机变量 X 的**概率分布律**(简称**分布律**).

离散型随机变量 X 的分布律①也常常表示为表格形式，见表 1.

表 1

X	x_1	x_2	$\cdots$	x_n	$\cdots$
P	p_1	p_2	$\cdots$	p_n	$\cdots$

由概率的性质知，离散型随机变量 X 的分布律具有以下两条性质：

(1) **非负性**：$p_k \geqslant 0 (k=1,2,\cdots)$；

(2) **规范性**：$\sum\limits_{k} p_k = 1$.

进一步可以证明，任意满足以上两条性质的数列 $\{p_k\}$，都可以作为某个离散型随机变量的分布律.

设离散型随机变量 X 的分布律为 $P\{X=x_k\}=p_k (k=1,2,\cdots,n,\cdots)$，根据分布函数的定义，$X$ 的分布函数为

$$F(x) = P\{X \leqslant x\} = P\Big(\bigcup_{x_k \leqslant x} \{X = x_k\}\Big) = \sum_{x_k \leqslant x} P\{X = x_k\} = \sum_{x_k \leqslant x} p_k.$$

由此可知，离散型随机变量 X 的分布函数 $F(x)$ 是一个右连续、单调不减的阶梯函数，每个点 x_k 是 $F(x)$ 的第一类跳跃间断点，在点 x_k 处的跳跃度为 p_k(假定对于每个 k，有 $p_k > 0$). 不妨设 $x_1 < x_2 < \cdots < x_{k-1} < x_k < \cdots < x_n < \cdots$，则 X 的分布函数的图形大致如图 1 所示.

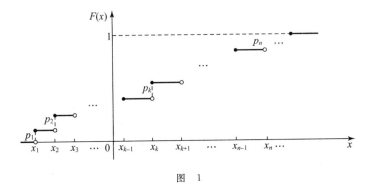

图 1

离散型随机变量的分布函数和分布律可以相互唯一确定，因此分布律和分布函数一样，

完整地刻画了离散型随机变量取值的统计规律性.

例 1 设一个袋子中有 5 个同样大小的球,编号为 $1,2,3,4,5$. 现从该袋子中同时取出 3 个球,求取出的最大号码 X 的分布律及其分布函数,并作出分布函数的图形.

解 由题知 X 的可能取值为 $3,4,5$,且

$$P\{X=3\} = \frac{1}{C_5^3} = \frac{1}{10}, \quad P\{X=4\} = \frac{C_3^2}{C_5^3} = \frac{3}{10}, \quad P\{X=5\} = \frac{C_4^2}{C_5^3} = \frac{6}{10},$$

所以 X 的分布律如表 2 所示.

表 2

X	3	4	5
P	1/10	3/10	3/5

由 $F(x) = \sum\limits_{x_k \leqslant x} p_k$ 得 X 的分布函数为

$$F(x) = \begin{cases} 0, & x < 3, \\ 1/10, & 3 \leqslant x < 4, \\ 2/5, & 4 \leqslant x < 5, \\ 1, & x \geqslant 5, \end{cases}$$

其图形如图 2 所示.

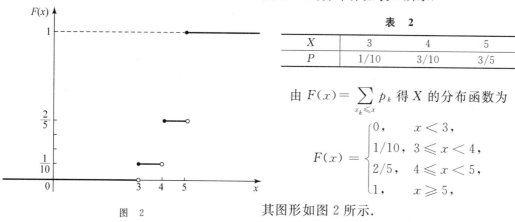

图 2

二、几种常见的离散型随机变量的分布

1. 两点分布

定义 3 如果离散型随机变量 X 只可能取 0 和 1 两个值,且它的分布律为

$$P\{X=k\} = p^k(1-p)^{1-k} \quad (k=0,1; 0<p<1), \qquad ②$$

那么称 X 服从参数为 p 的**两点分布**,也称 X 服从 **0-1 分布**,记为 $X \sim$ 0-1 分布.

两点分布的分布律②也可以用表 3 来表示.

表 3

X	1	0
P	p	$1-p$

显然,式②满足分布律的两条基本性质.

两点分布是最简单的一种分布,可用来描述只有两种可能结果 A 和 $\overline{A}$ 的随机试验的概率分布,如新生婴儿的性别、射击是否击中目标、种子是否发芽、系统是否正常、电力消耗是否超负荷都服从两点分布.

2. 二项分布

n 重伯努利试验是一种很重要的概率模型,也是研究最多的概率模型之一.

由第一章§1.5 的定理 3 知,"n 重伯努利试验中事件 A 发生 k 次"这一事件的概率为
$$p_k = C_n^k p^k q^{n-k} \quad (k=0,1,2,\cdots,n),$$
其中 $P(A)=p(0<p<1,q=1-p)$. 易知 $p_k \geqslant 0 (k=0,1,2,\cdots,n)$,且
$$\sum_{k=0}^n p_k = \sum_{k=0}^n C_n^k p^k q^{n-k} = (p+q)^n = 1,$$
故 $p_k(k=0,1,2,\cdots,n)$ 满足分布律的两条性质,且各个 p_k 恰好是二项式的幂 $(p+q)^n$ 的展开式中的各项,从而有以下定义:

定义 4 如果离散型随机变量 X 的分布律为
$$P\{X=k\} = C_n^k p^k q^{n-k} \quad (k=0,1,2,\cdots,n), \qquad ③$$
其中 $0<p<1, q=1-p$,那么称 X 服从参数为 n, p 的**二项分布**,记为 $X \sim B(n,p)$.

当 $n=1$ 时,二项分布就是两点分布,故有时两点分布也记为 $B(1,p)$.

图 3(a),(b),(c)是对某些 n 和 p 的取值画出的二项分布 $B(n,p)$ 的概率分布图.

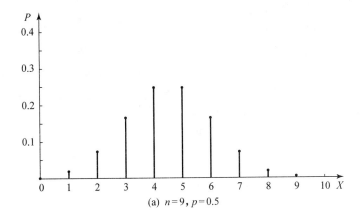

(a) $n=9, p=0.5$

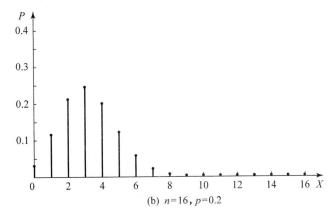

(b) $n=16, p=0.2$

图 3

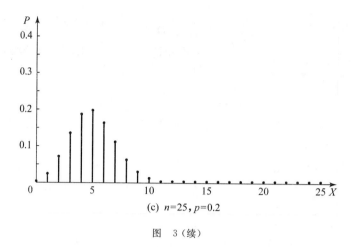

(c) $n=25, p=0.2$

图 3（续）

设随机变量 $X \sim B(n,p)$. 下面讨论 X 的分布律的变化情况. 考虑比值

$$\frac{P\{X=k\}}{P\{X=k-1\}} = \frac{C_n^k p^k q^{n-k}}{C_n^{k-1} p^{k-1} q^{n-k+1}} = \frac{(n-k+1)p}{k(1-p)} = 1 + \frac{(n+1)p-k}{k(1-p)}.$$

可见，当 $k<(n+1)p$ 时，$P\{X=k\}>P\{X=k-1\}$，即概率值随着 k 的增加而增加；当 $k>(n+1)p$ 时，$P\{X=k\}<P\{X=k-1\}$，即概率值随着 k 的增加而减少. 若 $(n+1)p$ 是正整数，且 $k=(n+1)p$，则 $P\{X=k\}=P\{X=k-1\}$，即这两项的概率值均为最大值；若 $(n+1)p$ 不是正整数，则存在唯一的 $k=[(n+1)p]$，满足 $(n+1)p-1<k<(n+1)p$，使得 $P\{X=k\}$ 为最大值.

如果正整数 k_0 使二项分布 $B(n,p)$ 的分布律中某项 $P\{X=k_0\}$ 达到最大值，则称 k_0 为二项分布 $B(n,p)$ 的**最可能出现次数**. 通过上面的讨论可知，二项分布 $B(n,p)$ 的最可能出现次数为

$$k_0 = \begin{cases} [(n+1)p], & (n+1)p \text{ 不是正整数}, \\ (n+1)p, (n+1)p-1, & (n+1)p \text{ 是正整数}. \end{cases}$$

例 2 设一大批产品的次品率为 0.06. 现从这批产品中任取 20 件，求下列事件的概率：
(1) $A=\{$恰有 2 件次品$\}$；(2) $B=\{$不超过 4 件次品$\}$；(3) $C=\{$至少有 1 件次品$\}$.

解 依题意应为无放回抽样，但 20 件产品相对于产品总数来说很小，因而可以近似作为有放回抽样处理. 抽取 1 件产品可看作 1 次伯努利试验，则取出的 20 件产品中的次品数 $X \sim B(20, 0.06)$. 所以，X 的分布律为

$$P\{X=k\} = C_{20}^k \times 0.06^k \times 0.94^{n-k} \quad (k=0,1,2,\cdots,20).$$

(1) $P(A) = P\{X=2\} = C_{20}^2 \times 0.06^2 \times 0.94^{18} \approx 0.2246.$

(2) $P(B) = P\{X \leq 4\} = \sum_{k=0}^{4} C_{20}^k \times 0.06^k \times 0.94^{20-k} \approx 0.9944.$

(3) $P(C) = P\{X \geq 1\} = 1 - P\{X<1\} = 1 - P\{X=0\} = 1 - 0.94^{20} \approx 0.7099.$

在本例中,最可能抽取的次品数为 $k_0=[(20+1)\times 0.06]=[1.26]=1$.

以 n 重伯努利试验为背景的二项分布是一个重要的离散型随机变量分布,具有广泛的应用.例如,在质量管理中,不合格产品数控制图和不合格率控制图的绘制以及一些抽样方案的制订都是以二项分布为理论依据的.

3. 泊松分布

定义 5 如果离散型随机变量 X 的分布律为

$$P\{X=k\}=\frac{\lambda^k}{k!}\mathrm{e}^{-\lambda} \quad (k=0,1,2,\cdots), \qquad ④$$

其中 $\lambda>0$ 是常数,那么称 X 服从参数为 λ 的**泊松(Poisson)分布**,记为 $X\sim P(\lambda)$.

容易验证:

(1) $\frac{\lambda^k}{k!}\mathrm{e}^{-\lambda}>0\ (k=0,1,2,\cdots)$;

(2) $\sum_{k=0}^{\infty}\frac{\lambda^k}{k!}\mathrm{e}^{-\lambda}=\mathrm{e}^{-\lambda}\sum_{k=0}^{\infty}\frac{\lambda^k}{k!}=\mathrm{e}^{-\lambda}\cdot \mathrm{e}^{\lambda}=1.$

所以,式④是一个离散型随机变量的分布律.

泊松分布是概率论中很重要的分布,自然界和科学技术中的许多指标都是服从泊松分布的.例如,一个电话交换台在某个时间段内收到的呼叫次数、某个时间段内来到一个公共汽车站的乘客人数、某个时间段内纱锭上棉纱断头的次数、空间中一个区域在某个时间段内收到的放射性物质发射的粒子数都可以认为是服从泊松分布的.

例 3 放射性物质放射出的 α 粒子数是服从泊松分布的一个著名例子.1910 年,在卢瑟福(E. Rutherford)等人的著名实验中,观察 7.5 s 时间间隔内落到某个指定区域内的 α 粒子数,共观察了 $N=2608$ 次.以 N_k 表示 N 次观察中落到该区域内的 α 粒子数为 k 的次数.实验结果与参数为 $\lambda=\frac{10\,094}{2608}=3.870$ 的泊松分布对照,如表 4 所示,其中 10 094 是整个 2608 段时间内观测到的 α 粒子总数.从表 4 中可以看到,观察值(频率)与理论值(概率)非常接近.

表 4

k	N_k	$\dfrac{N_k}{N}$	$p_k=\dfrac{3.870^k\mathrm{e}^{-3.870}}{k!}$
0	57	0.0219	0.0209
1	203	0.0778	0.0807
2	383	0.1469	0.1562
3	525	0.2013	0.2015
4	532	0.2040	0.1950
5	408	0.1564	0.1509
6	273	0.1047	0.0973

续表

k	N_k	$\dfrac{N_k}{N}$	$p_k = \dfrac{3.870^k \mathrm{e}^{-3.870}}{k!}$
7	139	0.0533	0.0538
8	45	0.0172	0.0260
9	27	0.0104	0.0112
$\geqslant 10$	16	0.0061	0.0066
总计	2608	1.0000	1.0000

下面的定理说明泊松分布在理论上也有其特殊、重要的地位.

定理(泊松定理) 对于数列 $a_n = C_n^k p_n^k (1-p_n)^{n-k}\ (n=1,2,\cdots)$，若 $\lim\limits_{n\to\infty} np_n = \lambda\ (\lambda > 0$ 为常数$)$，则

$$\lim_{n\to\infty} C_n^k p_n^k (1-p_n)^{n-k} = \frac{\lambda^k}{k!} \mathrm{e}^{-\lambda} \quad (k=0,1,2,\cdots).$$

证 令 $np_n = \lambda_n$，则有

$$C_n^k p_n^k (1-p_n)^{n-k} = \frac{n(n-1)\cdots(n-k+1)}{k!} \left(\frac{\lambda_n}{n}\right)^k \left(1-\frac{\lambda_n}{n}\right)^{n-k}$$

$$= \left(1-\frac{1}{n}\right)\left(1-\frac{2}{n}\right)\cdots\left(1-\frac{k-1}{n}\right) \frac{\lambda_n^k}{k!} \left(1-\frac{\lambda_n}{n}\right)^{n-k}.$$

对于任意固定的 $k(0 \leqslant k \leqslant n)$，有

$$\lim_{n\to\infty} \left(1-\frac{1}{n}\right)\left(1-\frac{2}{n}\right)\cdots\left(1-\frac{k-1}{n}\right) = 1, \quad \lim_{n\to\infty} \lambda_n^k = \lambda^k.$$

$$\lim_{n\to\infty} \left(1-\frac{\lambda_n}{n}\right)^{n-k} = \lim_{n\to\infty} \left(1-\frac{\lambda_n}{n}\right)^{\frac{n}{\lambda_n} \cdot \lambda_n \cdot \frac{n-k}{n}} = \mathrm{e}^{-\lambda},$$

所以

$$\lim_{n\to\infty} C_n^k p_n^k (1-p_n)^{n-k} = \frac{\lambda^k}{k!} \mathrm{e}^{-\lambda} \quad (k=0,1,2,\cdots).$$

上述定理表明，泊松分布是二项分布当 $n\to\infty$ 时的极限分布. 在实际计算中，当 n 很大，且 p 很小，而 np 是一个大小适当的数(通常 $0 < np \leqslant 8$)时，二项分布下的概率可由泊松分布下的概率来近似:

$$C_n^k p^k (1-p)^{n-k} \approx \frac{\lambda^k}{k!} \mathrm{e}^{-\lambda} \quad (k=0,1,2,\cdots), \qquad ⑤$$

其中 $\lambda = np$，而关于 $\dfrac{\lambda^k}{k!} \mathrm{e}^{-\lambda}$ 的值，可由泊松分布表(附表2)查到.

例4 为了保证设备正常工作，需配备一些维修工人. 如果每台设备发生故障是相互独立的，且发生故障的概率都是 1%，试在以下各种情况下求设备发生故障而不能及时维修的概率:

(1) 每位维修工人负责 20 台设备;   (2) 3 名维修工人同时负责 90 台设备;

(3) 12 名维修工人同时负责 400 台设备.

解 (1) 设 20 台设备同时发生故障的台数为 X_1，则 $X_1 \sim B(20, 0.01)$. 只有多于 1 台设备同时发生故障时,事件"设备发生故障而不能及时维修"才会发生,于是所求的概率为

$$P\{X_1 > 1\} = 1 - \sum_{k=0}^{1} P\{X_1 = k\} = 1 - \sum_{k=0}^{1} C_{20}^{k} \times 0.01^k \times 0.99^{20-k} \approx 0.0169.$$

(2) 设 90 台设备同时发生故障的台数为 X_2，则 $X_2 \sim B(90, 0.01)$. 只有多于 3 台设备同时发生故障时,事件"设备发生故障而不能及时维修"才会发生,于是所求的概率为

$$P\{X_2 > 3\} = 1 - \sum_{k=0}^{3} C_{90}^{k} \times 0.01^k \times 0.99^{90-k} \approx 0.0129.$$

(3) 设 400 台设备同时发生故障的台数为 X_3，则 $X_3 \sim B(400, 0.01)$. 只有多于 12 台设备同时发生故障时,事件"设备发生故障而不能及时维修"才会发生,于是所求的概率为

$$P\{X_3 > 12\} = 1 - \sum_{k=0}^{12} C_{400}^{k} \times 0.01^k \times 0.99^{400-k} \approx 0.0002.$$

因为 $P\{X_3 > 12\}$ 的计算量很大,而 $n = 400$ 很大, $p = 0.01$ 很小, $\lambda = np = 4$ 比较适中,所以可用泊松分布来近似计算:

$$P\{X_3 > 12\} \approx 1 - \sum_{k=0}^{12} \frac{4^k}{k!} e^{-4} \approx 1 - 0.9997 = 0.0003.$$

通过这个例子不难看出,如果 12 名维修工人同时负责 400 台设备,设备发生故障而不能及时维修的概率要比每人负责 20 台设备和 3 人同时负责 90 台设备时的情况小很多,且对于 400 台设备,需要的维修工人也较少,这样大大地提高了工作效率,减少了人员配置.

习 题 2.2

1. 设随机变量 $X \sim 0\text{-}1$ 分布,求 X 的分布函数,并作出图形.
2. 设随机变量 X 的分布律如表 5 所示,求 X 的分布函数,并作出图形.

表 5

X	1	2	3	4
P	1/4	1/2	1/8	1/8

3. 已知一批零件共有 10 件,其中 3 件是不合格品. 采取无放回抽样任取 1 件使用,求在首次取到合格品之前取出的不合格品件数 X 的分布律.

4. 设有 3 个盒子,第 1 个盒子中有 4 个红球和 1 个黑球;第 2 个盒子中有 3 个红球和 2 个黑球;第 3 个盒子中有 2 个红球和 3 个黑球. 现任取 1 个盒子,从中任取 3 个球,以 X 表示所取到的红球个数.

(1) 写出 X 的分布律;   (2) 求所取到的红球个数不少于 2 的概率.

第二章 随机变量及其概率分布

5. 某人进行独立重复试验,设其每次试验成功的概率为 p,失败的概率为 $q=1-p$ $(0<p<1)$.

(1) 将试验进行到成功 1 次为止,以 X 表示所需的试验次数,求 X 的分布律(此时称 X 服从参数为 p 的**几何分布**);

(2) 将试验进行到成功 r 次为止,以 Y 表示所需的试验次数,求 Y 的分布律[此时称 Y 服从参数为 r,p 的**帕斯卡(Pascal)分布**].

6. 设某篮球运动员的投篮命中率为 45%,以 X 表示他首次投中时累计已投篮的次数,写出 X 的分布律,并计算 X 取偶数的概率.

7. 从甲地到乙地途中有 3 个路口,假设在各路口遇到红灯的事件是相互独立的,并且概率都是 $\frac{2}{5}$. 设 X 为途中遇到红灯的次数,求 X 的分布律与分布函数.

8. 某地区有 5 个加油站. 调查表明,在任一时刻每个加油站被使用的概率为 0.1. 求:
(1) 在同一时刻,该地区恰有 2 个加油站被使用的概率;
(2) 在同一时刻,该地区至少有 3 个加油站被使用的概率;
(3) 在同一时刻,该地区至多有 3 个加油站被使用的概率.

9. 设随机变量 $X\sim B(2,p), Y\sim B(3,p)$. 若 $P\{X\geqslant 1\}=\frac{5}{9}$,求 $P\{Y\geqslant 1\}$.

10. 某人向一个目标独立射击了 5000 次,已知每次的命中率为 0.001,求:
(1) 最可能命中次数及相应的概率; (2) 命中次数不少于 2 的概率.

11. 设随机变量 $X\sim P(\lambda)$,问:当 k 为何值时,$P\{X=k\}$ 取最大值?

12. 设一本 500 页的书共有 500 个错字,每个错字等可能地出现在每页中,求在给定的某页中最多有 2 个错字的概率.

13. 某商店出售某种商品. 根据经验,此种商品的月销售量 X 服从参数为 $\lambda=3$ 的泊松分布. 问:在月初进货时要库存多少件此种商品,才能以 99% 的概率满足顾客要求?

14. 设每天进入某图书馆的人数 X 服从参数为 λ 的泊松分布,而且在进入此图书馆的人中,借书的概率为 p,各人是否借书是相互独立的.
(1) 求一天恰有 k 人借书的概率;
(2) 若某天有 k 人借书,求该天进入此图书馆的人数为 n 的概率.

15. 设离散型随机变量 X 的分布函数为
$$F(x)=\begin{cases} 0, & x<-1, \\ 0.4, & -1\leqslant x<1, \\ 0.8, & 1\leqslant x<3, \\ 1, & x\geqslant 3, \end{cases}$$
求 X 的分布律.

§2.3 连续型随机变量

前面介绍了离散型随机变量,其取值只有有限个或可列无穷多个. 在非离散型随机变量中有一类重要的随机变量,就是连续型随机变量. 这类随机变量可以取某个区间$[a,b]$或$(-\infty,+\infty)$中的一切值. 我们常用概率密度来刻画这种随机变量的概率分布.

一、概率密度函数的概念

定义 1 设随机变量 X 的分布函数为 $F(x)$. 如果存在一个非负可积函数 $f(x)$,使得对于任意实数 x,有

$$F(x)=\int_{-\infty}^{x}f(t)\mathrm{d}t, \qquad ①$$

那么称 X 为**连续型随机变量**,称 $f(x)$ 为 X 的**概率密度函数**(简称**概率密度**或**密度函数**).

如同离散型随机变量的概率分布被其分布律所确定一样,连续型随机变量的概率分布被其概率密度所确定. 根据微积分的知识可知,连续型随机变量 X 的分布函数 $F(x)$ 是一个连续函数.

概率密度 $f(x)$ 具有如下**性质**:

(1) **非负性**:$f(x)\geqslant 0$.

(2) **规范性**:$\int_{-\infty}^{+\infty}f(x)\mathrm{d}x=1$.

以上两条性质是概率密度的基本性质. 进一步还可以证明,任意一个满足以上两条性质的函数,都可以作为某个连续型随机变量的概率密度. 从几何上看,概率密度的图形(称为**密度曲线**)在 x 轴的上方,且与 x 轴所围成区域的面积是 1,如图 1 所示.

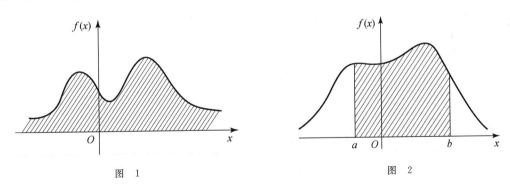

图 1　　　　　　　　　图 2

(3) 对于任意实数 $a,b(a\leqslant b)$,有

$$P\{a<X\leqslant b\}=F(b)-F(a)=\int_{a}^{b}f(x)\mathrm{d}x, \qquad ②$$

即随机变量 X 落在区间 $(a,b]$ 内的概率为密度曲线与直线 $x=a, x=b$ 及 x 轴所围成的曲边梯形的面积,如图 2 所示.

(4) 若 $f(x)$ 在点 x 处连续,则 $F'(x)=f(x)$.

由性质(4),在 $f(x)$ 的连续点 x 处,有

$$f(x) = \lim_{\Delta x \to 0^+} \frac{F(x+\Delta x) - F(x)}{\Delta x} = \lim_{\Delta x \to 0^+} \frac{P\{x < X \leqslant x+\Delta x\}}{\Delta x}.$$

可以看出,概率密度的定义与物理学中线密度的定义类似,所以在概率论中将 $f(x)$ 称为概率密度.

需要说明的是,对于任意实数 a,连续型随机变量 X 取 a 的概率等于 0,即 $P\{X=a\}=0$. 事实上,对于任意 $\Delta x>0$,有

$$0 \leqslant P\{X=a\} \leqslant P\{a-\Delta x < X \leqslant a\} = \int_{a-\Delta x}^{a} f(x)\mathrm{d}x,$$

而 $\lim\limits_{\Delta x \to 0} \int_{a-\Delta x}^{a} f(x)\mathrm{d}x = 0$,所以 $P\{X=a\}=0$. 因此

$$P\{a<X<b\} = P\{a \leqslant X < b\} = P\{a < X \leqslant b\} = P\{a \leqslant X \leqslant b\} = \int_a^b f(x)\mathrm{d}x. \quad ③$$

式③说明,当计算连续型随机变量在某个区间中取值的概率时,是否取到区间端点对概率的大小没有影响.

此外,由 $P\{X=a\}=0$ 可知,概率为 0 的事件不一定是不可能事件. 同理,概率为 1 的事件也不一定是必然事件.

例 1 设连续型随机变量 X 的概率密度为

$$f(x) = \begin{cases} kx, & 0 \leqslant x \leqslant 1, \\ 2-x, & 1 < x < 2, \\ 0, & 其他, \end{cases}$$

求:(1) 常数 k; (2) X 的分布函数; (3) $P\left\{\dfrac{1}{2} < X \leqslant \dfrac{3}{2}\right\}$.

解 (1) 由 $\int_{-\infty}^{+\infty} f(x)\mathrm{d}x = 1$ 得

$$\int_0^1 kx\,\mathrm{d}x + \int_1^2 (2-x)\mathrm{d}x = 1, \quad 即 \quad \frac{kx^2}{2}\bigg|_0^1 - \frac{(2-x)^2}{2}\bigg|_1^2 = 1.$$

解之得 $k=1$.

(2) 由 $k=1$ 知,X 的概率密度为

$$f(x) = \begin{cases} x, & 0 \leqslant x \leqslant 1, \\ 2-x, & 1 < x < 2, \\ 0, & 其他. \end{cases}$$

当 $x<0$ 时,$F(x) = \int_{-\infty}^{x} f(t)\mathrm{d}t = \int_{-\infty}^{x} 0\mathrm{d}t = 0$;

当 $0 \leqslant x < 1$ 时,$F(x) = \int_{-\infty}^{x} f(t)\mathrm{d}t = \int_{-\infty}^{0} 0\mathrm{d}t + \int_{0}^{x} t\mathrm{d}t = \frac{1}{2}x^2$;

当 $1 \leqslant x < 2$ 时,
$$F(x) = \int_{-\infty}^{x} f(t)\mathrm{d}t = \int_{-\infty}^{0} 0\mathrm{d}t + \int_{0}^{1} t\mathrm{d}t + \int_{1}^{x} (2-t)\mathrm{d}t = -\frac{1}{2}x^2 + 2x - 1;$$

当 $x \geqslant 2$ 时,$F(x) = \int_{-\infty}^{x} f(t)\mathrm{d}t = 1$.

所以,X 的分布函数为

$$F(x) = \begin{cases} 0, & x < 0, \\ \frac{1}{2}x^2, & 0 \leqslant x < 1, \\ -\frac{1}{2}x^2 + 2x - 1, & 1 \leqslant x < 2, \\ 1, & x \geqslant 2. \end{cases}$$

(3) $P\left\{\frac{1}{2} < X \leqslant \frac{3}{2}\right\} = \int_{1/2}^{3/2} f(x)\mathrm{d}x = \int_{1/2}^{1} x\mathrm{d}x + \int_{1}^{3/2} (2-x)\mathrm{d}x = \frac{3}{4}$.

或者 $P\left\{\frac{1}{2} < X \leqslant \frac{3}{2}\right\} = F\left(\frac{3}{2}\right) - F\left(\frac{1}{2}\right) = \frac{3}{4}$.

二、几种常见的连续型随机变量的分布

1. 均匀分布

定义 2 如果连续型随机变量 X 的概率密度为

$$f(x) = \begin{cases} \dfrac{1}{b-a}, & a < x < b, \\ 0, & 其他, \end{cases} \quad ④$$

那么称 X 服从区间 (a,b) 上的**均匀分布**,记为 $X \sim U(a,b)$.

注 若将均匀分布概率密度④中的"$a < x < b$"改为"$a \leqslant x \leqslant b$",这时称 X 服从区间 $[a,b]$ 上的均匀分布,记为 $X \sim U[a,b]$.

容易看出,函数④满足概率密度的两条基本性质.若随机变量 $X \sim U(a,b)$,则易知 X 的分布函数为

$$F(x) = \begin{cases} 0, & x < a, \\ \dfrac{x-a}{b-a}, & a \leqslant x < b, \\ 1, & x \geqslant b. \end{cases} \quad ⑤$$

均匀分布 $U(a,b)$ 的概率密度 $f(x)$ 与分布函数 $F(x)$ 的图形分别见图 3 与图 4.

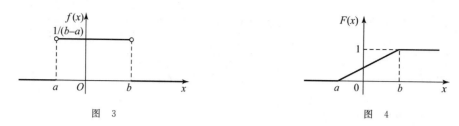

图 3　　　　　　　　　　　图 4

如果随机变量 X 服从 (a,b) 上的均匀分布,则对于任意满足 $a\leqslant c\leqslant d\leqslant b$ 的 c,d,有

$$P\{c\leqslant X\leqslant d\}=\int_c^d f(x)\mathrm{d}x=\frac{d-c}{b-a}.$$

该式说明,X 取值于 (a,b) 中任意小区间的概率与该小区间的长度成正比,而与该小区间的具体位置无关.这就是均匀分布的直观概率意义.因此,均匀分布可用来描述在某个区间上具有等可能结果的随机试验的统计规律性.例如,在数值计算中,设计算结果保留到小数点后第 n 位,则通常假定舍入误差 X 服从 $(-0.5\times10^{-n},0.5\times10^{-n})$ 上的均匀分布.

例 2　已知某秒表的最小刻度差为 0.01 s.若计时精确度取最近的刻度值,求使用该秒表计时产生的误差 X 的概率密度,并计算误差的绝对值不超过 0.004 s 的概率.

解　由题设知,误差 X 等可能地取得区间 $(-0.005,0.005)$(单位:s)中的任一值,则

$$X\sim U(-0.005,0.005).$$

所以,X 的概率密度为

$$f(x)=\begin{cases}100,&|x|<0.005,\\0,&\text{其他}.\end{cases}$$

故误差的绝对值不超过 0.004 s 的概率为

$$P\{|X|\leqslant0.004\}=\int_{-0.004}^{0.004}100\mathrm{d}x=0.8.$$

2. 指数分布

定义 3　如果连续型随机变量 X 的概率密度为

$$f(x)=\begin{cases}\lambda\mathrm{e}^{-\lambda x},&x>0,\\0,&x\leqslant0,\end{cases}\qquad⑥$$

其中 $\lambda>0$ 是常数,那么称 X 服从参数为 λ 的**指数分布**,记为 $X\sim E(\lambda)$.

容易验证,函数⑥满足概率密度的两条基本性质.设随机变量 $X\sim E(\lambda)$,则易求得 X 的分布函数为

$$F(x)=\begin{cases}1-\mathrm{e}^{-\lambda x},&x>0,\\0,&x\leqslant0.\end{cases}\qquad⑦$$

指数分布 $E(\lambda)$ 的概率密度 $f(x)$ 与分布函数 $F(x)$ 的图形分别见图 5 与图 6.

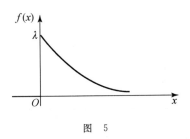
图 5

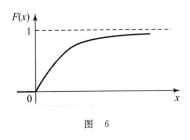
图 6

指数分布在实际中有着广泛的应用.例如,各种电子元件的使用寿命、电话通话的时间、随机服务系统的服务时间都可认为是服从指数分布的.因此,指数分布也称为**寿命分布**.

例 3 设一台大型设备在任何时间 t 内发生故障的次数 $N(t) \sim P(\lambda t)$.

(1) 求相继两次故障的时间间隔 X 的概率分布;

(2) 求在该设备已经无故障运行了时间 s(单位:h)的情况下,再无故障运行时间 t(单位:h)的概率 p.

解 (1) X 的分布函数为

$$F(t) = P\{X \leqslant t\} = \begin{cases} 1 - P\{X > t\}, & t > 0, \\ 0, & t \leqslant 0. \end{cases}$$

由于 $\{X > t\} = \{$在时间 t 内发生故障的次数为 $0\}$,从而

$$P\{X > t\} = P\{N(t) = 0\} = \frac{(\lambda t)^0 e^{-\lambda t}}{0!} = e^{-\lambda t},$$

所以

$$F(t) = \begin{cases} 1 - e^{-\lambda t}, & t > 0, \\ 0, & t \leqslant 0, \end{cases} \quad 即 \quad X \sim E(\lambda).$$

(2) 所求的概率为

$$p = P\{X > s+t \mid X > s\} = \frac{P\{X > s+t, X > s\}}{P\{X > s\}} = \frac{P\{X > s+t\}}{P\{X > s\}}$$

$$= \frac{1 - P\{X \leqslant s+t\}}{1 - P\{X \leqslant s\}} = \frac{1 - F(s+t)}{1 - F(s)} = \frac{e^{-\lambda(s+t)}}{e^{-\lambda s}} = e^{-\lambda t}.$$

由例 3 的(2)得到

$$P\{X > s+t \mid X > s\} = e^{-\lambda t} = P\{X > t\}.$$

上式表明,在设备已运行了时间 s 的前提下,它至少能再运行时间 t 的条件概率,与从开始运行时算起它至少能运行时间 t 的概率相等.这就是说,设备对它已运行过时间 s 没有"记忆".这个性质称为指数分布的**无记忆性**.

3. 正态分布

定义 4 如果连续型随机变量 X 的概率密度为

$$f(x) = \frac{1}{\sqrt{2\pi}\sigma} e^{-\frac{1}{2\sigma^2}(x-\mu)^2} \quad (-\infty < x < +\infty), \qquad ⑧$$

其中 $\mu, \sigma \ (\sigma > 0)$ 为常数,那么称 X 服从参数为 μ, σ 的**正态分布**或**高斯(Gauss)分布**,记为

$$X \sim N(\mu, \sigma^2).$$

下面说明函数⑧满足概率密度的两条基本性质. 首先,非负性显然满足;其次,要证明

$$\int_{-\infty}^{+\infty} f(x)\mathrm{d}x = \frac{1}{\sqrt{2\pi}\sigma}\int_{-\infty}^{+\infty} \mathrm{e}^{-\frac{(x-\mu)^2}{2\sigma^2}}\mathrm{d}x = 1.$$

为此,记 $I = \int_{-\infty}^{+\infty} f(x)\mathrm{d}x$,并令 $t = \dfrac{x-\mu}{\sigma}$,则

$$I = \frac{1}{\sqrt{2\pi}\sigma}\int_{-\infty}^{+\infty} \mathrm{e}^{-\frac{(x-\mu)^2}{2\sigma^2}}\mathrm{d}x = \frac{1}{\sqrt{2\pi}}\int_{-\infty}^{+\infty} \mathrm{e}^{-\frac{t^2}{2}}\mathrm{d}t.$$

这时有

$$I^2 = \left(\frac{1}{\sqrt{2\pi}}\int_{-\infty}^{+\infty} \mathrm{e}^{-\frac{t^2}{2}}\mathrm{d}t\right)^2 = \frac{1}{2\pi}\left(\int_{-\infty}^{+\infty} \mathrm{e}^{-\frac{x^2}{2}}\mathrm{d}x\right)\left(\int_{-\infty}^{+\infty} \mathrm{e}^{-\frac{y^2}{2}}\mathrm{d}y\right) = \frac{1}{2\pi}\int_{-\infty}^{+\infty}\int_{-\infty}^{+\infty} \mathrm{e}^{-\frac{x^2+y^2}{2}}\mathrm{d}x\mathrm{d}y.$$

做极坐标变换,令 $x = r\cos\theta, y = r\sin\theta (0 \leqslant r < +\infty, 0 \leqslant \theta \leqslant 2\pi)$,于是

$$I^2 = \frac{1}{2\pi}\left(\int_0^{2\pi} \mathrm{d}\theta\right)\left(\int_0^{+\infty} \mathrm{e}^{-\frac{r^2}{2}}r\mathrm{d}r\right) = \frac{1}{2\pi} \cdot 2\pi \cdot 1 = 1$$

又因为 $f(x) \geqslant 0$,所以

$$I = \int_{-\infty}^{+\infty} f(x)\mathrm{d}x = \frac{1}{\sqrt{2\pi}\sigma}\int_{-\infty}^{+\infty} \mathrm{e}^{-\frac{(x-\mu)^2}{2\sigma^2}}\mathrm{d}x = 1.$$

设随机变量 $X \sim N(\mu, \sigma^2)$,则 X 的分布函数为

$$F(x) = \frac{1}{\sqrt{2\pi}\sigma}\int_{-\infty}^{x} \mathrm{e}^{-\frac{(t-\mu)^2}{2\sigma^2}}\mathrm{d}t \quad (-\infty < x < +\infty). \qquad ⑨$$

正态分布 $N(\mu, \sigma^2)$ 的概率密度 $f(x)$ 的图形如图 7 所示,而分布函数 $F(x)$ 的图形如图 8 所示.

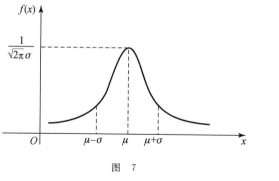

图 7

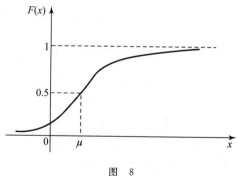

图 8

正态分布的概率密度 $f(x)$ 具有以下特点:$f(x)$ 的图形(称为正态密度曲线)关于直线 $x = \mu$ 对称,并且当 $x = \mu$ 时,$f(x)$ 达到最大值 $\dfrac{1}{\sqrt{2\pi}\sigma}$;当 $x \to \pm\infty$ 时,正态密度曲线以 x 轴为渐近线;在点 $x = \mu \pm \sigma$ 处,正态密度曲线有拐点. 若固定 σ,改变 μ 的值,则正态密度曲线沿 x

轴平行移动，其几何形状不变. 因此，参数 μ 决定正态密度曲线的位置(图 9). 若固定 μ，改变 σ 的值，则由 $f(x)$ 的最大值可知，σ 越大，正态密度曲线越平坦；σ 越小，正态密度曲线越陡峭. 所以，参数 σ 决定正态密度曲线的形状(图 10).

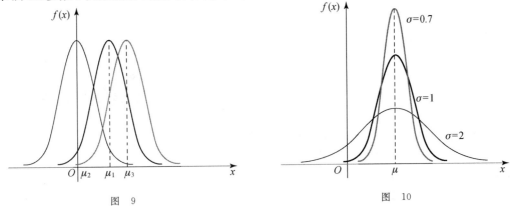

图 9　　　　　　　　　　　图 10

特别地，当 $\mu=0, \sigma=1$ 时，称随机变量 X 服从**标准正态分布**，即 $X \sim N(0,1)$. 今后用 $\varphi(x)$ 和 $\Phi(x)$ 分别表示标准正态分布的概率密度和分布函数，即

$$\varphi(x) = \frac{1}{\sqrt{2\pi}} e^{-\frac{x^2}{2}} \quad (-\infty < x < +\infty), \qquad ⑩$$

$$\Phi(x) = \frac{1}{\sqrt{2\pi}} \int_{-\infty}^{x} e^{-\frac{t^2}{2}} dt \quad (-\infty < x < +\infty). \qquad ⑪$$

$\varphi(x)$ 和 $\Phi(x)$ 的图形分别如图 11 和图 12 所示.

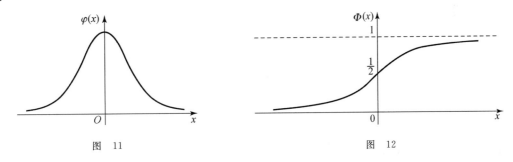

图 11　　　　　　　　　　　图 12

为了便于计算服从标准正态分布的随机变量落在一个区间内的概率，本书末附有标准正态分布表(附表 1). 从该表中可以查出服从标准正态分布 $N(0,1)$ 的随机变量 X 小于指定值 $x(x \geqslant 0)$ 的概率 $P\{X \leqslant x\} = \Phi(x)$. 当 $x < 0$ 时，由于 $\varphi(x)$ 为偶函数，所以

$$\Phi(-x) = \int_{-\infty}^{-x} \varphi(t) dt \xrightarrow{\diamondsuit u = -t} \int_{x}^{+\infty} \varphi(u) du$$

$$= \int_{-\infty}^{+\infty} \varphi(u) du - \int_{-\infty}^{x} \varphi(u) du = 1 - \Phi(x),$$

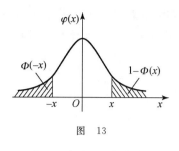

图 13

因而有公式
$$\Phi(-x) = 1 - \Phi(x) \qquad ⑫$$
(图 13).由标准正态分布表及公式⑫,就可以解决标准正态分布的概率计算问题.

一般地,若随机变量 $X \sim N(0,1)$,则
$$P\{a < X \leqslant b\} = P\{X \leqslant b\} - P\{X \leqslant a\}$$
$$= \Phi(b) - \Phi(a).$$

对于一般的正态分布函数,可以通过一个线性变换转换化为标准正态分布函数.因此,有以下定理:

定理 若随机变量 $X \sim N(\mu, \sigma^2)$,则
$$X^* = \frac{X-\mu}{\sigma} \sim N(0,1).$$

证 X^* 的分布函数为
$$F_{X^*}(x) = P\{X^* \leqslant x\} = P\left\{\frac{X-\mu}{\sigma} \leqslant x\right\} = P\{X \leqslant \mu + \sigma x\} = \frac{1}{\sqrt{2\pi}\sigma} \int_{-\infty}^{\mu+\sigma x} e^{-\frac{(t-\mu)^2}{2\sigma^2}} dt.$$

令 $\frac{t-\mu}{\sigma} = u$,则
$$F_{X^*}(x) = \frac{1}{\sqrt{2\pi}} \int_{-\infty}^{x} e^{-\frac{u^2}{2}} du = \Phi(x).$$

于是
$$X^* = \frac{X-\mu}{\sigma} \sim N(0,1).$$

根据上述定理,如果随机变量 $X \sim N(\mu, \sigma^2)$,那么
$$P\{X \leqslant x\} = P\left\{\frac{X-\mu}{\sigma} \leqslant \frac{x-\mu}{\sigma}\right\} = \Phi\left(\frac{x-\mu}{\sigma}\right), \qquad ⑬$$

$$P\{a < X \leqslant b\} = P\left\{\frac{a-\mu}{\sigma} < \frac{X-\mu}{\sigma} \leqslant \frac{b-\mu}{\sigma}\right\} = \Phi\left(\frac{b-\mu}{\sigma}\right) - \Phi\left(\frac{a-\mu}{\sigma}\right). \qquad ⑭$$

例 4 设随机变量 $X \sim N(2,9)$,求:
(1) $P\{1 \leqslant X < 5\}$;　　(2) $P\{X > 0\}$.

解 由 $X \sim N(2,9)$ 知
$$\frac{X-2}{3} \sim N(0,1).$$

(1) $P\{1 \leqslant X < 5\} = \Phi\left(\frac{5-2}{3}\right) - \Phi\left(\frac{1-2}{3}\right) = \Phi(1) - \Phi\left(-\frac{1}{3}\right) = \Phi(1) + \Phi\left(\frac{1}{3}\right) - 1$
$\approx 0.8413 + 0.6293 - 1 = 0.4706.$

(2) $P\{X > 0\} = 1 - P\{X \leqslant 0\} = 1 - \Phi\left(-\frac{2}{3}\right) = \Phi\left(\frac{2}{3}\right) \approx 0.7486.$

例 5 设随机变量 $X \sim N(\mu, \sigma^2)$,求 $P\{|X-\mu| < k\sigma\}$ (k 为常数,且 $k > 0$).

解 $P\{|X-\mu| < k\sigma\} = P\{\mu - k\sigma < X < \mu + k\sigma\} = P\left\{-k < \dfrac{X-\mu}{\sigma} < k\right\}$
$$= \Phi(k) - \Phi(-k) = 2\Phi(k) - 1.$$

特别地,当 $k=1,2,3$ 时,分别得到
$$P\{|X-\mu| < \sigma\} = 0.6826, \quad P\{|X-\mu| < 2\sigma\} = 0.9544,$$
$$P\{|X-\mu| < 3\sigma\} = 0.9974.$$

由此可知,如果随机变量 $X \sim N(\mu, \sigma^2)$,那么 X 落在区间 $[\mu-\sigma, \mu+\sigma]$,$[\mu-2\sigma, \mu+2\sigma]$,$[\mu-3\sigma, \mu+3\sigma]$ 内的概率分别为 $0.6826, 0.9544, 0.9974$. 可见,随机变量 X 几乎都落在区间 $[\mu-3\sigma, \mu+3\sigma]$ 内,而落在该区间以外的概率可以忽略不计. 这就是通常所说的"3σ 原则",如图 14 所示.

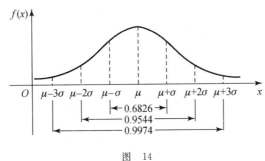

图 14

例 6 设随机变量 $X \sim N(0,1)$,求 x,使得 $P\{|X| > x\} < 0.1$.

解 显然,应有 $x > 0$. 由于
$$P\{|X| > x\} = 1 - P\{|X| \leqslant x\} = 1 - P\{-x \leqslant X \leqslant x\}$$
$$= 1 - (\Phi(x) - \Phi(-x)) = 2(1 - \Phi(x)),$$

因此 $2(1 - \Phi(x)) < 0.1$,得 $\Phi(x) > 0.95$. 查标准正态分布表,得 $x = 1.65$.

例 6 的解法在数理统计中常常用到.

正态分布在概率论与数理统计的理论研究和实际应用中都占有十分重要的地位,它广泛地存在于自然界以及生产和科学技术的各领域中. 例如,正常生产条件下各种产品的质量指标(如零件的尺寸、电容器的电容量、纤维的强度和张力等),一个群体的某种特征指标(如一个地区中同龄儿童的生理特征指标:身高、体重、肺活量),一定条件下生长的小麦的株高、穗长、单位面积产量,某个地区每年 7 月份的最高气温、平均湿度及降雨量,等等,都服从或近似服从正态分布. 一般来说,若某个数量指标受到众多相互独立随机因素的影响,而每个因素的影响都是微小的,则这个数量指标近似服从正态分布. 对于这一点,我们将在第四章加以讨论. 另外,在数理统计部分可以看到,许多重要分布都是由服从正态分布的随机变量的函数导出的. 因此,无论是在理论上还是实践中,正态分布都是概率论中最重要的一种分布.

例 7 设随机变量 $X \sim N(3,1)$. 现对 X 进行 3 次独立观测, 求至少有 2 次观测值大于 3 的概率.

解 设 A 表示事件"X 的观测值大于 3". 因为 $X \sim N(3,1)$, 所以
$$P(A) = P\{X > 3\} = P\left\{\frac{X-3}{1} > \frac{3-3}{1}\right\} = 1 - \Phi(0) = \frac{1}{2}.$$

设 Y 表示 3 次独立观测中 X 的观测值大于 3 的次数, 则 $Y \sim B\left(3, \frac{1}{2}\right)$. 故所求的概率为
$$P\{Y \geqslant 2\} = C_3^2 \left(\frac{1}{2}\right)^2 \times \frac{1}{2} + C_3^3 \left(\frac{1}{2}\right)^3 = \frac{1}{2}.$$

以后我们所提到的随机变量 X 的"概率分布"指的是它的分布函数, 或者当 X 是离散型随机变量时指的是它的分布律, 当 X 是连续型随机变量时指的是它的概率密度.

习 题 2.3

1. 设随机变量 X 的概率密度为
$$f(x) = \begin{cases} 2x, & 0 \leqslant x < 1/2, \\ 6 - 6x, & 1/2 \leqslant x \leqslant 1, \\ 0, & \text{其他}, \end{cases}$$
求 X 分布函数.

2. 设随机变量 X 的概率密度为
$$f(x) = \begin{cases} kx^2, & 0 \leqslant x < 2, \\ kx, & 2 \leqslant x \leqslant 3, \\ 0, & \text{其他}, \end{cases}$$
求: (1) 常数 k; (2) X 的分布函数; (3) $P\left\{1 < X < \frac{5}{2}\right\}$.

3. 设连续型随机变量 X 的分布函数为
$$F(x) = \begin{cases} 0, & x \leqslant 0, \\ Ax^2, & 0 < x \leqslant 1, \\ 1, & x > 1. \end{cases}$$
求: (1) 常数 A; (2) X 的概率密度; (3) $P\{0.3 < X < 0.7\}$.

4. 设连续型随机变量 X 的分布函数为
$$F(x) = \begin{cases} 0, & x < -a, \\ A + B\arcsin\frac{x}{a}, & -a \leqslant x < a, \\ 1, & x \geqslant a, \end{cases}$$
求: (1) 常数 A, B; (2) $P\left\{-a < X < \frac{a}{2}\right\}$; (3) X 的概率密度.

5. 已知一批晶体管的使用寿命 X(单位：h)的概率密度为

$$f(x) = \begin{cases} \dfrac{100}{x^2}, & x \geqslant 100, \\ 0, & x < 100. \end{cases}$$

任取其中 5 个, 求：

(1) 使用最初 150 h 内, 无一晶体管损坏的概率；

(2) 使用最初 150 h 内, 至多有 1 个晶体管损坏的概率.

6. 设一辆长途客车到达某个中途停靠车站的时间 T 在 12 点 10 分至 12 点 45 分之间是等可能的. 某旅客于 12 点 30 分到达此车站, 等候半小时后离开, 求他在这段时间能赶上该客车的概率.

7. 设随机变量 X 服从区间 $(1,6)$ 上的均匀分布, 求一元二次方程 $t^2 + Xt + 1 = 0$ 有实根的概率.

8. 设某种轮胎在损坏以前可以行驶的路程 X(单位：10^3 km) 是一个随机变量, 已知其概率密度为

$$f(x) = \begin{cases} \dfrac{1}{10} e^{-\frac{x}{10}}, & x > 0, \\ 0, & x \leqslant 0. \end{cases}$$

今从这种轮胎中随机抽取 5 个, 求至少有 2 个轮胎能行驶的路程不足 30×10^3 km 的概率.

9. 设某电话交换台等候第一个呼叫来到的时间 X(单位：min) 是随机变量, 服从参数为 θ 的指数分布, 即其概率密度为

$$f(x) = \begin{cases} \dfrac{1}{\theta} e^{-\frac{x}{\theta}}, & x > 0, \\ 0, & x \leqslant 0. \end{cases}$$

若已知第一个呼叫在等候 5～10 min 来到的概率是 $\dfrac{1}{4}$, 求第一个呼叫在等候 20 min 以后来到的概率.

10. 设随机变量 $X \sim N(0,1)$, 求：

(1) $P\{X < 2.2\}$；   (2) $P\{-0.78 < X < 1.36\}$；

(3) $P\{|X| < 1.55\}$； (4) $P\{|X| > 2.5\}$.

11. 设随机变量 $X \sim N(2.5, 4)$, 求：

(1) $P\{X < 3\}$； (2) $P\{|X| > 1.5\}$； (3) $P\{1 < X \leqslant 3\}$.

12. 设随机变量 $X \sim N(2, 3^2)$, 求 c, 使得 $P\{X > c\} = P\{X \leqslant c\}$.

13. 公共汽车车门的高度是按男子与车门碰头的概率在 0.01 以下设计的. 设男子身高 X(单位：cm) 服从正态分布 $N(170, 6^2)$, 试确定公共汽车车门的高度.

14. 设随机变量 X 服从区间 $(2,5)$ 上均匀分布. 现对 X 进行 3 次独立观测, 求至少有 2

次观测值大于 3 的概率.

15. 设测量的误差 $X \sim N(7.5,100)$（单位：m），问：要进行多少次独立测量，才能使至少有 1 次误差的绝对值不超过 10 m 的概率大于 0.9？

§2.4 二维随机变量

在某些随机现象中，每次试验的结果需要同时用两个或两个以上的随机变量来描述. 例如，炮弹弹着点的位置要用其横坐标 X 与纵坐标 Y 来确定，而 X 和 Y 均是随机变量；又如，在测定钢材所含的微量元素时，涉及钢材的含碳量 X、含硫量 Y、含磷量 Z 等随机变量. 同一个试验结果的各随机变量之间，一般都有着某种联系，因而需要把它们作为一个整体来研究. 本章主要介绍两个随机变量的情形，有关的内容可以平行推广到两个以上随机变量的情形.

一、二维随机变量及其分布函数

定义 1 设 Ω 为随机试验 E 的样本空间，$X=X(e)$，$Y=Y(e)$ 是定义在 Ω 上的随机变量，则称有序对 (X,Y) 为**二维随机变量**或**二维随机向量**.

设 (X,Y) 是一个二维随机变量，用记号 $\{X\leqslant x, Y\leqslant y\}$ 表示随机事件 $\{X\leqslant x\}$ 与 $\{Y\leqslant y\}$ 的积，$\{x_1<X\leqslant x_2, y_1<Y\leqslant y_2\}$ 表示随机事件 $\{x_1<X\leqslant x_2\}$ 与 $\{y_1<Y\leqslant y_2\}$ 的积，等等，它们都是随机事件. 相应于二维随机变量，有时我们也称前面介绍的随机变量 X 为一维随机变量.

定义 2 设 (X,Y) 是二维随机变量，则称二元函数
$$F(x,y)=P\{X\leqslant x, Y\leqslant y\} \quad (-\infty<x<+\infty, -\infty<y<+\infty) \quad ①$$
为二维随机变量 (X,Y) 的**联合分布函数**（简称**分布函数**）.

如果把二维随机变量 (X,Y) 看作平面上随机点的坐标，那么分布函数 $F(x,y)$ 在点 (x,y) 处的函数值就是随机点 (X,Y) 落在以点 (x,y) 为顶点且位于该点左下方的无穷矩形区域内的概率，如图 1 所示，进而可以求出随机点 (X,Y) 落在矩形区域 $D=\{(x,y): x_1<x\leqslant x_2, y_1<y\leqslant y_2\}$（图 2）内的概率：
$$P\{x_1<X\leqslant x_2, y_1<Y\leqslant y_2\}=F(x_2,y_2)-F(x_1,y_2)-F(x_2,y_1)+F(x_1,y_1). \quad ②$$

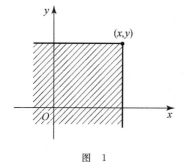

图 1

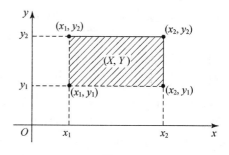

图 2

可以证明,二维随机变量(X,Y)的分布函数$F(x,y)$具有以下**性质**:

(1) $F(x,y)$关于每个变量是单调不减函数,即

若$x_1<x_2$,则对于任意实数y,有$F(x_1,y) \leqslant F(x_2,y)$;

若$y_1<y_2$,则对于任意实数x,有$F(x,y_1) \leqslant F(x,y_2)$.

(2) 对于任意实数x,y,有$0 \leqslant F(x,y) \leqslant 1$,且

$$F(-\infty,y)=\lim_{x \to -\infty} F(x,y)=0, \quad F(x,-\infty)=\lim_{y \to -\infty} F(x,y)=0,$$

$$F(-\infty,-\infty)=\lim_{\substack{x \to -\infty \\ y \to -\infty}} F(x,y)=0, \quad F(+\infty,+\infty)=\lim_{\substack{x \to +\infty \\ y \to +\infty}} F(x,y)=1.$$

(3) $F(x,y)$关于每个变量均右连续,即

$$F(x,y)=F(x+0,y), \quad F(x,y)=F(x,y+0).$$

(4) 对于任意实数$x_1<x_2,y_1<y_2$,有

$$F(x_2,y_2)-F(x_2,y_1)+F(x_1,y_1)-F(x_1,y_2) \geqslant 0$$

上述四条性质是二维随机变量分布函数的基本性质,即任何二维随机变量的分布函数都具有上述四条性质;反之,还可以证明,如果一个二元函数$F(x,y)$具有上述四条性质,则$F(x,y)$一定可以作为某个二维随机变量的分布函数.

由于二维随机变量(X,Y)的分布函数$F(x,y)$完全决定了(X,Y)的概率分布,因而也完全决定了它的两个分量的概率分布.事实上,对于任意实数x,有

$$P\{X \leqslant x\}=P\{X \leqslant x, Y<+\infty\}=F(x,+\infty) \xrightarrow{\text{记为}} F_X(x); \qquad ③$$

同样,对于任意实数y,有

$$P\{Y \leqslant y\}=P\{X<+\infty, Y \leqslant y\}=F(+\infty,y) \xrightarrow{\text{记为}} F_Y(y). \qquad ④$$

我们分别称$F_X(x)$和$F_Y(y)$为二维随机变量(X,Y)关于X和关于Y的**边缘分布函数**.式③和式④给出了由(X,Y)的联合分布函数$F(x,y)$求关于X和关于Y的边缘分布函数的公式.

从几何上看,$F_X(x)$和$F_Y(y)$分别表示随机点(X,Y)落在横坐标不超过x的左半平面和纵坐标不超过y的下半平面内的概率.

例1 设二维随机变量(X,Y)的联合分布函数为

$$F(x,y)=\begin{cases} c-2^{-x}-2^{-y}+2^{-x-y}, & x \geqslant 0, y \geqslant 0, \\ 0, & \text{其他}. \end{cases}$$

(1) 求常数c;

(2) 求(X,Y)落在区域$G=\{(x,y): 1<x \leqslant 2, 3<y \leqslant 5\}$内的概率;

(3) 求关于X和关于Y的边缘分布函数.

解 (1) 由$F(+\infty,+\infty)=1$得

$$\lim_{\substack{x \to +\infty \\ y \to +\infty}} F(x,y)=\lim_{\substack{x \to +\infty \\ y \to +\infty}} (c-2^{-x}-2^{-y}+2^{-x-y})=c=1.$$

(2) 由(1)知

$$F(x,y) = \begin{cases} 1 - 2^{-x} - 2^{-y} + 2^{-x-y}, & x \geqslant 0, y \geqslant 0, \\ 0, & \text{其他}, \end{cases}$$

所以所求的概率为

$$P\{(X,Y) \in G\} = P\{x_1 < X \leqslant x_2, y_1 < Y \leqslant y_2\}$$
$$= F(2,5) - F(1,5) - F(2,3) + F(1,3)$$
$$\approx 0.0234.$$

(3) 关于 X 和关于 Y 的边缘分布函数分别为

$$F_X(x) = F(x, +\infty) = \lim_{y \to +\infty} F(x,y) = \begin{cases} 1 - 2^{-x}, & x \geqslant 0, \\ 0, & x < 0, \end{cases}$$

$$F_Y(y) = F(+\infty, y) = \lim_{x \to +\infty} F(x,y) = \begin{cases} 1 - 2^{-y}, & y \geqslant 0, \\ 0, & y < 0. \end{cases}$$

二、二维离散型随机变量

定义 3 如果二维随机变量(X,Y)所有可能取值是有限个或可列无穷多个数对(x_i, y_j) $(i,j = 1,2,\cdots)$,那么称(X,Y)为**二维离散型随机变量**,并称

$$P\{X = x_i, Y = y_j\} = p_{ij} \quad (i,j = 1,2,\cdots) \tag{5}$$

为二维离散型随机变量(X,Y)的**联合分布律**(简称**分布律**).

由概率的性质可知,(X,Y)的联合分布律⑤满足以下两条**性质**:

(1) 非负性:$p_{ij} \geqslant 0 (i,j = 1,2,\cdots)$;

(2) 规范性:$\sum_{i,j} p_{ij} = 1$.

反过来,当$p_{ij}(i,j=1,2,\cdots)$满足以上两条性质时,它一定可以作为某个二维离散型随机变量的联合分布律.

当二维随机变量(X,Y)的联合分布律 $p_{ij}(i,j=1,2,\cdots)$已知时,可以求出随机变量 X 和 Y 的分布律:

$$P\{X = x_i\} = \sum_j P\{X = x_i, Y = y_j\} = \sum_j p_{ij} \xrightarrow{\text{记为}} p_i. \quad (i = 1, 2, \cdots), \tag{6}$$

$$P\{Y = y_j\} = \sum_i P\{X = x_i, Y = y_j\} = \sum_i p_{ij} \xrightarrow{\text{记为}} p_{\cdot j} \quad (j = 1, 2, \cdots). \tag{7}$$

我们分别称 $p_i.(i=1,2,\cdots)$ 和 $p_{\cdot j}(j=1,2,\cdots)$ 为二维随机变量(X,Y)关于 X 和关于 Y 的**边缘分布律**.

二维离散型随机变量(X,Y)的联合分布律与边缘分布律可用表 1 来表示. 表 1 中的最后一列是(X,Y)关于 X 的边缘分布律,$p_i.$ 是表中第 i 行的各数之和;同样,表 1 中的最后一

§2.4 二维随机变量

行是(X,Y)关于Y的边缘分布律,$p_{\cdot j}$是表中第j列的各数之和.

表 1

X	Y					$p_{i\cdot}$
	y_1	y_2	$\cdots$	y_j	$\cdots$	
x_1	p_{11}	p_{12}	$\cdots$	p_{1j}	$\cdots$	$p_{1\cdot}$
x_2	p_{21}	p_{22}	$\cdots$	p_{2j}	$\cdots$	$p_{2\cdot}$
$\vdots$	$\vdots$	$\vdots$		$\vdots$		$\vdots$
x_i	p_{i1}	p_{i2}	$\cdots$	p_{ij}	$\cdots$	$p_{i\cdot}$
$\vdots$	$\vdots$	$\vdots$		$\vdots$		
$p_{\cdot j}$	$p_{\cdot 1}$	$p_{\cdot 2}$	$\cdots$	$p_{\cdot j}$	$\cdots$	1

若二维离散型随机变量(X,Y)的联合分布律为式⑤,则其分布函数为

$$F(x,y) = \sum_{x_i \leqslant x} \sum_{y_j \leqslant y} p_{ij}. \qquad ⑧$$

它是由一些矩形平面组成的单调不减、右连续的"台阶形"空间曲面.设x_i, x_{i+1}及y_j, y_{j+1}分别是随机变量X,Y的两个相邻的可能取值,且$x_i < x_{i+1}, y_i < y_{i+1}$,则$F(x,y)$在矩形区域$\{(x,y): x_i < x \leqslant x_{i+1}, y_j < y \leqslant y_{j+1}\}$内是常数值.在点$(x_i, y_j)$处,$F(x,y)$有跳跃,其跳跃度为$P\{X = x_i, Y = y_j\} = p_{ij}$.由式⑧得关于$X$和关于$Y$的边缘分布函数分别为

$$F_X(x) = F(x, +\infty) = \sum_{x_i \leqslant x} \sum_j p_{ij} = \sum_{x_i \leqslant x} p_{i\cdot}, \qquad ⑨$$

$$F_Y(y) = F(+\infty, y) = \sum_{y_j \leqslant y} \sum_i p_{ij} = \sum_{y_j \leqslant y} p_{\cdot j}. \qquad ⑩$$

与一维离散型随机变量的两点分布类似,二维离散型随机变量也有两点分布.若二维离散型随机变量(X,Y)的联合分布律如表2所示,其中$0 < p < 1, p+q=1$,则称(X,Y)服从**二维两点分布**.

表 2

X	Y		$p_{i\cdot}$
	0	1	
0	q	0	q
1	0	p	p
$p_{\cdot j}$	q	p	1

例2 把3个球等可能地放入编号为1,2,3的3个盒子中,每个盒子容纳的球数无限制.记X为落入1号盒的球数,Y为落入2号盒的球数,求:

(1) (X,Y)的联合分布律及关于X和关于Y的边缘分布律;

(2) $P\{X=Y\}$与$P\{X<Y\}$.

解 (1) 显然,X与Y的可能取值都是0,1,2,3.利用概率的乘法公式,得(X,Y)的联合分布律为

$$P\{X=i, Y=j\} = P\{X=i\}P\{Y=j|X=i\}$$
$$= C_3^i \left(\frac{1}{3}\right)^i \left(\frac{2}{3}\right)^{3-i} C_{3-i}^j \left(\frac{1}{2}\right)^j \left(1-\frac{1}{2}\right)^{3-i-j}$$
$$(i=0,1,2,3; j=0,\cdots,3-i).$$

具体计算得(X,Y)的联合分布律及关于X和关于Y的边缘分布律如表3所示.

表 3

X	Y				$p_i.$
	0	1	2	3	
0	1/27	1/9	1/9	1/27	8/27
1	1/9	2/9	1/9	0	4/9
2	1/9	1/9	0	0	2/9
3	1/27	0	0	0	1/27
$p._j$	8/27	4/9	2/9	1/27	1

(2) 由表3知

$$P\{X=Y\} = \sum_{x=y} p_{ij} = \frac{7}{27}, \quad P\{X<Y\} = \sum_{x<y} p_{ij} = \frac{10}{27}.$$

三、二维连续型随机变量

定义4 设二维随机变量(X,Y)的联合分布函数为$F(x,y)$. 如果存在一个非负函数$f(x,y)$,使得对于任意实数x,y,都有

$$F(x,y) = P\{X \leqslant x, Y \leqslant y\} = \int_{-\infty}^{x} \int_{-\infty}^{y} f(u,v) \mathrm{d}u \mathrm{d}v, \qquad ⑪$$

那么称(X,Y)为**二维连续型随机变量**,并称函数$f(x,y)$为二维连续型随机变量(X,Y)的**联合概率密度函数**(简称**联合概率密度**).

容易证明二维随机变量(X,Y)的联合概率密度$f(x,y)$具有以下**性质**:

(1) 非负性:$f(x,y) \geqslant 0$.

(2) 规范性:$\int_{-\infty}^{+\infty} \int_{-\infty}^{+\infty} f(x,y) \mathrm{d}x \mathrm{d}y = F(+\infty,+\infty) = 1.$

这两条性质是二维随机变量概率密度的基本性质.这里不加证明地指出:任何一个满足上述两条性质的二元函数$f(x,y)$,必定可以作为某个二维连续型随机变量(X,Y)的联合概率密度.在几何上,二维连续型随机变量(X,Y)的联合概率密度$z=f(x,y)$表示一个曲面,通常称这个曲面为(X,Y)的**分布曲面**.分布曲面总位于Oxy平面的上方,且由性质(2)知,介于分布曲面和Oxy平面之间的空间区域的体积等于1.

(3) 若$f(x,y)$在点(x,y)处连续,则$\dfrac{\partial^2 F(x,y)}{\partial x \partial y} = f(x,y)$.

(4) $P\{(X,Y)\in D\} = \iint_D f(x,y)\mathrm{d}x\mathrm{d}y$,其中 D 为 Oxy 平面上的一个区域.

性质(4)表明,(X,Y) 落在区域 D 内的概率等于以 D 为底,以曲面 $z=f(x,y)$ 为顶的曲顶柱体的体积.

利用式⑪,可得二维连续型随机变量 (X,Y) 关于 X 的边缘分布函数

$$F_X(x) = F(x,+\infty) = \int_{-\infty}^{x}\int_{-\infty}^{+\infty} f(u,v)\mathrm{d}u\mathrm{d}v = \int_{-\infty}^{x}\left(\int_{-\infty}^{+\infty} f(u,v)\mathrm{d}v\right)\mathrm{d}u, \qquad ⑫$$

所以 X 是一个连续型随机变量,相应的概率密度为

$$f_X(x) = F'_X(x) = \int_{-\infty}^{+\infty} f(x,y)\mathrm{d}y; \qquad ⑬$$

同理,Y 也是一个连续型随机变量,相应的概率密度为

$$f_Y(y) = \int_{-\infty}^{+\infty} f(x,y)\mathrm{d}x. \qquad ⑭$$

我们分别称 $f_X(x)$ 与 $f_Y(y)$ 为二维连续型随机变量 (X,Y) 关于 X 和关于 Y 的**边缘概率密度函数**(简称**边缘概率密度**).

例3 设 G 是平面上的一个有界区域,其面积为 $S(S>0)$.若二维随机变量 (X,Y) 的联合概率密度为

$$f(x,y) = \begin{cases} \dfrac{1}{S}, & (x,y)\in G, \\ 0, & (x,y)\notin G, \end{cases} \qquad ⑮$$

则称 (X,Y) 在 G 上服从**二维均匀分布**.对于 G 的任一子区域 D,有

$$P\{(X,Y)\in D\} = \iint_D f(x,y)\mathrm{d}x\mathrm{d}y = \iint_{(x,y)\in D}\frac{1}{S}\mathrm{d}x\mathrm{d}y = \frac{S_1}{S},$$

其中 S_1 是 D 的面积.这表明,二维随机变量 (X,Y) 落在区域 D 内的概率与 D 的面积成正比,而与 D 在 G 中的位置和形状无关.这正是第一章讲到的几何概型的概率.由此可知,均匀分布中"均匀"的含义就是"等可能"的意思.

例4 设二维随机变量 (X,Y) 的联合概率密度为

$$f(x,y) = \begin{cases} ce^{-2(x+y)}, & 0<x<+\infty, 0<y<+\infty, \\ 0, & \text{其他}, \end{cases}$$

求:(1) 常数 c; (2) (X,Y) 的联合分布函数;
(3) (X,Y) 落在如图3所示的三角区域 D 内的概率;
(4) 关于 X 和关于 Y 的边缘概率密度.

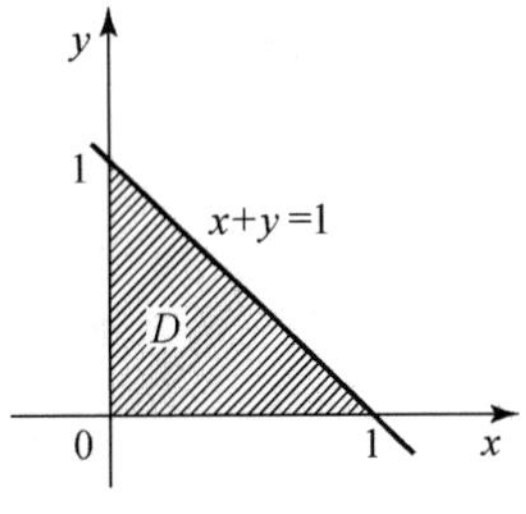

图 3

解 (1) 因为

$$1 = \int_{-\infty}^{+\infty}\int_{-\infty}^{+\infty} f(x,y)\mathrm{d}x\mathrm{d}y = \int_0^{+\infty}\int_0^{+\infty} ce^{-2(x+y)}\mathrm{d}x\mathrm{d}y$$

$$= c\left(\int_0^{+\infty} e^{-2x}\mathrm{d}x\right)\left(\int_0^{+\infty} e^{-2y}\mathrm{d}y\right) = \frac{c}{4},$$

所以 $c=4$.

(2) $F(x,y) = \int_{-\infty}^{x}\int_{-\infty}^{y} f(u,v)\mathrm{d}u\mathrm{d}v = \begin{cases} \int_{0}^{x}\int_{0}^{y} 4\mathrm{e}^{-2(u+v)}\mathrm{d}u\mathrm{d}v, & x>0, y>0, \\ 0, & \text{其他} \end{cases}$

$= \begin{cases} (1-\mathrm{e}^{-2x})(1-\mathrm{e}^{-2y}), & x>0, y>0, \\ 0, & \text{其他}. \end{cases}$

(3) $P\{(X,Y) \in D\} = \iint_{D} f(x,y)\mathrm{d}x\mathrm{d}y = \int_{0}^{1}\mathrm{d}x\int_{0}^{1-x} 4\mathrm{e}^{-2(x+y)}\mathrm{d}y = 1 - 3\mathrm{e}^{-2}$.

(4) 关于 X 的边缘概率密度为

$$f_X(x) = \int_{-\infty}^{+\infty} f(x,y)\mathrm{d}y = \begin{cases} \int_{0}^{+\infty} 4\mathrm{e}^{-2(x+y)}\mathrm{d}y, & x>0, \\ 0, & x \leqslant 0 \end{cases}$$

$$= \begin{cases} 2\mathrm{e}^{-2x}, & x>0, \\ 0, & x \leqslant 0. \end{cases}$$

同理,可求得关于 Y 的边缘概率密度为

$$f_Y(y) = \begin{cases} 2\mathrm{e}^{-2y}, & y>0, \\ 0, & y \leqslant 0. \end{cases}$$

例 5 设二维随机变量 (X,Y) 的联合概率密度为

$$f(x,y) = \frac{1}{2\pi\sigma_1\sigma_2\sqrt{1-\rho^2}}\exp\left\{\frac{-1}{2(1-\rho^2)}\left[\frac{(x-\mu_1)^2}{\sigma_1^2} - 2\rho\frac{(x-\mu_1)(y-\mu_2)}{\sigma_1\sigma_2} + \frac{(y-\mu_2)^2}{\sigma_2^2}\right]\right\}$$

$$(-\infty < x < +\infty, -\infty < y < +\infty),$$
⑯

其中 $\mu_1, \mu_2, \sigma_1, \sigma_2, \rho$ 都是常数,且 $\sigma_1>0, \sigma_2>0, -1<\rho<1$. 这时,我们称 (X,Y) 服从**二维正态分布**,记为 $(X,Y) \sim N(\mu_1, \mu_2, \sigma_1^2, \sigma_2^2, \rho)$ (二维正态分布的分布曲面如图 4 所示). 求关于 X 和关于 Y 的边缘概率密度 $f_X(x)$ 和 $f_Y(y)$.

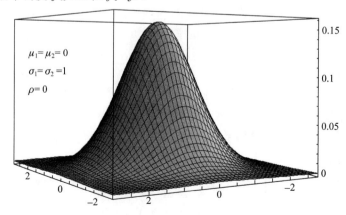

图 4

§2.4 二维随机变量

解 令 $u = \dfrac{x-\mu_1}{\sigma_1}, v = \dfrac{y-\mu_2}{\sigma_2}$，则

$$f_X(x) = \int_{-\infty}^{+\infty} f(x,y)\,\mathrm{d}y = \frac{1}{2\pi\sigma_1\sqrt{1-\rho^2}}\int_{-\infty}^{+\infty} e^{-\frac{1}{2(1-\rho^2)}(u^2-2\rho uv+v^2)}\,\mathrm{d}v$$

$$= \frac{1}{\sqrt{2\pi}\sigma_1}e^{-\frac{u^2}{2}}\int_{-\infty}^{+\infty} \frac{1}{\sqrt{2\pi}\sqrt{1-\rho^2}}e^{-\frac{(v-\rho u)^2}{2(1-\rho^2)}}\,\mathrm{d}v.$$

再令 $t = \dfrac{1}{\sqrt{1-\rho^2}}(v-\rho u)$，得

$$f_X(x) = \frac{1}{\sqrt{2\pi}\sigma_1}e^{-\frac{u^2}{2}}\int_{-\infty}^{+\infty}\frac{1}{\sqrt{2\pi}}e^{-\frac{t^2}{2}}\,\mathrm{d}t = \frac{1}{\sqrt{2\pi}\sigma_1}e^{-\frac{u^2}{2}} = \frac{1}{\sqrt{2\pi}\sigma_1}e^{-\frac{(x-\mu_1)^2}{2\sigma_1^2}},$$

即 $X \sim N(\mu_1, \sigma_1^2)$.

同理可得

$$f_Y(y) = \frac{1}{\sqrt{2\pi}\sigma_2}e^{-\frac{(y-\mu_2)^2}{2\sigma_2^2}}, \quad 即 \quad Y \sim N(\mu_2, \sigma_2^2).$$

本例表明，二维正态分布的两个边缘分布均为正态分布，且均与参数 ρ 无关.

以上关于二维随机变量的概念，可推广到 n 维随机变量的情况. 设 E 是一个随机试验，它的样本空间是 Ω，再设 $X_1 = X_1(e), X_2 = X_2(e), \cdots, X_n = X_n(e)$ 是定义在 Ω 上的 n 个随机变量，由它们构成的 n 维向量 $\boldsymbol{X} = (X_1, X_2, \cdots, X_n)$ 称为 n **维随机变量**或 n **维随机向量**，其中 $X_i (i=1,2,\cdots,n)$ 称为 $\boldsymbol{X}$ 的**第 i 个分量**.

n 维随机变量 $(X_1, X_2, \cdots, X_n)$ 的联合分布函数定义为

$$F(x_1, x_2, \cdots, x_n) = P\{X_1 \leqslant x_1, X_2 \leqslant x_2, \cdots, X_n \leqslant x_n\},$$

其中 $x_1, x_2, \cdots, x_n$ 可取任意实数.

若存在非负函数 $f(x_1, x_2, \cdots, x_n)$，使得 n 维随机变量 $(X_1, X_2, \cdots, X_n)$ 的联合分布函数为

$$F(x_1, x_2, \cdots, x_n) = \int_{-\infty}^{x_1}\int_{-\infty}^{x_2}\cdots\int_{-\infty}^{x_n} f(u_1, u_2, \cdots, u_n)\,\mathrm{d}u_1\mathrm{d}u_2\cdots\mathrm{d}u_n,$$

其中 $x_1, x_2, \cdots, x_n$ 可取任意实数，则称 $f(x_1, x_2, \cdots, x_n)$ 为 $(X_1, X_2, \cdots, X_n)$ 的**联合概率密度函数**(简称**联合概率密度**).

如果已知 n 维随机变量 $(X_1, X_2, \cdots, X_n)$ 的联合分布函数 $F(x_1, x_2, \cdots, x_n)$，那么 $(X_1, X_2, \cdots, X_n)$ 的 $k (1 \leqslant k \leqslant n)$ 维边缘分布函数就随之确定. 例如，$(X_1, X_2, \cdots, X_n)$ 关于 X_1 和关于 (X_1, X_2) 的边缘分布函数分别为

$$F_{X_1}(x_1) = F(x_1, +\infty, +\infty, \cdots, +\infty),$$

$$F_{X_1, X_2}(x_1, x_2) = F(x_1, x_2, +\infty, +\infty, \cdots, +\infty)$$

另外，若已知 $f(x_1,x_2,\cdots,x_n)$ 是 n 维随机变量 $(X_1,X_2,\cdots,X_n)$ 的联合概率密度，则关于 X_1 和关于 (X_1,X_2) 边缘概率密度分别为

$$f_{X_1}(x_1) = \int_{-\infty}^{+\infty}\int_{-\infty}^{+\infty}\cdots\int_{-\infty}^{+\infty} f(x_1,x_2,\cdots,x_n)\mathrm{d}x_2\mathrm{d}x_3\cdots\mathrm{d}x_n,$$

$$f_{X_1,X_2}(x_1,x_2) = \int_{-\infty}^{+\infty}\int_{-\infty}^{+\infty}\cdots\int_{-\infty}^{+\infty} f(x_1,x_2,\cdots,x_n)\mathrm{d}x_3\mathrm{d}x_4\cdots\mathrm{d}x_n.$$

习 题 2.4

1. 设二维随机变量 (X,Y) 的联合分布函数为

$$F(x,y) = a\left(b+\arctan\frac{x}{2}\right)\left(c+\arctan\frac{y}{2}\right) \quad (-\infty<x<+\infty,-\infty<y<+\infty),$$

其中 a,b,c 为常数.

(1) 确定常数 a,b,c；　　(2) 求关于 X 和关于 Y 的边缘分布函数；

(3) 求 $P\{X>2\}$.

2. 已知某种电子器件包含两个主要组件，分别以 X 和 Y 表示这两个组件的使用寿命 (单位：h). 设 (X,Y) 的联合分布函数为

$$F(x,y) = \begin{cases} 1-\mathrm{e}^{-0.01x}-\mathrm{e}^{-0.01y}+\mathrm{e}^{-0.01(x+y)}, & x\geqslant 0,y\geqslant 0, \\ 0, & \text{其他}, \end{cases}$$

求这两个组件的使用寿命都超过 120 h 的概率.

3. 已知二元函数 $F(x,y) = \begin{cases} 0, & x+y<1, \\ 1, & x+y\geqslant 1, \end{cases}$ 讨论 $F(x,y)$ 能否作为某个二维随机变量的分布函数.

4. 设二维随机变量 (X,Y) 的联合分布函数为 $F(x,y)$，试用 $F(x,y)$ 来表示下列概率，其中 a,b,c,d 为常数，且 $a<b,c<d$：

(1) $P\{a\leqslant X\leqslant b,Y\leqslant y\}$；　(2) $P\{X=a,Y<y\}$；　(3) $P\{a\leqslant X<b,c<Y\leqslant d\}$.

5. 设 $F(x,y)$ 是二维随机变量 (X,Y) 的联合分布函数，且当 $x\geqslant 0,y\geqslant 0$ 时，

$$F(x,y) = (a-\mathrm{e}^{-\lambda x})(b-\mathrm{e}^{-\gamma y}) \quad (a>0,b>0,\lambda>0,\gamma>0).$$

(1) 求常数 a,b；　　(2) 当 $x<0$ 或 $y<0$ 时，求 $F(x,y)$ 的值.

6. 设一个袋子中有 6 个白球和 3 个黑球. 现从这个袋子中任取 4 个球，分别以 X,Y 表示取到的白球个数和黑球个数. 求 (X,Y) 的联合分布律及关于 X 和关于 Y 的边缘分布律.

7. 将一枚均匀硬币连抛掷 3 次，以 X 表示出现正面的次数，Y 表示出现正面次数与出现反面次数之差的绝对值. 写出 (X,Y) 的联合分布律及关于 X 和关于 Y 的边缘分布律.

8. 设随机变量 X 在 1,2,3,4 这 4 个整数中等可能地取值，另一个随机变量 Y 在 $1\sim X$ 中等可能地取整数值，求 (X,Y) 的联合分布律.

9. 设 $f_1(x),f_2(x)$ 都是一维随机变量的概率密度. 为使

$$f(x,y) = f_1(x)f_2(y) + h(x,y)$$

成为某个二维随机变量的联合概率密度,问：$h(x,y)$ 必须满足什么条件?

10. 设二维随机变量 (X,Y) 的联合概率密度为

$$f(x,y) = \begin{cases} c(R-\sqrt{x^2+y^2}), & x^2+y^2 \leqslant R^2, \\ 0, & \text{其他,} \end{cases}$$

求：(1) 常数 c；　　(2) $P\{X^2+Y^2 \leqslant r^2\}$ $(0<r<R)$.

11. 设二维随机变量 (X,Y) 的联合概率密度为

$$f(x,y) = \begin{cases} 2(x+y-2xy), & 0 \leqslant x \leqslant 1, 0 \leqslant y \leqslant 1, \\ 0, & \text{其他,} \end{cases}$$

求关于 X 和关于 Y 的边缘概率密度. 能否构造另一个与此二维随机变量具有相同边缘概率密度的二维随机变量?

12. 设二维随机变量 (X,Y) 的联合概率密度为

$$f(x,y) = \begin{cases} 3x/2, & 0 \leqslant x \leqslant 1, -x \leqslant y \leqslant x, \\ 0, & \text{其他,} \end{cases}$$

求：(1) 关于 X 和关于 Y 的边缘概率密度；　　(2) X 和 Y 中至少有一个小于 $\dfrac{1}{2}$ 的概率.

13. 设平面区域 D 由曲线 $y=x^2$ 及直线 $y=x$ 所围成,二维随机变量 (X,Y) 服从区域 D 上的均匀分布,求 (X,Y) 的联合概率密度及关于 X 与关于 Y 的边缘概率密度.

14. 设区域 $G=\{(x,y):0 \leqslant y \leqslant x, 0 \leqslant x \leqslant 1\}$,二维随机变量 (X,Y) 服从区域 G 上的均匀分布,求：

(1) $f(x,y)$;　　(2) $P\{Y>X^2\}$;

(3) (X,Y) 在 Oxy 平面上的落点到 y 轴的距离小于 0.3 的概率.

15. 证明：函数 $f(x,y) = \dfrac{1}{2\pi} e^{-\frac{x^2+y^2}{2}}(1+\sin x \sin y)$ 是某个二维随机变量的联合概率密度,且该二维随机变量的两个边缘分布都是标准正态分布.

§2.5　条件分布与随机变量的独立性

前面我们已经知道,由二维随机变量 (X,Y) 的联合分布可以确定关于 X 和关于 Y 的边缘分布. 本节将进一步讨论两个随机变量 X 和 Y 之间的相互依赖性,即在其中一个随机变量取固定值的条件下,另一个随机变量的概率分布问题. 我们仍分离散型随机变量与连续型随机变量两种情形进行讨论.

一、条件分布

1. 离散型随机变量的条件分布

定义 1　设二维离散型随机变量 (X,Y) 的联合分布律为

$$P\{X=x_i, Y=y_j\} = p_{ij} \quad (i,j=1,2,\cdots).$$

对于给定的 $j(j=1,2,\cdots)$,若 $P\{Y=y_j\}=p_{\cdot j}>0$,则称

$$P\{X=x_i \mid Y=y_j\} = \frac{P\{X=x_i, Y=y_j\}}{P\{Y=y_j\}} = \frac{p_{ij}}{p_{\cdot j}} \quad (i=1,2,\cdots) \qquad ①$$

为随机变量 X 在 $Y=y_j$ **条件下的条件分布律**(简称**条件分布律**).

类似地,对于固定的 $i(i=1,2,\cdots)$,若 $P\{X=x_i\}=p_{i\cdot}>0$,则称

$$P\{Y=y_j \mid X=x_i\} = \frac{P\{X=x_i, Y=y_j\}}{P\{X=x_i\}} = \frac{p_{ij}}{p_{i\cdot}} \quad (j=1,2,\cdots) \qquad ②$$

为随机变量 Y 在 $X=x_i$ **条件下的条件分布律**(简称**条件分布律**).

条件分布律也满足分布律的两条基本性质,即

(1) **非负性**:$P\{X=x_i \mid Y=y_j\} \geq 0, P\{Y=y_j \mid X=x_i\} \geq 0 \;(i,j=1,2,\cdots)$;

(2) **规范性**:$\sum_i P\{X=x_i \mid Y=y_j\} = \sum_i \frac{p_{ij}}{p_{\cdot j}} = \frac{p_{\cdot j}}{p_{\cdot j}} = 1$,

$$\sum_j P\{Y=y_j \mid X=x_i\} = \sum_j \frac{p_{ij}}{p_{i\cdot}} = \frac{p_{i\cdot}}{p_{i\cdot}} = 1.$$

例 1 设二维随机变量 (X,Y) 的联合分布律如表 1 所示,求:

(1) Y 在 $X=3$ 条件下的条件分布律; (2) X 在 $Y=1$ 条件下的条件分布律.

表 1

X	Y			
	1	2	3	4
1	1/4	0	0	0
2	1/8	1/8	0	0
3	1/12	1/12	1/12	0
4	1/16	1/16	1/16	1/16

解 关于 X 和关于 Y 的边缘分布律如表 2 所示.

表 2

X	Y				$p_{i\cdot}$
	1	2	3	4	
1	1/4	0	0	0	1/4
2	1/8	1/8	0	0	1/4
3	1/12	1/12	1/12	0	1/4
4	1/16	1/16	1/16	1/16	1/4
$p_{\cdot j}$	25/48	13/48	7/48	1/16	1

(1) 由于 $P\{X=3\}=\dfrac{1}{4}$,根据公式②,用表 2 中第三行的概率分别除以 $\dfrac{1}{4}$,就可以得到

Y 在 $X=3$ 条件下的条件分布律,见表 3.

表 3

Y	1	2	3	4
$P\{Y=y_j\mid X=3\}$	1/3	1/3	1/3	0

(2) 由于 $P\{Y=1\}=\dfrac{25}{48}$,用表 2 中第一列的概率分别除以 $\dfrac{25}{48}$,就可以得到 X 在 $Y=1$ 条件下的条件分布律,见表 4.

表 4

X	1	2	3	4
$P\{X=x_i\mid Y=1\}$	12/25	6/25	4/25	3/25

例 2 以 X 记某医院一天出生的婴儿人数,以 Y 记其中男婴的人数.若二维随机变量 (X,Y) 的联合分布律为

$$P\{X=n,Y=m\}=\frac{\mathrm{e}^{-14}\times 7.14^m\times 6.86^{n-m}}{m!(n-m)!}\quad(m=0,1,2,\cdots,n;n=0,1,2,\cdots),$$

求关于 X 和关于 Y 的边缘分布律及条件分布律.

解 关于 X 的边缘分布律为

$$P\{X=n\}=\sum_{m=0}^{n}P\{X=n,Y=m\}=\sum_{m=0}^{n}\frac{\mathrm{e}^{-14}\times 7.14^m\times 6.86^{n-m}}{m!(n-m)!}$$

$$=\frac{\mathrm{e}^{-14}}{n!}\sum_{m=0}^{n}C_n^m\times 7.14^m\times 6.86^{n-m}=\frac{\mathrm{e}^{-14}}{n!}(7.14+6.86)^n$$

$$=\frac{14^n\mathrm{e}^{-14}}{n!}\quad(n=0,1,2,\cdots),$$

关于 Y 的边缘分布律为

$$P\{Y=m\}=\sum_{n=m}^{\infty}P\{X=n,Y=m\}=\sum_{n=m}^{\infty}\frac{\mathrm{e}^{-14}\times 7.14^m\times 6.86^{n-m}}{m!(n-m)!}$$

$$=\frac{\mathrm{e}^{-14}\times 7.14^m}{m!}\sum_{n=m}^{\infty}\frac{6.86^{n-m}}{(n-m)!}=\frac{\mathrm{e}^{-14}\times 7.14^m}{m!}\mathrm{e}^{6.86}$$

$$=\frac{7.14^m\mathrm{e}^{-7.14}}{m!}\quad(m=0,1,2,\cdots).$$

对于固定的 $m(m=0,1,2,\cdots)$,有

$$P\{X=n\mid Y=m\}=\frac{P\{X=n,Y=m\}}{P\{Y=m\}}=\frac{6.86^{n-m}\mathrm{e}^{-6.86}}{(n-m)!}\quad(n=m,m+1,m+2,\cdots);$$

对于固定的 $n(n=0,1,2,\cdots)$,有

$$P\{Y=m\,|\,X=n\}=\frac{P\{X=n,Y=m\}}{P\{X=n\}}=\frac{n!}{m!(n-m)!}\left(\frac{7.14}{14}\right)^m\left(\frac{6.86}{14}\right)^{n-m}$$
$$=C_n^m\times 0.51^m\times 0.49^{n-m}\quad(m=0,1,2,\cdots,n).$$

2. 连续型随机变量的条件分布

若(X,Y)是二维连续型随机变量,因为对于任意实数y,有$P\{Y=y\}=0$,所以随机变量X在$Y=y$条件下的条件分布函数$P\{X\leqslant x\,|\,Y=y\}$不能直接用条件概率的方式来定义. 我们可以用求极限的方法来给出相应的定义.

定义 2 设(X,Y)是二维连续型随机变量,且对于给定的常数y及任意的$\Delta y>0$,$P\{y<Y\leqslant y+\Delta y\}>0$. 若极限

$$\lim_{\Delta y\to 0}P\{X\leqslant x\,|\,y<Y\leqslant y+\Delta y\}=\lim_{\Delta y\to 0}\frac{P\{X\leqslant x,y<Y\leqslant y+\Delta y\}}{P\{y<Y\leqslant y+\Delta y\}}\quad\text{③}$$

存在,则称此极限为**随机变量**X**在**$Y=y$**条件下的条件分布函数**(简称**条件分布函数**),记作

$$F_{X|Y}(x\,|\,y)=P\{X\leqslant x\,|\,Y=y\}.\quad\text{④}$$

同样,可定义随机变量Y在$X=x$条件下的条件分布函数(简称**条件分布函数**):

$$F_{Y|X}(y\,|\,x)=P\{Y\leqslant y\,|\,X=x\}=\lim_{\Delta x\to 0}P\{Y\leqslant y\,|\,x<X\leqslant x+\Delta x\}.$$

设二维随机变量(X,Y)有连续的联合概率密度$f(x,y)$,它关于Y的边缘概率密度是连续函数$f_Y(y)$,且对于给定的y,有$f_Y(y)>0$,则由式③得

$$F_{X|Y}(x\,|\,y)=\lim_{\Delta y\to 0}\frac{P\{X\leqslant x,y<Y\leqslant y+\Delta y\}}{P\{y<Y\leqslant y+\Delta y\}}=\lim_{\Delta y\to 0}\frac{\int_{-\infty}^{x}\left(\int_{y}^{y+\Delta y}f(u,v)\mathrm{d}v\right)\mathrm{d}u}{\int_{y}^{y+\Delta y}f_Y(v)\mathrm{d}v}.$$

利用积分中值定理,得

$$F_{X|Y}(x\,|\,y)=\lim_{\Delta y\to 0}\frac{\int_{-\infty}^{x}f(u,y+\theta_1\Delta y)\Delta y\mathrm{d}u}{f_Y(y+\theta_2\Delta y)\Delta y}=\int_{-\infty}^{x}\frac{f(u,y)}{f_Y(y)}\mathrm{d}u\quad\text{⑤}$$
$$(0<\theta_1<1,0<\theta_2<1).$$

同理,若二维随机变量(X,Y)关于X的边缘概率密度$f_X(x)$连续,且对于给定的x,有$f_X(x)>0$,可得

$$F_{Y|X}(y\,|\,x)=\int_{-\infty}^{y}\frac{f(x,v)}{f_X(x)}\mathrm{d}v.\quad\text{⑥}$$

于是,我们有下面的定义:

定义 3 设(X,Y)是二维连续型随机变量,它的联合概率密度$f(x,y)$及边缘概率密度$f_X(x),f_Y(y)$都是连续函数. 对于给定的y,当$f_Y(y)>0$时,称

$$f_{X|Y}(x\,|\,y)=\frac{f(x,y)}{f_Y(y)}\quad\text{⑦}$$

为**随机变量**X**在**$Y=y$**条件下的条件概率密度函数**(简称**条件概率密度**);对于给定的x,当$f_X(x)>0$时,称

$$f_{Y|X}(y|x) = \frac{f(x,y)}{f_X(x)} \qquad \text{⑧}$$

为随机变量 Y 在 $X=x$ 条件下的**条件概率密度函数**(简称**条件概率密度**).

条件概率密度 $f_{X|Y}(x|y)$ 具有以下性质:

(1) 对于任意实数 x,有 $f_{X|Y}(x|y) \geqslant 0$;

(2) $\int_{-\infty}^{+\infty} f_{X|Y}(x|y)\mathrm{d}x = \frac{1}{f_Y(y)} \int_{-\infty}^{+\infty} f(x,y)\mathrm{d}x = \frac{1}{f_Y(y)} \cdot f_Y(y) = 1.$

条件概率密度 $f_{Y|X}(y|x)$ 也有类似的性质.

例3 已知二维随机变量 (X,Y) 服从圆域 $\{(x,y): x^2+y^2 \leqslant 1\}$ 上的均匀分布,求条件概率密度 $f_{X|Y}(x|y)$ 和 $f_{Y|X}(y|x)$.

解 由题设知 (X,Y) 的联合概率密度为

$$f(x,y) = \begin{cases} 1/\pi, & x^2+y^2 \leqslant 1, \\ 0, & \text{其他}, \end{cases}$$

所以关于 Y 的边缘概率密度为

$$f_Y(y) = \int_{-\infty}^{+\infty} f(x,y)\mathrm{d}x = \begin{cases} \dfrac{1}{\pi}\int_{-\sqrt{1-y^2}}^{\sqrt{1-y^2}}\mathrm{d}x, & -1 \leqslant y \leqslant 1, \\ 0, & \text{其他} \end{cases}$$

$$= \begin{cases} \dfrac{2}{\pi}\sqrt{1-y^2}, & -1 \leqslant y \leqslant 1, \\ 0, & \text{其他}. \end{cases}$$

于是,当 $-1 < y < 1$ 时,

$$f_{X|Y}(x|y) = \frac{f(x,y)}{f_Y(y)} = \begin{cases} \dfrac{1}{2\sqrt{1-y^2}}, & -\sqrt{1-y^2} \leqslant x \leqslant \sqrt{1-y^2}, \\ 0, & \text{其他}; \end{cases}$$

当 $y \leqslant -1$ 或 $y \geqslant 1$ 时,$f_{X|Y}(x|y)$ 不存在. 由此可见,当 $Y=y(-1<y<1)$ 时,

$$X \sim U\left[-\sqrt{1-y^2}, \sqrt{1-y^2}\right].$$

同理,当 $-1 < x < 1$ 时,

$$f_{Y|X}(y|x) = \begin{cases} \dfrac{1}{2\sqrt{1-x^2}}, & -\sqrt{1-x^2} \leqslant y \leqslant \sqrt{1-x^2}, \\ 0, & \text{其他}, \end{cases}$$

即当 $X=x(-1<x<1)$ 时,

$$Y \sim U\left[-\sqrt{1-x^2}, \sqrt{1-x^2}\right].$$

例4 设二维随机变量 $(X,Y) \sim N(\mu_1, \mu_2, \sigma_1^2, \sigma_2^2, \rho)$,求条件概率密度 $f_{X|Y}(x|y)$.

解 因为 (X,Y) 的联合概率密度为

$$f(x,y) = \frac{1}{2\pi\sigma_1\sigma_2\sqrt{1-\rho^2}} \exp\left\{\frac{-1}{2(1-\rho^2)}\left[\frac{(x-\mu_1)^2}{\sigma_1^2} - 2\rho\frac{(x-\mu_1)(y-\mu_2)}{\sigma_1\sigma_2} + \frac{(y-\mu_2)^2}{\sigma_2^2}\right]\right\}$$

$$(-\infty < x < +\infty, -\infty < y < +\infty),$$

关于 Y 的边缘概率密度为

$$f_Y(y) = \frac{1}{\sqrt{2\pi}\sigma_2} e^{-\frac{(y-\mu_2)^2}{2\sigma_2^2}} \quad (-\infty < y < +\infty),$$

所以

$$f_{X|Y}(x|y) = \frac{f(x,y)}{f_Y(y)} = \frac{1}{\sqrt{2\pi}\sigma_1\sqrt{1-\rho^2}} e^{-\frac{1}{2\sigma_1^2(1-\rho^2)}\left[(x-\mu_1)-\rho\frac{\sigma_1}{\sigma_2}(y-\mu_2)\right]^2},$$

从而 $f_{X|Y}(x|y)$ 为正态分布 $N\left(\mu_1 + \rho\dfrac{\sigma_1}{\sigma_2}(y-\mu_2), \sigma_1^2(1-\rho^2)\right)$ 的概率密度.

同理,可得 $f_{Y|X}(y|x)$ 为正态分布 $N\left(\mu_2 + \rho\dfrac{\sigma_2}{\sigma_1}(x-\mu_1), \sigma_2^2(1-\rho^2)\right)$ 的概率密度.

这个例子表明,二维正态分布的两个条件分布均为正态分布.

二、随机变量的独立性

随机事件独立性的概念可以推广到随机变量的情形.

定义 4 设二维随机变量 (X,Y) 的联合分布函数为 $F(x,y)$,关于 X 和关于 Y 的边缘分布函数分别是 $F_X(x)$ 与 $F_Y(y)$. 如果对于任意实数 x,y,有

$$P\{X \leqslant x, Y \leqslant y\} = P\{X \leqslant x\}P\{Y \leqslant y\}, \quad ⑨$$

即

$$F(x,y) = F_X(x)F_Y(y), \quad ⑩$$

则称随机变量 X 与 Y 相互独立.

由上述定义可知,当随机变量 X 与 Y 相互独立时,由关于 X 和关于 Y 的边缘分布可唯一地确定二维随机变量 (X,Y) 的联合分布. 判断两个随机变量的独立性常用以下两个定理:

定理 1 设二维离散型随机变量 (X,Y) 的所有可能取值是 $(x_i,y_j)(i,j=1,2,\cdots)$,则 X 与 Y 相互独立的充要条件是:对于所有的 i,j,都有

$$P\{X=x_i, Y=y_j\} = P\{X=x_i\}P\{Y=y_j\}, \quad ⑪$$

即

$$p_{ij} = p_i \cdot p_{\cdot j}. \quad ⑫$$

证 **必要性** 若 X 与 Y 相互独立,则式⑩成立,从而对于任意实数 $a,b,c,d (a<b, c<d)$,有

$$\begin{aligned}P\{a<X\leqslant b, c<Y\leqslant d\} &= F(b,d) - F(a,d) - F(b,c) + F(a,c)\\ &= F_X(b)F_Y(d) - F_X(a)F_Y(d) - F_X(b)F_Y(c) + F_X(a)F_Y(c)\\ &= (F_X(b)-F_X(a))(F_Y(d)-F_Y(c)) = P\{a<X\leqslant b\}P\{c<Y\leqslant d\}.\end{aligned}$$

对于所有给定的 i,j,取两个充分小的区间 $[a,b]$ 和 $[c,d]$,使得 X 所取的值仅有 x_i 包含在 $[a,b]$ 中,Y 所取的值仅有 y_j 包含在 $[c,d]$ 中,于是有

$$\{X=x_i\} = \{a<X\leqslant b\}, \quad \{Y=y_j\} = \{c<Y\leqslant d\}.$$

因此

$$P\{X=x_i, Y=y_j\} = P\{X=x_i\}P\{Y=y_j\},$$

即式⑪成立.

充分性 若式⑪成立,则对于任意实数 x,y,有
$$F(x,y)=P\{X\leqslant x,Y\leqslant y\}=\sum_{x_i\leqslant x}\sum_{y_j\leqslant y}P\{X=x_i,Y=y_j\}$$
$$=\sum_{x_i\leqslant x}\sum_{y_j\leqslant y}P\{X=x_i\}P\{Y=y_j\}=\sum_{x_i\leqslant x}P\{X=x_i\}\cdot\sum_{y_j\leqslant y}P\{Y=y_j\}$$
$$=P\{X\leqslant x\}P\{Y\leqslant y\}=F_X(x)F_Y(y),$$
即式⑩成立,所以 X 与 Y 相互独立.

定理 2 设 (X,Y) 是二维连续型随机变量,$f(x,y),f_X(x),f_Y(y)$ 分别是 (X,Y) 的联合概率密度及关于 X 和关于 Y 的边缘概率密度,则 X 与 Y 相互独立的充要条件是:对于所有 $f(x,y)$ 连续的点 (x,y),都有
$$f(x,y)=f_X(x)f_Y(y). \qquad ⑬$$

证 设 $F(x,y),F_X(x),F_Y(y)$ 分别是 (X,Y) 的联合分布函数及关于 X 和关于 Y 的边缘分布函数.

必要性 若 X 与 Y 相互独立,则对于任意实数 x,y,有
$$F(x,y)=F_X(x)F_Y(y).$$
于是,在 $f(x,y)$ 连续的点 (x,y) 处,有
$$f(x,y)=\frac{\partial^2 F(x,y)}{\partial x\partial y}=\frac{\mathrm{d}F_X(x)}{\mathrm{d}x}\cdot\frac{\mathrm{d}F_Y(y)}{\mathrm{d}y}=f_X(x)f_Y(y).$$

充分性 若在 $f(x,y)$ 连续的点 (x,y) 处,有 $f(x,y)=f_X(x)f_Y(y)$,则对于任意实数 x,y,有
$$F(x,y)=\int_{-\infty}^{x}\int_{-\infty}^{y}f(u,v)\mathrm{d}u\mathrm{d}v=\int_{-\infty}^{x}\int_{-\infty}^{y}f_X(u)f_Y(v)\mathrm{d}u\mathrm{d}v$$
$$=\int_{-\infty}^{x}f_X(u)\mathrm{d}u\int_{-\infty}^{y}f_Y(v)\mathrm{d}v=F_X(x)F_Y(y),$$
从而 X 与 Y 相互独立.

例 5 设二维随机变量 (X,Y) 的联合分布律如表 5 所示.容易验证,对于所有的 i,j,都有 $p_{ij}=p_{i\cdot}p_{\cdot j}$,所以 X 与 Y 相互独立.

表 5

X	Y		$p_{i\cdot}$
	1	2	
0	1/6	1/6	1/3
1	2/6	2/6	2/3
$p_{\cdot j}$	1/2	1/2	1

例 6 设二维随机变量 $(X,Y)\sim N(\mu_1,\mu_2,\sigma_1^2,\sigma_2^2,\rho)$,证明:$X$ 与 Y 相互独立的充要条件是 $\rho=0$.

证 充分性 若 $\rho=0$,则 (X,Y) 的联合概率密度为

$$f(x,y) = \frac{1}{2\pi\sigma_1\sigma_2}\exp\left\{\frac{-1}{2}\left[\frac{(x-\mu_1)^2}{\sigma_1^2} + \frac{(y-\mu_2)^2}{\sigma_2^2}\right]\right\}$$

$$= \frac{1}{\sqrt{2\pi}\sigma_1}e^{-\frac{(x-\mu_1)^2}{2\sigma_1^2}} \cdot \frac{1}{\sqrt{2\pi}\sigma_2}e^{-\frac{(y-\mu_2)^2}{2\sigma_2^2}} = f_X(x)f_Y(y).$$

故 X 与 Y 相互独立.

必要性 若 X 与 Y 相互独立,则对于任意实数 x,y,有
$$f(x,y) = f_X(x)f_Y(y).$$
特别地,令 $x=\mu_1, y=\mu_2$,则 $f(\mu_1,\mu_2) = f_X(\mu_1)f_Y(\mu_2)$,即
$$\frac{1}{2\pi\sigma_1\sigma_2\sqrt{1-\rho^2}} = \frac{1}{\sqrt{2\pi}\sigma_1} \cdot \frac{1}{\sqrt{2\pi}\sigma_2},$$
从而 $\sqrt{1-\rho^2}=1$. 因此 $\rho=0$.

二维随机变量的独立性可以推广到 n 维随机变量的情形. 若对于任意实数 $x_1, x_2, \cdots, x_n$,有
$$F(x_1, x_2, \cdots, x_n) = F_{X_1}(x_1)F_{X_2}(x_2)\cdots F_{X_n}(x_n),$$
其中 $F(x_1, x_2, \cdots, x_n)$ 是 n 维随机变量 $(X_1, X_2, \cdots, X_n)$ 的联合分布函数,$F_{X_1}(x_1), F_{X_2}(x_2), \cdots, F_{X_n}(x_n)$ 分别为关于 $X_1, X_2, \cdots, X_n$ 的边缘分布函数,则称随机变量 $X_1, X_2, \cdots, X_n$ **相互独立**.

若对于任意实数 $x_1, x_2, \cdots, x_m$ 和 $y_1, y_2, \cdots, y_n$,有
$$F(x_1, x_2, \cdots, x_m, y_1, y_2, \cdots, y_n) = F_1(x_1, x_2, \cdots, x_m)F_2(y_1, y_2, \cdots, y_n),$$
其中 $F(x_1, x_2, \cdots, x_m, y_1, y_2, \cdots, y_n)$ 是 $m+n$ 维随机变量 $(X_1, X_2, \cdots, X_m, Y_1, Y_2, \cdots Y_n)$ 的联合分布函数,$F_1(x_1, x_2, \cdots, x_m), F_2(y_1, y_2, \cdots, y_n)$ 分别为 m 维随机变量 $(X_1, X_2, \cdots, X_m)$、n 维随机变量 $(Y_1, Y_2, \cdots, Y_n)$ 的联合分布函数,则称 m 维随机变量 $(X_1, X_2, \cdots, X_m)$ 与 n 维随机变量 $(Y_1, Y_2, \cdots, Y_n)$ **相互独立**.

可以证明结论:设 $(X_1, X_2, \cdots, X_m)$ 与 $(Y_1, Y_2, \cdots, Y_n)$ 相互独立,则 $X_i(i=1,2,\cdots,m)$ 与 $Y_j(j=1,2,\cdots,n)$ 相互独立;并且若 h, g 是连续函数,则 $h(X_1, X_2, \cdots, X_m)$ 和 $g(Y_1, Y_2, \cdots, Y_n)$ 也相互独立.

习 题 2.5

1. 设二维随机变量 (X,Y) 的联合分布律如表 6 所示,求:
(1) Y 在 $X=1$ 条件下的条件分布律; (2) X 在 $Y=2$ 条件下的条件分布律.

表 6

X	Y		
	1	2	3
1	0.1	0.3	0.2
2	0.2	0.05	0.15

2. 设二维随机变量(X,Y)的联合概率密度为
$$f(x,y)=\begin{cases}e^{-y}, & 0<x<y,\\ 0, & 其他,\end{cases}$$
求：(1) $f_{X|Y}(x|y),f_{Y|X}(y|x)$；　(2) $f_{X|Y}(x|1),f_{Y|X}(y|1)$；　(3) $P\{X>2|Y<4\}$.

3. 设二维随机变量(X,Y)的联合概率密度为
$$f(x,y)=\begin{cases}\dfrac{21}{4}x^2y, & x^2\leqslant y\leqslant 1,\\ 0, & 其他,\end{cases}$$
求：(1) $P\{X\geqslant 0|Y<0.25\}$；　(2) $P\{Y\geqslant 0.75|X=0.5\}$.

4. 设随机变量X服从区间$(0,1)$上的均匀分布，当$X=x(0<x<1)$时，随机变量Y服从区间$(x,1)$上的均匀分布，求(X,Y)的联合概率密度和关于Y的边缘概率密度.

5. 设二维随机变量(X,Y)的联合分布律如表7所示，问：a,b取何值时，X与Y相互独立？

表　7

X	Y		
	0	1	2
1	1/6	1/9	1/18
2	1/3	a	b

6. 甲、乙两人对同一目标独立地各进行2次射击，以X和Y分别表示甲、乙击中目标的次数.设甲、乙的命中率分别为$0.2,0.5$，求(X,Y)的联合分布律.

7. 设一个袋子中有6个白球和5个黑球.从这个袋子中取2次球，每次任取1个，以X表示第1次取到的白球个数，Y表示第2次取到的白球个数.在无放回抽样和有放回抽样两种方式下，分别讨论X与Y是否相互独立.

8. 设一个袋子中有5个球，分别标号为$1,2,3,4,5$.从此袋子中任取3个球，记这3个球中最小的号码为X，最大的号码为Y.

(1) 求(X,Y)的联合分布律；　(2) 问：X与Y是否相互独立？

9. 已知下列二维随机变量(X,Y)的联合概率密度，试讨论X与Y是否相互独立：

(1) $f(x,y)=\begin{cases}4xy, & 0<x<1,0<y<1,\\ 0, & 其他；\end{cases}$　(2) $f(x,y)=\begin{cases}8xy, & 0<x<y,0<y<1,\\ 0, & 其他.\end{cases}$

10. 设二维随机变量(X,Y)的联合概率密度为
$$f(x,y)=\begin{cases}1, & 0<x<1,|y|\leqslant x,\\ 0, & 其他.\end{cases}$$

(1) 求边缘概率密度$f_X(x)$与$f_Y(y)$；　(2) 问：X与Y是否相互独立？

11. 设某仪器由两个电子部件构成，以X和Y分别表示这两个部件的使用寿命（单位：10^3h）.已知(X,Y)的联合分布函数为

$$F(x,y) = \begin{cases} 1 - e^{-0.5x} - e^{-0.5y} + e^{-0.5(x+y)}, & x \geq 0, y \geq 0, \\ 0, & 其他. \end{cases}$$

(1) 问：X 与 Y 是否相互独立？(2) 求两个电子部件的使用寿命都超过 $100\,h$ 的概率.

12. 设随机变量 X 与 Y 相互独立，且 $X \sim E(\lambda)(\lambda>0), Y \sim E(\mu)(\mu>0)$. 令 $Z = \begin{cases} 1, & X \leq Y, \\ 0, & X > Y. \end{cases}$ 求 Z 的分布律.

13. 在区间 $[0,1]$ 中随机取 2 个数 X, Y，求事件"X, Y 之和小于 $\dfrac{6}{5}$"的概率.

§2.6 随机变量函数的概率分布

在前面几节中，我们介绍了随机变量的概念以及一些常见的随机变量. 但是，在实际问题中，许多随机变量的形式是相当复杂的. 本节研究如何通过一些简单的随机变量的概率分布去刻画比较复杂的随机变量. 下面分几种情形进行讨论.

一、一维随机变量函数的概率分布

设 X 是一个随机变量，$g(x)$ 是定义在 X 的一切可能取值的集合上的函数. 如果当 X 取值 x 时，另一个随机变量 Y 取值 $g(x)$，那么称 Y 为**随机变量 X 的函数**，记为 $Y = g(X)$. 为了讨论问题方便，通常假设 $g(x)$ 是连续函数或分段连续函数. 我们的问题是：当 $g(x)$ 已知时，如何由随机变量 X 的概率分布确定随机变量 $Y = g(X)$ 的概率分布？

1. 一维离散型随机变量函数的概率分布

当 X 为离散型随机变量时，$Y = g(X)$ 也是离散型随机变量. 设离散型随机变量 X 的分布律为

$$p_k = P\{X = x_k\} \quad (k = 1, 2, \cdots).$$

若 $g(x_i)(i=1,2,\cdots)$ 互不相等，则随机变量 $Y = g(X)$ 的分布律为

$$p_j = P\{Y = y_j\} \quad (y_j = g(x_j), j = 1, 2, \cdots);$$

若 $g(x_i)(i=1,2,\cdots)$ 中有相等的项，则应把那些相等的项对应的概率值加起来，从而随机变量 $Y = g(X)$ 的分布律为

$$p_j = P\{Y = y_j\} = \sum_{g(x_i) = y_j} p_i \quad (j = 1, 2, \cdots).$$

例 1 设随机变量 X 的分布律如表 1 所示，求：

(1) $Y_1 = 2X + 1$ 的分布律；　　(2) $Y_2 = (X-2)^2$ 的分布律.

表　1

X	-1	0	2	4	5
P	0.1	0.3	0.2	0.3	0.1

解 (1) 当 X 分别取 $-1,0,2,4,5$ 时,Y_1 的值分别为 $-1,1,5,9,11$,所以 $Y_1=2X+1$ 的分布律如表 2 所示.

表 2

Y_1	-1	1	5	9	11
P	0.1	0.3	0.2	0.3	0.1

(2) Y_2 的所有可能取值为 $0,4,9$. 设 $g(x)=(x-2)^2$,因为 $g(-1)=g(5)=9$,$g(0)=g(4)=4$,故 Y_2 的分布律如表 3 所示.

表 3

Y_2	0	4	9
P	0.2	0.6	0.2

例 2 设随机变量 X 的分布律为
$$P\{X=k\}=\frac{1}{2^{k+1}} \quad (k=0,1,2,\cdots),$$
又设随机变量 $Y=\sin\frac{\pi X}{2}$,求 Y 的分布律.

解 由于 X 的取值为 $0,1,2,\cdots$,因此 $Y=\sin\frac{\pi X}{2}$ 的取值为 $-1,0,1$. 再由 X 的分布律得

$$P\{Y=0\}=P\left\{\sin\frac{\pi X}{2}=0\right\}=\sum_{k=0}^{\infty}P\{X=2k\}=\sum_{k=0}^{\infty}\frac{1}{2^{2k+1}}=\frac{1/2}{1-1/4}=\frac{2}{3},$$

$$P\{Y=1\}=P\left\{\sin\frac{\pi X}{2}=1\right\}=\sum_{k=0}^{\infty}P\{X=4k+1\}=\sum_{k=0}^{\infty}\frac{1}{2^{4k+2}}=\frac{1/4}{1-1/16}=\frac{4}{15},$$

$$P\{Y=-1\}=P\left\{\sin\frac{\pi X}{2}=-1\right\}=\sum_{k=0}^{\infty}P\{X=4k+3\}=\sum_{k=0}^{\infty}\frac{1}{2^{4k+4}}=\frac{1/16}{1-1/16}=\frac{1}{15}.$$

所以,Y 的分布律如表 4 所示.

表 4

Y	-1	0	1
P	1/15	2/3	4/15

2. 一维连续型随机变量函数的概率分布

对于连续型随机变量 X 的函数 $g(X)$ 的概率分布,我们只讨论一些特殊的情形.先介绍一个便于应用的定理.

定理 1 设连续型随机变量 X 的概率密度为 $f_X(x)$,$y=g(x)$ 为严格单调函数,其反函数 $x=h(y)$ 具有连续导数,则 $Y=g(X)$ 也是连续型随机变量,且其概率密度为

$$f_Y(y) = \begin{cases} f_X(h(y))|h'(y)|, & \alpha < y < \beta, \\ 0, & \text{其他}, \end{cases} \qquad ①$$

其中 $\alpha=\min\{g(-\infty),g(+\infty)\}$，$\beta=\max\{g(-\infty),g(+\infty)\}$.

证 不妨设 $g(x)$ 是严格单调增加函数，这时它的反函数 $h(y)$ 也是严格单调增加的，且 $\alpha=g(-\infty)$，$\beta=g(+\infty)$，则 $Y=g(X)$ 仅在 (α,β) 上取值. 于是，当 $y\leqslant\alpha$ 时，$F_Y(y)=0$；当 $y\geqslant\beta$ 时，$F_Y(y)=1$；当 $\alpha<y<\beta$ 时，

$$F_Y(y) = P\{Y\leqslant y\} = P\{g(X)\leqslant y\} = P\{X\leqslant h(y)\}$$
$$= \int_{-\infty}^{h(y)} f_X(x)\mathrm{d}x = \int_{-\infty}^{y} f_X(h(y))h'(y)\mathrm{d}y.$$

所以，$Y=g(x)$ 是连续型随机变量，且其概率密度为

$$f_Y(y) = \begin{cases} f_X(h(y))h'(y), & \alpha < y < \beta, \\ 0, & \text{其他}. \end{cases}$$

当 $g(x)$ 是严格单调减少函数时，注意到 $\alpha=g(+\infty)$，$\beta=g(-\infty)$，同理可得 $Y=g(X)$ 是连续型随机变量，且其概率密度为

$$f_Y(y) = \begin{cases} -f_X(h(y))h'(y), & \alpha < y < \beta, \\ 0, & \text{其他}. \end{cases}$$

所以，$Y=g(x)$ 是连续型随机变量，且其概率密度为

$$f_Y(y) = \begin{cases} f_X(h(y))|h'(y)|, & \alpha < y < \beta, \\ 0, & \text{其他}. \end{cases}$$

例3 设连续型随机变量 X 的概率密度为 $f_X(x)$，求随机变量 $Y=aX+b$（a,b 为常数，且 $a\neq 0$）的概率密度.

解 令 $g(x)=ax+b$，则其反函数为 $x=h(y)=\dfrac{y-b}{a}$. 由式①得到 Y 的概率密度为

$$f_Y(y) = \frac{1}{|a|}f_X\left(\frac{y-b}{a}\right).$$

设随机变量 $X\sim N(\mu,\sigma^2)$，利用例3的结果，$Y=aX+b$（$a\neq 0$）的概率密度为

$$f_Y(y) = \frac{1}{\sqrt{2\pi}\sigma|a|}\exp\left\{-\frac{\left(\frac{y-b}{a}-\mu\right)^2}{2\sigma^2}\right\} = \frac{1}{\sqrt{2\pi}\sigma|a|}\exp\left\{-\frac{[y-(a\mu+b)]^2}{2(\sigma a)^2}\right\},$$

所以 $Y=aX+b\sim N(a\mu+b,(a\sigma)^2)$，即一维正态分布随机变量的线性函数仍服从正态分布.

例4 设随机变量 $X\sim U(1,2)$，求随机变量 $Y=\mathrm{e}^{2X}$ 的概率密度.

解 X 的概率密度为

$$f_X(x) = \begin{cases} 1, & 1 < x < 2, \\ 0, & \text{其他}. \end{cases}$$

因为 $y=g(x)=e^{2x}(1<x<2)$ 是严格单调增加函数,其反函数为

$$x=h(y)=\frac{1}{2}\ln y \ (y\in(e^2,e^4)), \quad 且 \quad x'=h'(y)=\frac{1}{2y},$$

所以 Y 的概率密度为

$$f_Y(y)=\begin{cases} 1/(2y), & y\in(e^2,e^4), \\ 0, & 其他. \end{cases}$$

由上面两个例子可以看出,定理1的确很便于应用,但它要求的条件"$g(x)$是严格单调函数且其反函数具有连续导数"很强,在许多情况不能满足.事实上,这个条件可以适当减弱.下面以 $Y=X^2$ 为例说明这种情况.

例5 设随机变量 X 的概率密度是 $f_X(x)$,求随机变量 $Y=X^2$ 的概率密度.

解 注意到 $Y=X^2$ 总是取非负值,因此当 $y<0$ 时,$F_Y(y)=P\{Y\leqslant y\}=0$;当 $y\geqslant 0$ 时,

$$F_Y(y)=P\{Y\leqslant y\}=P\{X^2\leqslant y\}=P\{-\sqrt{y}\leqslant X\leqslant \sqrt{y}\}$$
$$=F_X(\sqrt{y})-F_X(-\sqrt{y}).$$

所以,Y 的概率密度为

$$f_Y(y)=F'_Y(y)=\begin{cases} \dfrac{1}{2\sqrt{y}}(f_X(\sqrt{y})+f_X(-\sqrt{y})), & y\geqslant 0, \\ 0, & y<0. \end{cases}$$

特别地,若 $X\sim N(0,1)$,则 $Y=X^2$ 的概率密度为

$$f_Y(y)=\begin{cases} \dfrac{1}{\sqrt{2\pi}}y^{-\frac{1}{2}}e^{-\frac{y}{2}}, & y>0, \\ 0, & y\leqslant 0. \end{cases}$$

这时,称 Y 服从自由度为1的 χ^2 **分布**.χ^2 分布在数理统计中有重要的地位.

一般地,我们有下面的结论(证明略):

定理2 设 X 是连续型随机变量,其概率密度为 $f_X(x)$,函数 $y=g(x)$ 在不相互重叠的区间 $I_1,I_2,\cdots,I_n$ 上逐段严格单调,其反函数 $h_1(y),h_2(y),\cdots,h_n(y)$ 具有连续导数,则 $Y=g(X)$ 也是连续型随机变量,且其概率密度为

$$f_Y(y)=\sum_{i=1}^{n}f_X(h_i(y))|h'_i(y)|. \qquad ②$$

例6 设随机变量 X 服从区间 $(0,2\pi)$ 上的均匀分布,求随机变量 $Y=\cos X$ 的概率密度.

解 由题设知 X 的概率密度为

$$f_X(x)=\begin{cases} 1/(2\pi), & 0<x<2\pi, \\ 0, & 其他. \end{cases}$$

函数 $y=g(x)=\cos x$ 在 $(0,2\pi)$ 上不是单调函数,但在 $(0,\pi)$ 与 $(\pi,2\pi)$ 上是严格单调函数,其反函数分别为

第二章 随机变量及其概率分布

$$x_1 = \arccos y \ (x_1 \in (0, \pi)), \quad x_2 = 2\pi - \arccos y \ (x_2 \in (\pi, 2\pi)),$$

且

$$x_1' = -\frac{1}{\sqrt{1-y^2}} \ (y \in (-1,1)), \quad x_2' = \frac{1}{\sqrt{1-y^2}} \ (y \in (-1,1)),$$

故由式②得 Y 的概率密度为

$$f_Y(y) = f_X(\arccos y)|x_1'| + f_X(2\pi - \arccos y)|x_2'|$$

$$= \begin{cases} \dfrac{1}{\pi\sqrt{1-y^2}}, & -1 < y < 1, \\ 0, & \text{其他}. \end{cases}$$

二、二维随机变量函数的概率分布

设 (X,Y) 是二维随机变量,$g(x,y)$ 是定义域包含 (X,Y) 的所有可能取值的实值函数,$Z = g(X,Y)$ 是一维随机变量。下面讨论如何由 (X,Y) 的概率分布求出 Z 的概率分布。

1. 二维离散型随机变量函数的概率分布

设 (X,Y) 是二维离散型随机变量,则 $Z = g(X,Y)$ 是一维离散型随机变量。如果 (X,Y) 的联合分布律为

$$p_{ij} = P\{X = x_i, Y = y_j\} \quad (i, j = 1, 2, \cdots),$$

那么 $Z = g(X,Y)$ 的分布律为

$$P\{Z = z_k\} = \sum_{g(x_i, y_j) = z_k} p_{ij} \quad (k = 1, 2, \cdots).$$

例7 设二维离散型随机变量 (X,Y) 的联合分布律如表5所示,求:
(1) $X+Y$ 的分布律;(2) XY 的分布律;(3) Y/X 的分布律.

表 5

Y	X		
	-1	1	2
-1	1/4	1/6	1/8
0	1/4	1/8	1/12

解 根据 (X,Y) 的联合分布律可得表6.

表 6

P	1/4	1/4	1/6	1/8	1/8	1/12
(X,Y)	$(-1,-1)$	$(-1,0)$	$(1,-1)$	$(1,0)$	$(2,-1)$	$(2,0)$
$X+Y$	-2	-1	0	1	1	2
XY	1	0	-1	0	-2	0
Y/X	1	0	-1	0	$-1/2$	0

(1) $X+Y$ 的分布律如表7所示,这里

$$P\{X+Y=1\}=P\{X=1,Y=0\}+P\{X=2,Y=-1\}=\frac{1}{8}+\frac{1}{8}=\frac{1}{4}.$$

表 7

$X+Y$	-2	-1	0	1	2
P	1/4	1/4	1/6	1/4	1/12

(2) XY 的分布律如表 8 所示,这里
$$P\{XY=0\}=P\{X=-1,Y=0\}+P\{X=1,Y=0\}+P\{X=2,Y=0\}$$
$$=\frac{1}{4}+\frac{1}{8}+\frac{1}{12}=\frac{11}{24}.$$

表 8

XY	-2	-1	0	1
P	1/8	1/6	11/24	1/4

(3) Y/X 的分布律如表 9 所示,这里
$$P\{Y/X=0\}=P\{X=-1,Y=0\}+P\{X=1,Y=0\}+P\{X=2,Y=0\}$$
$$=\frac{1}{4}+\frac{1}{8}+\frac{1}{12}=\frac{11}{24}.$$

表 9

Y/X	-1	$-1/2$	0	1
P	1/6	1/8	11/24	1/4

2. 二维连续型随机变量函数的概率分布

2.1 $Z=X+Y$ 的概率分布

设二维连续型随机变量 (X,Y) 的联合概率密度为 $f(x,y)$,随机变量 $Z=X+Y$ 的分布函数为 $F_Z(z)$,则对于任意实数 z,有
$$F_Z(z)=P\{Z\leqslant z\}=P\{X+Y\leqslant z\}$$
$$=\iint\limits_{x+y\leqslant z}f(x,y)\mathrm{d}x\mathrm{d}y=\iint\limits_{D}f(x,y)\mathrm{d}x\mathrm{d}y,$$

这里的积分区域 D 是由直线 $x+y=z$ 及其左下方构成的区域(图 1).将上述积分化为累次积分,得

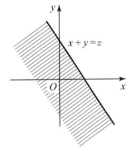

图 1

$$F_Z(z)=\int_{-\infty}^{+\infty}\mathrm{d}y\int_{-\infty}^{z-y}f(x,y)\mathrm{d}x\xrightarrow{\diamondsuit t=y+x}\int_{-\infty}^{+\infty}\left(\int_{-\infty}^{z}f(t-y,y)\mathrm{d}t\right)\mathrm{d}y$$
$$=\int_{-\infty}^{z}\left(\int_{-\infty}^{+\infty}f(t-y,y)\mathrm{d}y\right)\mathrm{d}t.$$

由上式可看出,$Z=X+Y$ 是连续型随机变量,且它的概率密度为

$$f_Z(z) = \int_{-\infty}^{+\infty} f(z-y, y) \mathrm{d}y. \qquad ③$$

交换累次积分的积分次序,同理可得 $Z = X + Y$ 的概率密度为

$$f_Z(z) = \int_{-\infty}^{+\infty} f(x, z-x) \mathrm{d}x. \qquad ④$$

式③和式④为 $Z = X + Y$ 的概率密度的一般公式.

特别地,当 X 与 Y 相互独立时,由于对于几乎所有的 x, y,都有 $f(x, y) = f_X(x) f_Y(y)$,所以 $Z = X + Y$ 的概率密度的公式为

$$f_Z(z) = \int_{-\infty}^{+\infty} f_X(z-y) f_Y(y) \mathrm{d}y \qquad ⑤$$

或

$$f_Z(z) = \int_{-\infty}^{+\infty} f_X(x) f_Y(z-x) \mathrm{d}x. \qquad ⑥$$

式⑤和式⑥称为**卷积公式**,其右边称为函数 f_X 与 f_Y 的**卷积**,记为 $f_X * f_Y$,即

$$f_X(z) * f_Y(z) = \int_{-\infty}^{+\infty} f_X(x) f_Y(z-x) \mathrm{d}x = \int_{-\infty}^{+\infty} f_X(z-y) f_Y(y) \mathrm{d}y.$$

例 8 设随机变量 X 与 Y 相互独立,且都服从标准正态分布,求随机变量 $Z = X + Y$ 的概率密度.

解 由题设知 X, Y 的概率密度分别为

$$f_X(x) = \frac{1}{\sqrt{2\pi}} \mathrm{e}^{-\frac{x^2}{2}} (-\infty < x < +\infty), \quad f_Y(y) = \frac{1}{\sqrt{2\pi}} \mathrm{e}^{-\frac{y^2}{2}} (-\infty < y < +\infty).$$

根据卷积公式⑥,$Z = X + Y$ 的概率密度为

$$f_Z(z) = \int_{-\infty}^{+\infty} f_X(x) f_Y(z-x) \mathrm{d}x = \int_{-\infty}^{+\infty} \frac{1}{2\pi} \mathrm{e}^{-\frac{x^2}{2}} \cdot \mathrm{e}^{-\frac{(z-x)^2}{2}} \mathrm{d}x = \frac{1}{2\pi} \mathrm{e}^{-\frac{z^2}{4}} \int_{-\infty}^{+\infty} \mathrm{e}^{-(x-\frac{z}{2})^2} \mathrm{d}x$$

$$\xrightarrow{\text{令 } t = x - z/2} \frac{1}{2\pi} \mathrm{e}^{-\frac{z^2}{4}} \int_{-\infty}^{+\infty} \mathrm{e}^{-t^2} \mathrm{d}t = \frac{1}{2\sqrt{\pi}} \mathrm{e}^{-\frac{z^2}{4}},$$

所以 $Z = X + Y \sim N(0, 2)$.

本例表明,两个相互独立的标准正态分布随机变量的和仍服从正态分布. 这个结论具有一般性,即如果随机变量 $X_i (i = 1, 2, \cdots, n)$ 相互独立,且 $X_i \sim N(\mu_i, \sigma_i^2) (i = 1, 2, \cdots, n)$,那么

$$\sum_{i=1}^{n} a_i X_i \sim N\left(\sum_{i=1}^{n} a_i \mu_i, \sum_{i=1}^{n} a_i^2 \sigma_i^2\right).$$

也就是说,有限个相互独立的正态分布随机变量的线性组合仍然服从正态分布.

例 9 设随机变量 X 与 Y 相互独立,都服从区间 $[0, 1]$ 上的均匀分布,求随机变量 $Z = X + Y$ 的概率密度.

解 设 $f_X(x), f_Y(y), f_Z(z)$ 分别为 X, Y, Z 的概率密度. 为了利用卷积公式⑥,先求得

$$f_X(x) = \begin{cases} 1, & 0 \leqslant x \leqslant 1, \\ 0, & \text{其他}, \end{cases} \quad f_Y(z-x) = \begin{cases} 1, & 0 \leqslant z-x \leqslant 1, \\ 0, & \text{其他}. \end{cases}$$

§2.6 随机变量函数的概率分布

由于只有当

$$\begin{cases} 0 \leqslant x \leqslant 1, \\ 0 \leqslant z-x \leqslant 1, \end{cases} \text{即} \begin{cases} 0 \leqslant x \leqslant 1, \\ x \leqslant z \leqslant x+1 \end{cases}$$

时，$f_X(x)f_Y(z-x) \neq 0$，而满足上述不等式组的点 (x,z) 组成的区域 D 如图 2 所示，因此

$$f_Z(z) = \int_{-\infty}^{+\infty} f_X(x) f_Y(z-x) \mathrm{d}x = \int_0^1 f_Y(z-x) \mathrm{d}x$$

$$= \begin{cases} \int_0^z \mathrm{d}x, & 0 \leqslant z < 1, \\ \int_{z-1}^1 \mathrm{d}x, & 1 \leqslant z < 2, = \begin{cases} z, & 0 \leqslant z < 1, \\ 2-z, & 1 \leqslant z < 2, \\ 0, & \text{其他.} \end{cases} \\ 0, & \text{其他} \end{cases}$$

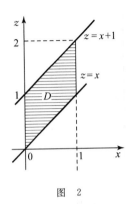

图 2

2.2 最值的概率分布

设随机变量 X 与 Y 相互独立，它们的分布函数分别为 $F_X(x)$ 和 $F_Y(y)$。现在来求随机变量 $M = \max\{X,Y\}$ 及 $N = \min\{X,Y\}$ 的分布函数。设它们的分布函数分别为 $F_{\max}(z)$ 和 $F_{\min}(z)$，则由分布函数的定义以及 X 与 Y 的独立性有

$$F_{\max}(z) = P\{M \leqslant z\} = P\{X \leqslant z, Y \leqslant z\} = P\{X \leqslant z\}P\{Y \leqslant z\}$$
$$= F_X(z)F_Y(z),$$
$$F_{\min}(z) = P\{N \leqslant z\} = 1 - P\{N > z\} = 1 - P\{X > z, Y > z\}$$
$$= 1 - P\{X > z\}P\{Y > z\} = 1 - (1 - P\{X \leqslant z\})(1 - P\{Y \leqslant z\})$$
$$= 1 - (1 - F_X(z))(1 - F_Y(z)).$$

上面的结论可推广至 n 个相互独立随机变量的情形。设 $X_1, X_2, \cdots, X_n$ 相互独立，其分布函数分别是 $F_{X_i}(x)(i=1,2,\cdots,n)$，则 $\max\{X_1, X_2, \cdots, X_n\}$ 及 $\min\{X_1, X_2, \cdots, X_n\}$ 的分布函数分别为

$$F_{\max}(z) = F_{X_1}(z)F_{X_2}(z) \cdots F_{X_n}(z),$$
$$F_{\min}(z) = 1 - (1 - F_{X_1}(z))(1 - F_{X_2}(z)) \cdots (1 - F_{X_n}(z)).$$

特别地，当 $X_1, X_2, \cdots, X_n$ 相互独立且具有相同的分布函数 $F(x)$ 时，有

$$F_{\max}(z) = (F(z))^n, \quad F_{\min}(z) = 1 - (1 - F(z))^n.$$

例 10 设某系统由相互独立的 n 个元件组成，连接方式为：(1) 串联；(2) 并联；(3) 冷储备（起初由一个元件工作，其他 $n-1$ 个元件做冷储备，当工作元件失效时，储备的元件逐个地自动替换）。如果 n 个元件的使用寿命分别为 $X_1, X_2, \cdots, X_n$，且 $X_i \sim E(\lambda)(i=1,2,\cdots,n)$，求在以上三种连接方式下，该系统使用寿命 X 的概率密度。

解 由题意得 $X_i(i=1,2,\cdots,n)$ 的概率密度与分布函数分别是

$$f_{X_i}(x) = \begin{cases} \lambda \mathrm{e}^{-\lambda x}, & x > 0, \\ 0, & x \leqslant 0, \end{cases} \quad F_{X_i}(x) = \begin{cases} 1 - \mathrm{e}^{-\lambda x}, & x > 0, \\ 0, & x \leqslant 0. \end{cases}$$

(1) 当元件串联时,该系统的使用寿命为 $X=\min\{X_1,X_2,\cdots,X_n\}$,所以 X 的分布函数为

$$F_X(x) = 1 - \prod_{i=1}^{n}(1-F_{X_i}(x)) = \begin{cases} 1-e^{-n\lambda x}, & x>0, \\ 0, & x\leqslant 0, \end{cases}$$

从而 X 的概率密度为

$$f_X(x) = \begin{cases} n\lambda e^{-n\lambda x}, & x>0, \\ 0, & x\leqslant 0. \end{cases}$$

(2) 当元件并联时,该系统的使用寿命为 $X=\max\{X_1,X_2,\cdots,X_n\}$,所以 X 的分布函数和概率密度分别为

$$F_X(x) = \prod_{i=1}^{n} F_{X_i}(x) = \begin{cases} (1-e^{-\lambda x})^n, & x>0, \\ 0, & x\leqslant 0, \end{cases}$$

$$f_X(x) = \begin{cases} n\lambda e^{-\lambda x}(1-e^{-\lambda x})^{n-1}, & x>0, \\ 0, & x\leqslant 0. \end{cases}$$

(3) 当元件冷储备时,该系统的使用寿命为 $X=X_1+X_2+\cdots+X_n$. 首先,X_1+X_2 的概率密度为

$$f_{X_1+X_2}(x) = \int_{-\infty}^{+\infty} f_{X_1}(t) f_{X_2}(x-t) dt = \begin{cases} \int_0^x \lambda^2 e^{-\lambda t} \cdot e^{-\lambda(x-t)} dt, & x>0, \\ 0, & x\leqslant 0 \end{cases}$$

$$= \begin{cases} \lambda^2 x e^{-\lambda x}, & x>0, \\ 0, & x\leqslant 0; \end{cases}$$

其次,可以证明 X_1+X_2 与 X_3 也相互独立,故 $X_1+X_2+X_3$ 的概率密度为

$$f_{X_1+X_2+X_3}(x) = \int_{-\infty}^{+\infty} f_{X_1+X_2}(t) f_{X_3}(x-t) dt = \begin{cases} \int_0^x \lambda^3 t e^{-\lambda t} \cdot e^{-\lambda(x-t)} dt, & x>0, \\ 0, & x\leqslant 0 \end{cases}$$

$$= \begin{cases} \dfrac{\lambda^3 x^2}{2!} e^{-\lambda x}, & x>0, \\ 0, & x\leqslant 0; \end{cases}$$

最后,归纳地可以证明 $X=X_1+X_2+\cdots+X_n$ 的概率密度为

$$f_X(x) = \begin{cases} \dfrac{\lambda^n x^{n-1}}{(n-1)!} e^{-\lambda x}, & x>0, \\ 0, & x\leqslant 0 \end{cases} \quad (n\geqslant 2).$$

习 题 2.6

1. 已知随机变量 X 的分布律如表 10 所示,求随机变量 $Y_1=2X-1$ 与 $Y_2=X^2$ 的分布律.

表 10

X	-1	0	1	2
P	1/8	1/8	1/4	1/2

2. 设随机变量 $X \sim P(\lambda)$,求随机变量 $Y = 2X + 1$ 的分布律.

3. 设随机变量 X 的概率密度为
$$f(x) = \begin{cases} 2x, & 0 < x < 1, \\ 0, & \text{其他}, \end{cases}$$
求随机变量 $Y = 3X + 1$ 的概率密度.

4. 设随机变量 $X \sim U\left(-\dfrac{\pi}{2}, \dfrac{\pi}{2}\right)$,求随机变量 $Y = \tan X$ 的概率密度.

5. 设随机变量 $X \sim N(\mu, \sigma^2)$,求随机变量 $Y = e^X$ 的概率密度.

6. 设随机变量 $X \sim U(0, \pi)$,求随机变量 $Y = \sin X$ 的概率密度.

7. 设二维随机变量 (X, Y) 的联合分布律如表 11 所示,求下列随机变量的分布律:
(1) $Z_1 = X + Y$; (2) $Z_2 = XY$; (3) $Z_3 = \max\{X, Y\}$.

表 11

Y	X		
	-1	1	2
-1	5/20	2/20	6/20
2	3/20	1/20	3/20

8. 设随机变量 X 与 Y 相互独立,且分别服从分布 $P(\lambda_1)$ 和 $P(\lambda_2)$. 若随机变量 $Z = X + Y$,求 Z 的分布律.

9. 设 X 与 Y 是两个相互独立的随机变量,其概率密度分别为
$$f_X(x) = \begin{cases} 1, & 0 \leqslant x \leqslant 1, \\ 0, & \text{其他}, \end{cases} \quad f_Y(y) = \begin{cases} e^{-y}, & y > 0, \\ 0, & y \leqslant 0, \end{cases}$$
求随机变量 $Z = X + Y$ 的概率密度.

10. 设 X 与 Y 是两个相互独立的随机变量,且 X 服从区间 $(0, 1)$ 上的均匀分布,Y 的概率密度为
$$f_Y(y) = \begin{cases} y, & 0 \leqslant y \leqslant 1, \\ 2 - y, & 1 < y \leqslant 2, \\ 0, & \text{其他}. \end{cases}$$
求随机变量 $Z = X + Y$ 的概率密度.

11. 设二维随机变量 (X, Y) 的联合概率密度为
$$f(x, y) = \begin{cases} \dfrac{1}{2}(x + y)e^{-(x+y)}, & x \geqslant 0, y \geqslant 0, \\ 0, & \text{其他}, \end{cases}$$
求随机变量 $Z = X + Y$ 的概率密度.

12. 设随机变量 X 与 Y 相互独立且同分布,其概率密度为
$$f(x) = \begin{cases} \dfrac{x}{4} e^{-\frac{x^2}{8}}, & x \geqslant 0, \\ 0, & x < 0. \end{cases}$$

记 $Z_1 = \max\{X,Y\}, Z_2 = \min\{X,Y\}$，求 Z_1 和 Z_2 的概率密度.

13. 设某种型号电子管的使用寿命(单位：h)近似服从正态分布 $N(160, 20^2)$. 随机选取 4 个这种电子管，求其中没有使用寿命小于 180 h 的概率.

总练习题二

1. 设随机变量 X 的绝对值不大于 1，且 $P\{X=-1\} = \dfrac{1}{8}, P\{X=1\} = \dfrac{1}{4}$，又已知在事件 $\{-1 < X < 1\}$ 发生的条件下，X 在区间 $[-1, 1]$ 内任一子区间上取值的条件概率与该子区间的长度成正比，求 X 的分布函数 $F(x)$.

2. 设随机变量 X 的概率密度为
$$f(x) = \begin{cases} 1/3, & 0 \leqslant x \leqslant 1, \\ 2/9, & 3 \leqslant x \leqslant 6, \\ 0, & \text{其他}. \end{cases}$$
若 k 使得 $P\{X \geqslant k\} = \dfrac{2}{3}$，求 k 的取值范围.

3. 设随机变量 $X \sim N(\mu_1, \sigma_1^2), Y \sim N(\mu_2, \sigma_2^2)$，且 $P\{|X-\mu_1| < 1\} > P\{|Y-\mu_2| < 1\}$，试比较 σ_1 与 σ_2 的大小.

4. 设某种电子元件在使用了时间 t(单位：h)后，在以后的时间 Δt(单位：h)内损坏的概率为 $\lambda \Delta t + o(\Delta t)$，其中 $\lambda > 0$ 是常数，$o(\Delta t)$ 表示当 $\Delta t \to 0$ 时较 Δt 高阶的无穷小量，求该电子元件使用寿命 T 的分布函数.

5. 已知在电源电压不超过 200 V，在 200～240 V 之间和超过 240 V 三种情形下，某种电子元件损坏的概率分别为 $0.1, 0.001$ 和 0.2. 假设电源电压 X(单位：V)服从正态分布 $N(220, 25^2)$，求：

   (1) 该种电子元件损坏的概率 α；

   (2) 该种电子元件损坏时，电源电压在 200～240 V 之间的概率 β.

6. 设二维随机变量 (X, Y) 的联合概率密度为
$$f(x, y) = \begin{cases} \dfrac{1}{2} \sin(x+y), & 0 \leqslant x \leqslant \dfrac{\pi}{2}, 0 \leqslant y \leqslant \dfrac{\pi}{2}, \\ 0, & \text{其他}, \end{cases}$$
求 (X, Y) 的联合分布函数.

7. 设随机变量 Y 服从参数为 $\lambda = 1$ 的指数分布，随机变量 $X_k = \begin{cases} 0, & Y \leqslant k, \\ 1, & Y > k, \end{cases}$ ($k=1, 2$)，求 (X_1, X_2) 的联合分布律.

8. 设某班车在起点站上车的乘客人数 X 服从参数为 $\lambda(\lambda > 0)$ 的泊松分布，每位乘客在

中途下车的概率为 $p(0<p<1)$,且中途下车与否相互独立,以 Y 表示在中途下车的人数,求:

(1) 在发车时有 n 位乘客的条件下,中途有 m 位乘客下车的概率;

(2) (X,Y) 的联合分布律.

9. 为了解决工程中的问题,重复进行有关试验.假设各次试验是独立的,每次试验成功的概率为 $p(0<p<1)$,计划进行到试验成功 2 次为止.记首次成功所进行的试验次数为 X,试验总次数为 Y,求 (X,Y) 的联合分布律以及 X 与 Y 的条件分布律.

10. 设随机变量 X 和 Y 的分布律分别如表 1 和表 2 所示,且已知 $P\{XY=0\}=1$.

(1) 求 (X,Y) 的联合分布律; (2) X 与 Y 是否相互独立? 为什么?

表 1

X	-1	0	1
P	1/4	1/2	1/4

表 2

Y	0	1
P	1/2	1/2

11. 设二维随机变量 (X,Y) 的联合概率密度为

$$f(x,y) = \begin{cases} \dfrac{1+xy}{4}, & |x|<1, |y|<1, \\ 0, & \text{其他}, \end{cases}$$

证明: X 与 Y 不相互独立,但 X^2 与 Y^2 相互独立.

12. 证明:若随机变量 X 只取一个值 a,则 X 与任意随机变量 Y 相互独立.

13. 证明:若随机变量 X 与自身相互独立,则必有常数 c,使得 $P\{X=c\}=1$.

14. 设 X 与 Y 是两个相互独立的随机变量,X 服从区间 $[0,1]$ 上的均匀分布,Y 的概率密度为

$$f_Y(y) = \begin{cases} \dfrac{1}{2}e^{-\frac{y}{2}}, & y>0, \\ 0, & y \leqslant 0. \end{cases}$$

(1) 求 (X,Y) 的联合概率密度;

(2) 设有关于 a 的二次方程 $a^2+2Xa+Y=0$,求此方程有实根的概率.

15. 已知随机变量 X 的分布律为 $P\left\{X=\dfrac{k\pi}{2}\right\}=pq^k(k=0,1,2,\cdots)$,其中 $p+q=1, 0<p<1$,求随机变量 $Y=\sin X$ 的分布律.

16. 设随机变量 X 的概率密度为 $f_X(x)=\dfrac{1}{\pi(1+x^2)}$,求随机变量 $Y=1-\sqrt[3]{X}$ 的概率密度 $f_Y(y)$.

17. 设随机变量 X 服从参数为 2 的指数分布,证明:随机变量 $Y=1-e^{-2X}$ 服从区间 $(0,1)$ 上的均匀分布.

18. 设 X 与 Y 是两个相互独立的随机变量,其概率密度分别为
$$f_X(x)=\begin{cases}1, & 0\leqslant x\leqslant 1,\\ 0, & \text{其他},\end{cases} \quad f_Y(y)=\begin{cases}e^{-y}, & y>0,\\ 0, & y\leqslant 0,\end{cases}$$
求随机变量 $Z=2X+Y$ 的概率密度.

19. 已知随机变量 X 与 Y 互相独立,且 $X\sim N(0,\sigma^2)$, $Y\sim N(0,\sigma^2)$,求随机变量 $Z=\sqrt{X^2+Y^2}$ 的概率密度.

20. 设随机变量 X 与 Y 相互独立,其中 X 的分布律如表 3 所示,而 Y 的概率密度为 $f_Y(y)$,求随机变量 $Z=X+Y$ 的概率分布.

表 3

X	1	2
P	0.3	0.7

第三章 随机变量的数字特征

> 虽然随机变量的分布函数或分布律、概率密度能全面地反映随机变量的特征,但在某些实际问题中并不需要了解随机变量的全面情况,只需知道它的某些特征.例如,在检查一批棉花的质量时,只需考虑其纤维的平均长度以及纤维长度关于平均长度的偏离程度,平均长度长且偏离程度小,质量就高.再如,两个射手进行射击比赛,平均环数相同时,偏离程度小,发挥就稳定,水平就高.因此,人们往往比较关心随机变量的平均值以及关于平均值的偏离程度,而与它们相关的就是本章将系统介绍的随机变量的数学期望、方差、协方差、相关系数、矩和协方差矩阵等数字特征.

§3.1 数学期望

例1 某车间生产某种零件,检验员每天随机抽取 n 个零件进行检验,查出的废品数 X 是一个随机变量.若检查了 N 天,查出的废品数为 $0,1,\cdots,n$ 的天数分别为 $\mu_0,\mu_1,\cdots,\mu_n$(显然 $\mu_0+\mu_1+\cdots+\mu_n=N$),则 N 天查出的废品总数为 $\sum_{k=0}^{n} k\mu_k$,废品数的算术平均值为 $\frac{1}{N}\sum_{k=0}^{n} k\mu_k = \sum_{k=0}^{n} k\frac{\mu_k}{N}$,其中 $\frac{\mu_k}{N}$ 为查出 k 个废品的频率.

例2 甲、乙两人一起去打靶,所得分数分别记为 X_1, X_2,它们的分布律分别如表1和表2所示.

表 1

X_1	0	1	2
P	0	0.2	0.8

表 2

X_2	0	1	2
P	0.1	0.8	0.1

我们可以如下评定甲、乙成绩的好坏:

甲的平均分:$0\times 0 + 1\times 0.2 + 2\times 0.8 = 1.8$;

乙的平均分:$0\times 0.1 + 1\times 0.8 + 2\times 0.1 = 1.0$.

所以,认为乙的成绩远不如甲的成绩.

根据上面两个例子中平均值的概念,我们给出如下数学期望的定义:

定义 1 设离散型随机变量 X 的分布律为
$$P\{X=x_k\}=p_k \quad (k=1,2,\cdots,n),$$
则称和式 $\sum_{k=1}^{n} x_k p_k$ 的值为 X 的**数学期望**(简称**期望**),记为 $E(X)$,即
$$E(X)=\sum_{k=1}^{n} x_k p_k.$$

定义 2 设离散型随机变量 X 的分布律为
$$P\{X=x_k\}=p_k \quad (k=1,2,\cdots).$$
如果级数 $\sum_{k=1}^{\infty} x_k p_k$ 绝对收敛,则称此收敛级数的和为 X 的**数学期望**(简称**期望**),记为 $E(X)$,即
$$E(X)=\sum_{k=1}^{\infty} x_k p_k.$$

定义 3 设连续型随机变量的概率密度为 $f(x)$. 若广义积分 $\int_{-\infty}^{+\infty} x f(x) \mathrm{d}x$ 绝对收敛,则称此积分的值为 X 的**数学期望**(简称**期望**),记为 $E(X)$,即
$$E(X)=\int_{-\infty}^{+\infty} x f(x) \mathrm{d}x.$$

随机变量的数学期望的本质就是加权平均,所以数学期望又称为**均值**. 它是一个数,不再是随机变量.

例 3 为了在一个人数很多的团体中普查某种疾病,要抽验 N 个人的血液. 可以采用两种方案:方案 1,将每人的血液分别化验,这就要化验 N 次. 方案 2,按 k 个人一组进行分组,把 k 个人的血液混合在一起进行化验,若混合血液呈阴性,就说明 k 个人的血液都呈阴性,这样 k 个人就只需化验 1 次;若混合血液呈阳性,则再对这 k 个人的血液分别进行化验,这样 k 个人总共需要化验 $k+1$ 次. 假定对所有人来说化验呈阳性的概率为 p,且这些人的化验反应是相互独立的. 试说明按方案 2 可以减少化验次数,并说明 k 取什么值时最适当.

解 1 个人化验呈阴性的概率为 $q=1-p$,因而 k 个人混在一起化验呈阴性的概率为 q^k,呈阳性的概率为 $1-q^k$.

设以 k 个人为一组时,组内每人化验的次数为 X,则 X 的分布律如表 3 所示,于是
$$E(X)=\frac{1}{k}q^k+\left(1+\frac{1}{k}\right)(1-q^k)=1-q^k+\frac{1}{k}.$$

表 3

X	$1/k$	$1+1/k$
P	q^k	$1-q^k$

因此，N 个人平均需化验的次数为 $NE(X)=N\left(1-q^k+\dfrac{1}{k}\right)$。因为 q 相对于 p 来说较大，所以可选择 k，使得 $q^k-\dfrac{1}{k}>0$，从而 $NE(X)<N$。

当 p 固定时，选取 k 使得 $L=1-q^k+\dfrac{1}{k}$ 最小时即为最好的分组方式。例如，对于 $N=1000, p=0.1, q=1-0.1=0.9$，可求出当 $k=4$ 时，$L=1-0.9^k+\dfrac{1}{k}$ 最小，即按 4 个人一组进行分组为宜。这时，方案 2 的最小化验次数为 $1000\left(1-0.9^4+\dfrac{1}{4}\right)=594$。

例 4 已知随机变量 X 服从几何分布，其分布律为
$$P\{X=k\}=pq^{k-1} \quad (k=1,2,\cdots),$$
其中 $0<p<1, q=1-p$，求 $E(X)$。

解 我们有
$$E(X)=\sum_{k=1}^{\infty}kP\{X=k\}=\sum_{k=1}^{\infty}kpq^{k-1}=p\sum_{k=1}^{\infty}kq^{k-1}.$$

令 $s(q)=\sum\limits_{k=1}^{\infty}kq^{k-1}$。因为
$$\int_0^q s(t)\mathrm{d}t=\sum_{k=1}^{\infty}q^k=\dfrac{q}{1-q},$$
所以
$$s(q)=\left(\dfrac{q}{1-q}\right)'=\dfrac{1}{(1-q)^2}=\dfrac{1}{p^2},$$
从而
$$E(X)=p\cdot\dfrac{1}{p^2}=\dfrac{1}{p}.$$

注 在伯努利试验中，若每次试验中事件 A 发生的概率为 p，以 X 表示事件 A 首次发生的试验次数，则
$$P(X=k)=p(1-p)^{k-1} \quad (k=1,2,\cdots).$$
假设 $p=0.2$，则 $E(X)=\dfrac{1}{0.2}=5$。这说明，平均来说，事件 A 首次发生出现在第 5 次试验中。

例 5 设随机变量 $X\sim N(\mu,\sigma^2)$，求 $E(X)$。

解 由题设知 X 的概率密度为
$$f(x)=\dfrac{1}{\sqrt{2\pi}\sigma}\mathrm{e}^{-\frac{(x-\mu)^2}{2\sigma^2}} \quad (-\infty<x<+\infty),$$
所以
$$E(X)=\int_{-\infty}^{+\infty}x\dfrac{1}{\sqrt{2\pi}\sigma}\mathrm{e}^{-\frac{(x-\mu)^2}{2\sigma^2}}\mathrm{d}x\xlongequal{\frac{x-\mu}{\sigma}=t}\int_{-\infty}^{+\infty}\dfrac{\sigma t+\mu}{\sqrt{2\pi}}\mathrm{e}^{-\frac{t^2}{2}}\mathrm{d}t$$

$$= \int_{-\infty}^{+\infty} \frac{\sigma t}{\sqrt{2\pi}} e^{-\frac{t^2}{2}} dt + \int_{-\infty}^{+\infty} \frac{\mu}{\sqrt{2\pi}} e^{-\frac{t^2}{2}} dt = 0 + \mu \cdot 1 = \mu.$$

注意,并不是所有随机变量的数学期望都存在.

例 6 设随机变量 X 的概率密度为 $f(x) = \dfrac{1}{\pi(1+x^2)}$,判断 $E(X)$ 的存在性.

解 因为广义积分 $\displaystyle\int_{-\infty}^{+\infty} x \dfrac{1}{\pi(1+x^2)} dx$ 发散,所以 $E(X)$ 不存在,即 X 无数学期望.

若已知随机变量 X 的概率分布,而 Y 是 X 的函数,如何求 Y 的数学期望呢?对此,我们有下面的定理:

定理 设 Y 是随机变量 X 的函数:$Y = g(X)$(g 是连续函数).

(1) 若 X 是离散型随机变量,它的分布律为 $P\{X = x_k\} = p_k (k = 1, 2, \cdots)$,且级数 $\displaystyle\sum_{k=1}^{\infty} g(x_k) p_k$ 绝对收敛,则

$$E(Y) = E(g(X)) = \sum_{k=1}^{\infty} g(x_k) p_k;$$

(2) 若 X 是连续型随机变量,它的概率密度为 $f(x)$,且广义积分 $\displaystyle\int_{-\infty}^{+\infty} g(x) f(x) dx$ 绝对收敛,则

$$E(Y) = E(g(X)) = \int_{-\infty}^{+\infty} g(x) f(x) dx.$$

证 现只对 X 是连续型随机变量且满足 §2.6 定理 1 中的特殊情况加以证明.

若 $y = g(x)$ 是严格单调函数,其反函数 $x = h(y)$ 具有连续导数,则 $Y = g(X)$ 的概率密度为

$$\psi(y) = \begin{cases} f(h(y)) |h'(y)|, & \alpha < y < \beta, \\ 0, & 其他. \end{cases}$$

所以

$$E(Y) = \int_{-\infty}^{+\infty} y \psi(y) dy = \int_{\alpha}^{\beta} y f(h(y)) |h'(y)| dy.$$

当 $h'(y) > 0$ 时,

$$E(Y) = \int_{\alpha}^{\beta} y f(h(y)) h'(y) dy = \int_{-\infty}^{+\infty} g(x) f(x) dx;$$

当 $h'(y) < 0$ 时,

$$E(Y) = -\int_{\alpha}^{\beta} y f(h(y)) h'(y) dy = -\int_{+\infty}^{-\infty} g(x) f(x) dx$$

$$= \int_{-\infty}^{+\infty} g(x) f(x) dx.$$

综合以上两式即得定理的结论.

例 7 设随机变量 $X \sim P(\lambda)$,$Y = X^2 - X$,求 $E(Y)$.

解 由题设知 X 的分布律为

$$P\{X=k\} = \frac{\lambda^k e^{-\lambda}}{k!} \quad (\lambda>0; k=0,1,2,\cdots),$$

于是

$$E(Y) = E(X^2-X) = E(X(X-1)) = \sum_{k=0}^{\infty} k(k-1)\frac{\lambda^k e^{-\lambda}}{k!}$$

$$= \lambda^2 e^{-\lambda} \sum_{k=2}^{\infty} \frac{\lambda^{k-2}}{(k-2)!} = \lambda^2 e^{-\lambda} e^{\lambda} = \lambda^2.$$

例 8 设随机变量 $X \sim N(\mu, \sigma^2), Y = X^2$,求 $E(Y)$.

解 由题设知 X 的概率密度为

$$f(x) = \frac{1}{\sqrt{2\pi}\sigma} e^{-\frac{(x-\mu)^2}{2\sigma^2}} \quad (-\infty < x < +\infty),$$

所以

$$E(Y) = E(X^2) = \int_{-\infty}^{+\infty} x^2 \frac{1}{\sqrt{2\pi}\sigma} e^{-\frac{(x-\mu)^2}{2\sigma^2}} dx$$

$$\xrightarrow{\diamondsuit \frac{x-\mu}{\sigma}=t} \int_{-\infty}^{+\infty} \frac{1}{\sqrt{2\pi}} (\sigma^2 t^2 + 2\sigma\mu t + \mu^2) e^{-\frac{t^2}{2}} dt$$

$$= \int_{-\infty}^{+\infty} \frac{1}{\sqrt{2\pi}} \sigma^2 t^2 e^{-\frac{t^2}{2}} dt + \int_{-\infty}^{+\infty} \frac{1}{\sqrt{2\pi}} \cdot 2\sigma\mu t e^{-\frac{t^2}{2}} dt + \int_{-\infty}^{+\infty} \frac{1}{\sqrt{2\pi}} \mu^2 e^{-\frac{t^2}{2}} dt.$$

而

$$\int_{-\infty}^{+\infty} \frac{1}{\sqrt{2\pi}} t^2 e^{-\frac{t^2}{2}} dt = -\int_{-\infty}^{+\infty} \frac{1}{\sqrt{2\pi}} t e^{-\frac{t^2}{2}} d\left(-\frac{t^2}{2}\right) = -\int_{-\infty}^{+\infty} \frac{1}{\sqrt{2\pi}} t d\left(e^{-\frac{t^2}{2}}\right)$$

$$= \frac{1}{\sqrt{2\pi}} t e^{-\frac{t^2}{2}} \bigg|_{-\infty}^{+\infty} + \int_{-\infty}^{+\infty} \frac{1}{\sqrt{2\pi}} e^{-\frac{t^2}{2}} dt = 0 + 1 = 1,$$

$$\int_{-\infty}^{+\infty} \frac{1}{\sqrt{2\pi}} \cdot 2\sigma\mu t e^{-\frac{t^2}{2}} dt = 0, \quad \int_{-\infty}^{+\infty} \frac{1}{\sqrt{2\pi}} \mu^2 e^{-\frac{t^2}{2}} dt = \mu^2,$$

故

$$E(Y) = \sigma^2 \cdot 1 + 0 + \mu^2 \cdot 1 = \sigma^2 + \mu^2.$$

由数学期望的定义容易得到下列数学期望的性质(假定出现的数学期望均存在):

性质 1 $E(c) = c$ (c 为常数).

性质 2 $E(cX) = cE(X)$ (c 为常数).

性质 3 $E(aX+b) = aE(X) + b$ (a,b 为常数).

性质 4 $E\left(\sum_{i=1}^{n} X_i\right) = \sum_{i=1}^{n} E(X_i)$.

例 9 设随机变量 $X \sim B(n,p)$,求 $E(X)$.

解 **方法 1** 用定义来求. 因为 X 的分布律为
$$P\{X=k\} = C_n^k p^k (1-p)^{n-k} \quad (k=0,1,2,\cdots,n),$$
所以
$$\begin{aligned}
E(X) &= \sum_{k=0}^{n} k C_n^k p^k (1-p)^{n-k} \\
&= \sum_{k=0}^{n} k \frac{n(n-1)(n-2)\cdots[n-(k-1)]}{k!} p^k (1-p)^{n-k} \\
&= np \sum_{k=1}^{n} \frac{(n-1)(n-2)\cdots[(n-1)-(k-2)]}{(k-1)!} p^{k-1} (1-p)^{(n-1)-(k-1)} \\
&= np[p+(1-p)]^{n-1} = np.
\end{aligned}$$

方法 2 用性质 4 来求. 由二项分布的背景知 $X = \sum_{i=1}^{n} X_i$,其中 $X_i \sim 0\text{-}1$ 分布:
$$P\{X_i = 1\} = p, \quad P\{X_i = 0\} = 1-p \quad (i=1,2,\cdots,n).$$
因为对于一切 i,有 $E(X_i) = p$,所以
$$E(X) = \sum_{i=1}^{n} E(X_i) = \sum_{i=1}^{n} p = np.$$

例 10 设某台机器由 3 个部件组成,在某一时刻这 3 个部件需要调整的概率分别为 0.1,0.2,0.3,且各部件需要调整相互独立. 任一部件需要调整,则这台机器需要调整.

(1) 求这台机器需要调整的概率; (2) 记 X 为需要调整的部件数,求 $E(X)$.

解 记事件 A 表示"这台机器需要调整",事件 $A_i(i=1,2,3)$ 表示"第 i 个部件需要调整",则 $A = A_1 \cup A_2 \cup A_3$,且 A_1, A_2, A_3 相互独立,$P(A_1) = 0.1, P(A_2) = 0.2, P(A_3) = 0.3$.

(1) 由 A_1, A_2, A_3 相互独立知 $\overline{A_1}, \overline{A_2}, \overline{A_3}$ 也相互独立,所以
$$\begin{aligned}
P(A) &= 1 - P(\overline{A}) = 1 - P(\overline{A_1 \cup A_2 \cup A_3}) = 1 - P(\overline{A_1}\,\overline{A_2}\,\overline{A_3}) \\
&= 1 - P(\overline{A_1}) P(\overline{A_2}) P(\overline{A_3}) = 1 - 0.9 \times 0.8 \times 0.7 = 0.496.
\end{aligned}$$

(2) 设
$$X_i = \begin{cases} 1, & \text{第 } i \text{ 个部件需要调整,即事件 } A_i \text{ 发生}, \\ 0, & \text{第 } i \text{ 个部件不需要调整,即事件 } A_i \text{ 不发生} \end{cases} \quad (i=1,2,3),$$
则 $X = \sum_{i=1}^{3} X_i$. 由性质 4 得
$$\begin{aligned}
E(X) &= \sum_{i=1}^{3} E(X_i) = \sum_{i=1}^{3} P(A_i) = P(A_1) + P(A_2) + P(A_3) \\
&= 0.1 + 0.2 + 0.3 = 0.6.
\end{aligned}$$

例 11 某保险公司规定:如果在一年内顾客的投保事件 A 发生,保险公司就赔偿顾客金额 a(单位:元). 若一年内投保事件 A 发生的概率为 p,为了使收益的期望值等于 a 的

10%,该保险公司应该要求顾客交多少保费?

解 设顾客交保费 x(单位:元)时保险公司的收益为 Y,则

$$Y=\begin{cases} x, & \text{事件 } A \text{ 不发生}, \\ x-a, & \text{事件 } A \text{ 发生}. \end{cases}$$

因为 $P\{Y=x-a\}=P(A)=p, P\{Y=x\}=P(\overline{A})=1-p$,所以

$$E(Y)=xP\{Y=x\}+(x-a)P\{Y=x-a\}=x(1-p)+(x-a)p.$$

收益的期望值等于 a 的 10%,即 $E(Y)=a\times 10\%$,于是

$$x(1-p)+(x-a)p=\frac{a}{10},$$

解得 $x=a(p+1/10)$. 这就是保险公司要求顾客交的保险费.

例 12 黑龙江省出口大豆,假设国外对大豆的年需求量是随机变量 X(单位:吨),且 $X\sim U[2000,4000]$. 若售出 1 吨,则收益为 3 万元;若不售出,则 1 吨需花保存费 1 万元. 问:每年应准备多少大豆,才能使收益的期望值最大?最大期望值是多少?

解 设每年大豆的准备量应为 s(单位:吨),则 2000 吨 $\leqslant s \leqslant$ 4000 吨. 在理想状态下,认为实际需求量等于售出量,则收益 Y(单位:万元)为需求量 X 的函数:

$$Y=g(X)=\begin{cases} 3s, & X\geqslant s, \\ 3X-(s-X), & X<s \end{cases} = \begin{cases} 3s, & X\geqslant s, \\ 4X-s, & X<s. \end{cases}$$

由题意知 X 的概率密度为

$$f(x)=\begin{cases} \dfrac{1}{2000}, & 2000\leqslant x\leqslant 4000, \\ 0, & \text{其他}, \end{cases}$$

于是

$$E(Y)=E(g(X))=\int_{-\infty}^{+\infty} g(x)f(x)\mathrm{d}x = \int_{2000}^{s}(4x-s)\frac{1}{2000}\mathrm{d}x+\int_{s}^{4000}3s\frac{1}{2000}\mathrm{d}x$$

$$=-\frac{1}{1000}(s^2-7000s+4\times 10^6).$$

令 $\dfrac{\mathrm{d}E(Y)}{\mathrm{d}s}=-\dfrac{1}{1000}(2s-7000)=0$,求得唯一解 $s=3500$ 吨.

因为 $E(Y)$ 的最大值存在,所以当 $s=3500$ 吨,即每年准备 3500 吨大豆时,收益的期望值最大,且最大期望值为

$$E_{\max}(Y)=-\frac{1}{1000}(3500^2-7000\times 3500+4\times 10^6)\text{万元}=8250 \text{ 万元}.$$

习 题 3.1

1. 设某产品的次品率为 0.1. 检验员每天检验 4 次,每次抽取 10 个产品进行检验,如发

现次品多于 1 个,就要调整设备. 以 X 表示一天中需要调整设备的次数,求 $E(X)$.

2. 设随机变量 X 的分布律如表 4 所示,求 $E(3X^2+5)$.

表　4

X	-2	0	2
P	0.4	0.3	0.3

3. 设随机点落在中心在原点,半径为 R 的圆周上,并且对弧长是均匀分布的,求落点横坐标 X 的数学期望.

4. 设随机变量 X 的分布律为 $P\{X=k\}=\dfrac{a^k}{(1+a)^{k+1}}$ $(a>0;k=0,1,2,\cdots)$,求 $E(X)$,$E(X^2)$.

5. 设连续型随机变量 X 的分布函数为
$$F(X)=\begin{cases} 0, & x<-1, \\ a+b\arcsin x, & -1\leqslant x<1, \\ 1, & x\geqslant 1, \end{cases}$$
试确定常数 a,b,并求 $E(X)$.

6. 在 $0,1,2,\cdots,n$ 这 $n+1$ 个数中任取 2 个不同的数,求这 2 个数之差的绝对值的数学期望.

7. 设随机变量 $X\sim N(0,\sigma^2)$,求 $E(X^n)$.

8. 设随机变量 X 的概率密度为 $f(x)=\begin{cases} e^{-x}, & x>0 \\ 0, & x\leqslant 0 \end{cases}$,求 $E(Y)$,其中

(1) $Y=2X$；　　(2) $Y=e^{-2X}$.

§3.2　方　　差

为了刻画随机变量取值的稳定性,即随机变量取值关于平均值的偏离程度,我们引入方差的概念.

定义　对于随机变量 X,若数学期望 $E((X-E(X))^2)$ 存在,则称此期望值为 X 的**方差**,记为 $D(X)$,即 $D(X)=E((X-E(X))^2)$.

由方差的定义,当 X 是所有可能取值为 $x_1,x_2,\cdots$ 的离散型随机变量时,有
$$D(X)=\sum_k (x_k-E(X))^2 P\{X=x_k\};$$
当 X 是以 $f(x)$ 为概率密度的连续型随机变量时,有
$$D(X)=\int_{-\infty}^{+\infty}(x-E(X))^2 f(x)\mathrm{d}x.$$

§3.2 方差

下面给出一个实用的计算公式：
$$D(X) = E((X-E(X))^2) = E(X^2 - 2XE(X) + E^2(X))$$
$$= E(X^2) - 2E(X)E(X) + E^2(X) = E(X^2) - E^2(X).$$

通常称 $\sqrt{D(X)}$ 为随机变量 X 的**标准差**或**均方差**，记作 $\sigma(X)$。

方差有如下性质（假定出现的方差均存在）：

性质 1 $D(c)=0$ (c 为常数)。

性质 2 $D(cX)=c^2 D(X)$ (c 为常数)。

性质 3 $D(aX+b)=a^2 D(X)$ (a,b 为常数)。

性质 4 设随机变量 X 的数学期望 $E(X)$ 和方差 $D(X)$ 均存在，且 $D(X)>0$。记 $X^* = \dfrac{X-E(X)}{\sqrt{D(X)}}$（通常称 X^* 为**标准化随机变量**），则
$$E(X^*)=0, \quad D(X^*)=1.$$

证 这里仅对性质 4 加以证明，其他性质的证明留作练习。

因为 $E(X)$ 与 $D(X)$ 均为常数，所以 $E(E(X))=E(X), D(E(X))=0$。故
$$E(X^*) = E\left(\frac{X-E(X)}{\sqrt{D(X)}}\right) = \frac{1}{\sqrt{D(X)}}(E(X)-E(X)) = 0,$$
$$D(X^*) = D\left(\frac{X-E(X)}{\sqrt{D(X)}}\right) = \frac{1}{D(X)}(D(X)-D(E(X))) = \frac{1}{D(X)} \cdot D(X) = 1.$$

例 1 设随机变量 $X \sim$ 0-1 分布：$P\{X=1\}=p, P\{X=0\}=1-p$，求 $D(X)$。

解 因为 $X \sim$ 0-1 分布，所以 $X^2 \sim$ 0-1 分布，从而
$$E(X^2) = P\{X^2=1\} = P\{X=1\} = p.$$
又因 $E(X)=p$，故
$$D(X) = E(X^2) - E^2(X) = p - p^2 = p(1-p).$$

例 2 设随机变量 X 服从参数为 p 的几何分布，求 $D(X)$。

解 由题设知 X 的分布律为
$$P\{X=k\} = pq^{k-1} \quad (q=1-p; k=1,2,\cdots).$$

在 §3.1 的例 4 中已求出 $E(X)=\dfrac{1}{p}$，又
$$E(X^2) = \sum_{k=1}^{\infty} k^2 P\{X=k\} = \sum_{k=1}^{\infty} k^2 pq^{k-1} = p\sum_{k=1}^{\infty}[k(k+1)-k]q^{k-1}$$
$$= p\sum_{k=1}^{\infty} k(k+1)q^{k-1} - p\sum_{k=1}^{\infty} kq^{k-1} = p\frac{2}{(1-q)^3} - \frac{1}{p} = \frac{2}{p^2} - \frac{1}{p},$$

其中 $q=1-p$，所以
$$D(X) = E(X^2) - E^2(X) = \frac{2}{p^2} - \frac{1}{p} - \left(\frac{1}{p}\right)^2 = \frac{1}{p^2} - \frac{1}{p} = \frac{1-p}{p^2}.$$

例 3 设随机变量 $X \sim N(\mu, \sigma^2)$,求 $D(X)$.

解 在 §3.1 的例 5 和例 8 中已求得 $E(X) = \mu$, $E(X^2) = \sigma^2 + \mu^2$,所以
$$D(X) = E(X^2) - E^2(X) = \sigma^2 + \mu^2 - \mu^2 = \sigma^2.$$

特别地,若随机变量 $X \sim N(0,1)$,则 $E(X) = 0$, $D(X) = 1$.

例 4 若随机变量 $X \sim B(n, p)$,求 $D(X)$.

解 由题设知 X 的分布律为
$$P\{X = k\} = C_n^k p^k (1-p)^{n-k} \quad (k = 0, 1, 2, \cdots, n).$$

在 §3.1 的例 9 中已求出 $E(X) = np$,而
$$E(X^2) = E(X(X-1) + X) = E(X(X-1)) + E(X)$$
$$= \sum_{k=0}^{n} k(k-1) C_n^k p^k (1-p)^{n-k} + np$$
$$= n(n-1) p^2 \sum_{k=2}^{n} \frac{(n-2)(n-3)\cdots[(n-2)-(k-3)]}{(k-2)!} p^{k-2} (1-p)^{(n-2)-(k-2)} + np$$
$$= n(n-1) p^2 \sum_{k=2}^{n} C_{n-2}^{k-2} p^{k-2} (1-p)^{(n-2)-(k-2)} + np$$
$$= n(n-1) p^2 [p + (1-p)]^{n-2} + np = n(n-1) p^2 + np$$
$$= np(1-p) + n^2 p^2,$$

所以
$$D(X) = E(X^2) - E^2(X) = np(1-p).$$

例 5 设随机变量 $X \sim P(\lambda)$,求 $D(X)$.

解 由题设知 X 的分布律为
$$P\{X = k\} = \frac{\lambda^k e^{-\lambda}}{k!} \quad (\lambda > 0; k = 0, 1, 2, \cdots),$$

于是
$$E(X) = \sum_{k=0}^{\infty} k \frac{\lambda^k e^{-\lambda}}{k!} = \lambda,$$
$$E(X^2) = \sum_{k=0}^{\infty} k^2 \frac{\lambda^k e^{-\lambda}}{k!} = \sum_{k=1}^{\infty} k \frac{\lambda^k e^{-\lambda}}{(k-1)!} = \sum_{k=0}^{\infty} (k+1) \frac{\lambda^{k+1} e^{-\lambda}}{k!}$$
$$= \lambda \left(\sum_{k=0}^{\infty} k \frac{\lambda^k e^{-\lambda}}{k!} + \sum_{k=0}^{\infty} \frac{\lambda^k e^{-\lambda}}{k!} \right) = \lambda(\lambda + 1) = \lambda^2 + \lambda.$$

所以
$$D(X) = E(X^2) - E^2(X) = \lambda.$$

例 6 设随机变量 $X \sim U(a, b)$,求 $D(X)$.

解 由题设知 X 的概率密度为
$$f(x) = \begin{cases} \dfrac{1}{b-a}, & a < x < b, \\ 0, & \text{其他}, \end{cases}$$

所以
$$E(X) = \int_a^b x \frac{1}{b-a} dx = \frac{1}{2}(a+b),$$
$$E(X^2) = \int_a^b x^2 \frac{1}{b-a} dx = \frac{1}{3}(a^2+ab+b^2),$$

从而
$$D(X) = E(X^2) - E^2(X) = \frac{1}{3}(a^2+ab+b^2) - \frac{1}{4}(a+b)^2 = \frac{1}{12}(b-a)^2.$$

例 7 设随机变量 $X \sim E(\lambda)$,求 $D(X)$.

解 由题设知 X 的概率密度为
$$f(x) = \begin{cases} \lambda e^{-\lambda x}, & x>0, \\ 0, & x \leqslant 0 \end{cases} \quad (\lambda > 0),$$

所以
$$E(X) = \int_0^{+\infty} x \lambda e^{-\lambda x} dx = \frac{1}{\lambda}, \quad E(X^2) = \int_0^{+\infty} x^2 \lambda e^{-\lambda x} dx = \frac{2}{\lambda^2},$$

从而
$$D(X) = E(X^2) - E^2(X) = \frac{1}{\lambda^2}.$$

综合以上各例题的结果,我们可以得到常用分布的数学期望与方差,如表 1 所示.

表 1

分布名称与记号	分布律或概率密度	数学期望	方差
两点分布 0-1 分布	$P\{X=k\} = p^k(1-p)^{1-k}$ $(0<p<1; k=0,1)$	p	$p(1-p)$
二项分布 $B(n,p)$	$P\{X=k\} = C_n^k p^k (1-p)^{n-k}$ $(0<p<1; k=0,1,2,\cdots,n)$	np	$np(1-p)$
泊松分布 $P(\lambda)$	$P\{X=k\} = \dfrac{\lambda^k e^{-\lambda}}{k!}$ $(\lambda>0; k=0,1,2,\cdots)$	λ	λ
几何分布	$P\{X=k\} = p(1-p)^{k-1}$ $(0<p<1; k=1,2,\cdots)$	$\dfrac{1}{p}$	$\dfrac{1-p}{p^2}$
均匀分布 $U(a,b)$	$f(x) = \begin{cases} \dfrac{1}{b-a}, & a<x<b, \\ 0, & 其他 \end{cases}$	$\dfrac{1}{2}(a+b)$	$\dfrac{1}{12}(b-a)^2$
指数分布 $E(\lambda)$	$f(x) = \begin{cases} \lambda e^{-\lambda x}, & x \geqslant 0, \\ 0, & x<0 \end{cases} (\lambda>0)$	$\dfrac{1}{\lambda}$	$\dfrac{1}{\lambda^2}$
正态分布 $N(\mu,\sigma^2)$	$f(x) = \dfrac{1}{\sqrt{2\pi}\sigma} e^{-\frac{(x-\mu)^2}{2\sigma^2}}$ $(\sigma>0, -\infty<x<+\infty)$	μ	σ^2

习 题 3.2

1. 设随机变量 X 的分布律如表 2 所示，求 $D(X), D(\sqrt{10}X-5)$.

表 2

X	-2	0	2
P	0.4	0.3	0.3

2. 已知随机变量 X 的分布函数为

$$F(x)=\begin{cases} 0, & x\leqslant 0, \\ x/4, & 0<x\leqslant 4, \\ 1, & x>4, \end{cases}$$

求 $E(X), D(X)$.

3. 设随机变量 X 的概率密度为 $f(x)=\dfrac{1}{2}e^{-|x|}\ (-\infty<x<+\infty)$，求 $D(X)$.

4. 设随机变量 X 的概率密度为

$$f(x)=\begin{cases} \dfrac{1}{\pi\sqrt{1-x^2}}, & |x|<1, \\ 0, & |x|\geqslant 1, \end{cases}$$

求 $E(X), D(X)$ 及 $P\{|X-E(X)|<\sqrt{D(X)}\}$.

5. 设随机变量 X 的概率密度为 $f(x)=\begin{cases} ax^2+bx+c, & 0<x<1, \\ 0, & \text{其他}, \end{cases}$ 且已知 $E(X)=0.5$，$D(X)=0.15$，求常数 a, b, c.

6. 设随机变量 X 服从 $\left(-\dfrac{1}{2}, \dfrac{1}{2}\right)$ 上的均匀分布，求随机变量 $Y=\sin\pi X$ 的方差.

§3.3 二维随机变量的数学期望与方差

本节讨论如何从二维随机变量的概率分布求出相关随机变量的数学期望与方差.

因为由二维随机变量 (X,Y) 的联合概率分布可确定 X 和 Y 的概率分布，所以从 (X,Y) 的联合概率分布可求出 X 和 Y 的数学期望 $E(X)$ 和 $E(Y)$.

事实上，若二维离散型随机变量 (X,Y) 的联合分布律为 $P\{X=x_i, Y=y_j\}=p_{ij}\ (i,j=1,2,\cdots)$，则

$$E(X)=\sum_i x_i P\{X=x_i\}=\sum_i\sum_j x_i p_{ij}=\sum_i x_i p_{i\cdot},$$

$$E(Y)=\sum_j y_j P\{Y=y_j\}=\sum_j\sum_i y_j p_{ij}=\sum_j y_j p_{\cdot j}.$$

§3.3 二维随机变量的数学期望与方差

若二维连续型随机变量(X,Y)的联合概率密度为$f(x,y)$,则

$$E(X) = \int_{-\infty}^{+\infty} x f_X(x) \mathrm{d}x = \int_{-\infty}^{+\infty}\int_{-\infty}^{+\infty} x f(x,y) \mathrm{d}y\mathrm{d}x,$$

$$E(Y) = \int_{-\infty}^{+\infty} y f_Y(y) \mathrm{d}y = \int_{-\infty}^{+\infty}\int_{-\infty}^{+\infty} y f(x,y) \mathrm{d}x\mathrm{d}y.$$

对于随机变量函数,数学期望的计算公式可推广如下:

设二维离散型随机变量(X,Y)的联合分布律为$P\{X=x_i,Y=y_j\}=p_{ij}(i,j=1,2,\cdots)$,$g(x,y)$是连续函数,则$Z=g(X,Y)$是一维离散型随机变量,且有

$$E(Z) = E(g(X,Y)) = \sum_i \sum_j g(x_i,y_j) p_{ij}.$$

设二维连续型随机变量(X,Y)的联合概率密度为$f(x,y)$,$g(x,y)$是连续函数,则$Z=g(X,Y)$是一维连续型随机变量,且有

$$E(Z) = E(g(X,Y)) = \int_{-\infty}^{+\infty}\int_{-\infty}^{+\infty} g(x,y) f(x,y) \mathrm{d}x\mathrm{d}y.$$

性质 1 设(X,Y)是二维随机变量,且X与Y相互独立.若$E(X),E(Y)$均存在,则

$$E(XY) = E(X)E(Y).$$

性质1可推广到有限个随机变量的情形:对于n个相互独立的随机变量$X_i(i=1,2,\cdots,n)$,若$E(X_i)(i=1,2,\cdots,n)$均存在,则

$$E\left(\prod_{i=1}^n X_i\right) = \prod_{i=1}^n E(X_i).$$

性质 2 设(X,Y)是二维随机变量,且X与Y相互独立.若$g(X,Y)=\varphi(X)h(Y)$,$E(\varphi(X)),E(h(Y))$均存在,则

$$E(g(X,Y)) = E(\varphi(X))E(h(Y)).$$

我们只对性质1中连续型随机变量的情形做说明,离散型随机变量的情形及性质2请读者自己证明.事实上,设$f(x,y)$是(X,Y)的联合概率密度,$f_X(x)$和$f_Y(y)$分别是关于X和关于Y的边缘概率密度,因为X与Y相互独立,所以对于$f(x,y)$连续的点(x,y),有

$$f(x,y) = f_X(x) f_Y(y),$$

从而

$$\begin{aligned}
E(XY) &= \int_{-\infty}^{+\infty}\int_{-\infty}^{+\infty} xy f_X(x) f_Y(y) \mathrm{d}x\mathrm{d}y \\
&= \left(\int_{-\infty}^{+\infty} x f_X(x) \mathrm{d}x\right)\left(\int_{-\infty}^{+\infty} y f_Y(y) \mathrm{d}y\right) \\
&= E(X)E(Y).
\end{aligned}$$

同样,由二维随机变量(X,Y)的联合概率分布可求得X和Y的方差.

设二维离散型随机变量(X,Y)的联合分布律为$P\{X=x_i,Y=y_j\}=p_{ij}(i,j=1,2,\cdots)$,则由随机变量方差的定义,$X$与$Y$的方差分别为

$$D(X) = \sum_i (x_i - E(X))^2 p_{i\cdot} = \sum_i \sum_j (x_i - E(X))^2 p_{ij},$$

$$D(Y) = \sum_j (y_j - E(Y))^2 p_{\cdot j} = \sum_j \sum_i (y_j - E(Y))^2 p_{ij}.$$

若二维连续型随机变量(X,Y)的联合概率密度为$f(x,y)$,则X与Y的方差分别为

$$D(X) = \int_{-\infty}^{+\infty} (x - E(X))^2 f_X(x) dx = \int_{-\infty}^{+\infty} \int_{-\infty}^{+\infty} (x - E(X))^2 f(x,y) dx dy,$$

$$D(Y) = \int_{-\infty}^{+\infty} \int_{-\infty}^{+\infty} (y - E(Y))^2 f(x,y) dx dy.$$

当然,有时用 $D(X) = E(X^2) - E^2(X)$, $D(Y) = E(Y^2) - E^2(Y)$ 来计算会更简便些.

例 1 已知二维随机变量(X,Y)的联合分布律如表 1 所示,求:
(1) $E(X), D(X), E(Y), D(Y)$;
(2) $E(X-Y), D(X-Y)$;
(3) $E(XY), D(XY)$;
(4) $E(\max\{X,Y\}), D(\max\{X,Y\}), E(\min\{X,Y\}), D(\min\{X,Y\})$.

表 1

X	Y		
	-1	1	2
-1	5/20	2/20	6/20
2	3/20	3/20	1/20

解 由(X,Y)的联合分布律可得表 2.

表 2

P	5/20	2/20	6/20	3/20	3/20	1/20
(X,Y)	$(-1,-1)$	$(-1,1)$	$(-1,2)$	$(2,-1)$	$(2,1)$	$(2,2)$
$X-Y$	0	-2	-3	3	1	0
XY	1	-1	-2	-2	2	4
$\max\{X,Y\}$	-1	1	2	2	2	2
$\min\{X,Y\}$	-1	-1	-1	-1	1	2

(1) 先求出关于X和关于Y的边缘分布律,见表 3 和表 4.

表 3

X	-1	2
P	13/20	7/20

表 4

Y	-1	1	2
P	8/20	5/20	7/20

由表 3 可得

$$E(X) = (-1) \times \frac{13}{20} + 2 \times \frac{7}{20} = \frac{1}{20}, \quad E(X^2) = (-1)^2 \times \frac{13}{20} + 2^2 \times \frac{7}{20} = \frac{41}{20},$$

§3.3 二维随机变量的数学期望与方差

$$D(X) = E(X^2) - E^2(X) = \frac{819}{400}.$$

同理,由表 4 可得

$$E(Y) = \frac{11}{20}, \quad E(Y^2) = \frac{41}{20}, \quad D(Y) = \frac{699}{400}.$$

(2) 由表 2 可得 $X-Y$ 的分布律,见表 5.

表 5

$X-Y$	-3	-2	0	1	3
P	6/20	2/20	6/20	3/20	3/20

由表 5 可得

$$E(X-Y) = (-3) \times \frac{6}{20} + (-2) \times \frac{2}{20} + 0 \times \frac{6}{20} + 1 \times \frac{3}{20} + 3 \times \frac{3}{20} = -\frac{1}{2},$$

$$E((X-Y)^2) = (-3)^2 \times \frac{6}{20} + (-2)^2 \times \frac{2}{20} + 0^2 \times \frac{6}{20} + 1^2 \times \frac{3}{20} + 3^2 \times \frac{3}{20} = \frac{23}{5},$$

$$D(X-Y) = E((X-Y)^2) - E^2(X-Y) = \frac{87}{20}.$$

(3) 由表 2 可得 XY 的分布律,见表 6.

表 6

XY	-1	-2	1	2	4
P	2/20	9/20	5/20	3/20	1/20

由表 6 可得

$$E(XY) = (-1) \times \frac{2}{20} + (-2) \times \frac{9}{20} + 1 \times \frac{5}{20} + 2 \times \frac{3}{20} + 4 \times \frac{1}{20} = -\frac{1}{4},$$

$$E((XY)^2) = (-1)^2 \times \frac{2}{20} + (-2)^2 \times \frac{9}{20} + 1^2 \times \frac{5}{20} + 2^2 \times \frac{3}{20} + 4^2 \times \frac{1}{20} = \frac{71}{20},$$

$$D(XY) = E((XY)^2) - E^2(XY) = \frac{279}{80}.$$

注意,不能用 $E(XY) = E(X)E(Y)$,因为 X 与 Y 不相互独立.

(4) 由表 2 可得 $\max\{X,Y\}$ 和 $\min\{X,Y\}$ 的分布律,见表 7 和表 8.

表 7

$\max\{X,Y\}$	-1	1	2
P	5/20	2/20	13/20

表 8

$\min\{X,Y\}$	-1	1	2
P	16/20	3/20	1/20

由表 7 可得

$$E(\max\{X,Y\}) = (-1) \times \frac{5}{20} + \frac{2}{20} + 2 \times \frac{13}{20} = \frac{23}{20},$$

$$E((\max\{X,Y\})^2) = (-1)^2 \times \frac{5}{20} + \frac{2}{20} + 2^2 \times \frac{13}{20} = \frac{59}{20},$$

$$D(\max\{X,Y\}) = E((\max\{X,Y\})^2) - E^2(\max\{X,Y\}) = \frac{59}{20} - \left(\frac{23}{20}\right)^2 = \frac{651}{400}.$$

同理,由表 8 可得

$$E(\min\{X,Y\}) = -\frac{11}{20}, \quad E((\min\{X,Y\})^2) = \frac{23}{20}, \quad D(\min\{X,Y\}) = \frac{339}{400}.$$

例 2 设二维随机变量 (X,Y) 的联合概率密度为

$$f(x,y) = \begin{cases} \frac{1}{2}\sin(x+y), & (x,y) \in D, \\ 0, & \text{其他}, \end{cases}$$

其中 $D = \{(x,y): 0 \leqslant x \leqslant \pi/2, 0 \leqslant y \leqslant \pi/2\}$,求:

(1) $E(X), D(X), E(Y), D(Y)$; (2) $E(XY)$.

解 (1) $E(X) = \int_{-\infty}^{+\infty}\int_{-\infty}^{+\infty} x f(x,y) \mathrm{d}y \mathrm{d}x = \iint_D x \cdot \frac{1}{2}\sin(x+y)\mathrm{d}x\mathrm{d}y$

$$= \frac{1}{2}\int_0^{\frac{\pi}{2}} \left(-x\cos(x+y)\Big|_0^{\frac{\pi}{2}}\right)\mathrm{d}x = \frac{1}{2}\int_0^{\frac{\pi}{2}} x(\sin x + \cos x)\mathrm{d}x$$

$$= \frac{1}{2}[x(\sin x - \cos x) + \sin x + \cos x]\Big|_0^{\frac{\pi}{2}} = \frac{\pi}{4},$$

$$E(X^2) = \iint_D x^2 \cdot \frac{1}{2}\sin(x+y)\mathrm{d}x\mathrm{d}y$$

$$= \frac{1}{2}\iint_D x^2(\sin x\cos y + \cos x\sin y)\mathrm{d}x\mathrm{d}y$$

$$= \frac{1}{2}\left(\int_0^{\frac{\pi}{2}} x^2\sin x\mathrm{d}x\right)\left(\int_0^{\frac{\pi}{2}} \cos y\mathrm{d}y\right) + \frac{1}{2}\left(\int_0^{\frac{\pi}{2}} x^2\cos x\mathrm{d}x\right)\left(\int_0^{\frac{\pi}{2}} \sin y\mathrm{d}y\right)$$

$$= -\frac{1}{2}\left(\int_0^{\frac{\pi}{2}} x^2 \mathrm{d}(\cos x)\right) \cdot \sin y\Big|_0^{\frac{\pi}{2}} + \frac{1}{2}\left(\int_0^{\frac{\pi}{2}} x^2 \mathrm{d}(\sin x)\right) \cdot (-\cos y)\Big|_0^{\frac{\pi}{2}}$$

$$= -\frac{1}{2}\left(x^2\cos x\Big|_0^{\frac{\pi}{2}} - \int_0^{\frac{\pi}{2}} 2x\cos x\mathrm{d}x\right) + \frac{1}{2}\left(x^2\sin x\Big|_0^{\frac{\pi}{2}} - \int_0^{\frac{\pi}{2}} 2x\sin x\mathrm{d}x\right)$$

$$= -\frac{1}{2}\left(0 - 2\int_0^{\frac{\pi}{2}} x\mathrm{d}(\sin x)\right) + \frac{1}{2}\left(\frac{\pi^2}{4} + 2\int_0^{\frac{\pi}{2}} x\mathrm{d}(\cos x)\right)$$

$$= x\sin x\Big|_0^{\frac{\pi}{2}} - \int_0^{\frac{\pi}{2}} \sin x\mathrm{d}x + \frac{\pi^2}{8} + \left(x\cos x\Big|_0^{\frac{\pi}{2}} - \int_0^{\frac{\pi}{2}} \cos x\mathrm{d}x\right)$$

$$= \frac{\pi}{2} - 1 + \frac{\pi^2}{8} + (0-1) = \frac{\pi^2}{8} + \frac{\pi}{2} - 2,$$

$$D(X) = E(X^2) - E^2(X) = \frac{\pi^2}{16} + \frac{\pi}{2} - 2.$$

由对称性可知

$$E(Y) = \frac{\pi}{4}, \quad D(Y) = \frac{\pi^2}{16} + \frac{\pi}{2} - 2.$$

(2) $E(XY) = \int_{-\infty}^{+\infty}\int_{-\infty}^{+\infty} xy f(x,y) \mathrm{d}x\mathrm{d}y = \frac{1}{2}\iint_D xy\sin(x+y)\mathrm{d}x\mathrm{d}y = \frac{\pi}{2} - 1.$

习 题 3.3

1. 设二维随机变量 (X,Y) 的联合分布律如表 9 所示，求 $E(X), E(Y), E(Y/X)$，$E((X-Y)^2)$.

表 9

Y	X		
	1	2	3
−1	0.2	0.1	0
0	0.1	0	0.3
1	0.1	0.1	0.1

2. 设二维随机变量 (X,Y) 的联合概率密度为

$$f(x,y) = \begin{cases} 12y^2, & 0 \leqslant y \leqslant x \leqslant 1, \\ 0, & \text{其他}, \end{cases}$$

求 $E(X), E(Y), E(XY), E(X^2+Y^2)$.

3. 在长为 a 的线段上任取两点，求两点之间距离的数学期望与方差.

4. 设随机变量 X 与 Y 相互独立，都服从 $(0,1)$ 上的均匀分布，求 $E(\max\{X,Y\})$，$D(\max\{X,Y\})$.

5. 设二维随机变量 (X,Y) 的联合概率密度为

$$f(x,y) = \begin{cases} \cos x \cos y, & 0 \leqslant x \leqslant \pi/2, 0 \leqslant y \leqslant \pi/2, \\ 0, & \text{其他}, \end{cases}$$

求 $E(X), D(X), E(Y), D(Y)$.

§3.4 协方差与相关系数

协方差是描述二维随机变量 (X,Y) 中随机变量 X 和 Y 之间关系的一个数字特征.

定义 1 设 (X,Y) 是二维随机变量，且数学期望 $E(X), E(Y)$ 均存在. 如果数学期望 $E((X-E(X))(Y-E(Y)))$ 存在，称此期望值为 X, Y 的**协方差**，记为 $\mathrm{cov}(X,Y)$，即

$$\mathrm{cov}(X,Y)=\mathrm{E}((X-\mathrm{E}(X))(Y-\mathrm{E}(Y))).$$

由定义 1 可得如下计算协方差的常用公式：
$$\begin{aligned}\mathrm{cov}(X,Y) &= \mathrm{E}(XY-Y\mathrm{E}(X)-X\mathrm{E}(Y)+\mathrm{E}(X)\mathrm{E}(Y)) \\ &= \mathrm{E}(XY)-\mathrm{E}(Y)\mathrm{E}(X)-\mathrm{E}(X)\mathrm{E}(Y)+\mathrm{E}(X)\mathrm{E}(Y) \\ &= \mathrm{E}(XY)-\mathrm{E}(X)\mathrm{E}(Y).\end{aligned}$$

根据协方差的定义，容易推出它具有以下性质（假设出现的协方差均存在）：

性质 1 $\mathrm{cov}(X,Y)=\mathrm{cov}(Y,X)$.

性质 2 若 a,b 为常数，则 $\mathrm{cov}(aX,bY)=ab\mathrm{cov}(X,Y)$.

性质 3 $\mathrm{cov}(X_1+X_2,Y)=\mathrm{cov}(X_1,Y)+\mathrm{cov}(X_2,Y)$.

定理 1 设 (X,Y) 是二维随机变量. 若 X 与 Y 相互独立，则 $\mathrm{cov}(X,Y)=0$.

证 因为 X 与 Y 相互独立，所以 $\mathrm{E}(XY)=\mathrm{E}(X)\mathrm{E}(Y)$. 故 $\mathrm{cov}(X,Y)=0$.

定理 2 若随机变量 X,Y 的方差 $\mathrm{D}(X),\mathrm{D}(Y)$ 均存在，则
$$\mathrm{D}(X\pm Y)=\mathrm{D}(X)+\mathrm{D}(Y)\pm 2\mathrm{cov}(X,Y).$$

证
$$\begin{aligned}\mathrm{D}(X\pm Y) &= \mathrm{E}(((X\pm Y)-\mathrm{E}(X\pm Y))^2) \\ &= \mathrm{E}(((X-\mathrm{E}(X))\pm(Y-\mathrm{E}(Y)))^2) \\ &= \mathrm{E}((X-\mathrm{E}(X))^2+\mathrm{E}(Y-\mathrm{E}(Y))^2)\pm 2\mathrm{E}((X-\mathrm{E}(X))(Y-\mathrm{E}(Y))) \\ &= \mathrm{D}(X)+\mathrm{D}(Y)\pm 2\mathrm{cov}(X,Y).\end{aligned}$$

定义 2 对于二维随机变量 (X,Y)，若方差 $\mathrm{D}(X)>0,\mathrm{D}(Y)>0$，则称
$$\frac{\mathrm{cov}(X,Y)}{\sqrt{\mathrm{D}(X)}\sqrt{\mathrm{D}(Y)}}$$

为 X 与 Y 的**相关系数**，记为 ρ_{XY}.

可以证明 $|\rho_{XY}|\leqslant 1$，此处从略.

当 $\rho_{XY}=0$ 时，称 X 与 Y **不相关**. 当 $\rho_{XY}\neq 0$ 时，称 X 与 Y **相关**. 特别地，当 $|\rho_{XY}|=1$ 时，称 X 与 Y **完全线性相关**.

注 (1) 当 X 与 Y 不相关时，它们不一定相互独立；反之，若 X 与 Y 相互独立，则它们一定不相关.

(2) 当 X 与 Y 不相关时，有
$$\mathrm{E}(XY)=\mathrm{E}(X)\mathrm{E}(Y),\quad \mathrm{D}(X+Y)=\mathrm{D}(X)+\mathrm{D}(Y).$$

(3) 当 $(X,Y)\sim N(\mu_1,\mu_2,\sigma_1^2,\sigma_2^2,\rho)$ 时，我们可以求得 X 与 Y 的相关系数为 $\rho_{XY}=\rho$. 再结合第二章 §2.5 的例 6 知，此时 X 与 Y 不相关和相互独立是等价的.

对随机变量 X,Y 进行标准化，得 $X^*=\dfrac{X-\mathrm{E}(X)}{\sqrt{\mathrm{D}(X)}}, Y^*=\dfrac{X-\mathrm{E}(Y)}{\sqrt{\mathrm{D}(Y)}}$，于是
$$\mathrm{cov}(X^*,Y^*)=\mathrm{E}(X^*Y^*)-\mathrm{E}(X^*)\mathrm{E}(Y^*)=\mathrm{E}\left(\frac{X-\mathrm{E}(X)}{\sqrt{\mathrm{D}(X)}}\cdot\frac{Y-\mathrm{E}(Y)}{\sqrt{\mathrm{D}(Y)}}\right)-0\cdot 0$$

$$= \frac{E((X-E(X))(Y-E(Y)))}{\sqrt{D(X)}\sqrt{D(Y)}} = \frac{\text{cov}(X,Y)}{\sqrt{D(X)}\sqrt{D(Y)}} = \rho_{XY}.$$

通常称 $\text{cov}(X^*, Y^*)$ 为 X 与 Y 的**标准协方差**,它就是 X 与 Y 的相关系数.

例 1 设二维随机变量 (X,Y) 的联合分布律如表 1 所示,求 $\text{cov}(X,Y)$ 和 ρ_{XY}.

表 1

Y	X	
	−1	1
1	1/4	0
2	1/2	1/4

解 求出关于 X 和关于 Y 的边缘分布律以及 XY 的分布律分别如表 2、表 3 和表 4 所示.

表 2

X	−1	1
P	$\frac{3}{4}$	$\frac{1}{4}$

表 3

Y	1	2
P	$\frac{1}{4}$	$\frac{3}{4}$

表 4

XY	−2	−1	1	2
P	$\frac{1}{2}$	$\frac{1}{4}$	0	$\frac{1}{4}$

由表 2、表 3 和表 4 可得

$$E(X) = (-1) \times \frac{3}{4} + \frac{1}{4} = -\frac{1}{2}, \quad E(Y) = 1 \times \frac{1}{4} + 2 \times \frac{3}{4} = \frac{7}{4},$$

$$E(X^2) = (-1)^2 \times \frac{3}{4} + \frac{1}{4} = 1, \quad E(Y^2) = 1^2 \times \frac{1}{4} + 2^2 \times \frac{3}{4} = \frac{13}{4},$$

$$D(X) = E(X^2) - E^2(X) = \frac{3}{4}, \quad D(Y) = E(Y^2) - E^2(Y) = \frac{3}{16},$$

$$E(XY) = (-2) \times \frac{1}{2} + (-1) \times \frac{1}{4} + 1 \times 0 + 2 \times \frac{1}{4} = -\frac{3}{4},$$

于是

$$\text{cov}(X,Y) = E(XY) - E(X)E(Y) = -\frac{3}{4} - \left(-\frac{1}{2}\right) \times \frac{7}{4} = \frac{1}{8},$$

$$\rho_{XY} = \frac{\text{cov}(X,Y)}{\sqrt{D(X)}\sqrt{D(Y)}} = \frac{1/8}{\sqrt{3/4}\sqrt{3/16}} = \frac{1}{3}.$$

例 2 设二维随机变量 (X,Y) 的联合概率密度为

$$f(x,y) = \begin{cases} 8xy, & 0 \leqslant y \leqslant x, 0 \leqslant x \leqslant 1, \\ 0, & \text{其他}, \end{cases}$$

求 $E(X), D(X), E(Y), D(Y), \text{cov}(X,Y), \rho_{XY}, D(5X-3Y)$.

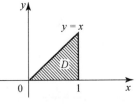

图 1

解 记 $D = \{(x,y) : 0 \leqslant x \leqslant 1, 0 \leqslant y \leqslant x\}$(图 1).显然,$f(x,y)$ 只在 D 内取得非零值,于是

$$E(X) = \iint_D x \cdot 8xy \,dx\,dy = \int_0^1 8x^2 \,dx \int_0^x y\,dy = \int_0^1 8x^2 \cdot \frac{1}{2}x^2 \,dx = \frac{4}{5},$$

$$E(Y) = \iint_D y \cdot 8xy \,dx\,dy = \int_0^1 8x \,dx \int_0^x y^2 \,dy = \int_0^1 8x \cdot \frac{1}{3}x^3 \,dx = \frac{8}{15},$$

$$E(X^2) = \iint_D x^2 \cdot 8xy \,dx\,dy = \int_0^1 8x^3 \,dx \int_0^x y\,dy = \int_0^1 8x^3 \cdot \frac{1}{2}x^2 \,dx = \frac{2}{3},$$

$$E(Y^2) = \iint_D y^2 \cdot 8xy \,dx\,dy = \int_0^1 8x \,dx \int_0^x y^3 \,dy = \int_0^1 8x \cdot \frac{1}{4}x^4 \,dx = \frac{1}{3},$$

$$D(X) = E(X^2) - E^2(X) = \frac{2}{75}, \quad D(Y) = E(Y^2) - E^2(Y) = \frac{11}{225},$$

$$E(XY) = \iint_D xy \cdot 8xy \,dx\,dy = \int_0^1 8x^2 \,dx \int_0^x y^2 \,dy = \int_0^1 8x^2 \cdot \frac{1}{3}x^3 \,dx = \frac{4}{9},$$

$$\operatorname{cov}(X,Y) = E(XY) - E(X)E(Y) = \frac{4}{225},$$

$$\rho_{XY} = \frac{\operatorname{cov}(X,Y)}{\sqrt{D(X)}\sqrt{D(Y)}} = \frac{\frac{4}{225}}{\sqrt{\frac{2}{75}}\sqrt{\frac{11}{225}}} = \frac{2\sqrt{66}}{33} \approx 0.492,$$

$$D(5X - 3Y) = D(5X) + D(3Y) - 2\operatorname{cov}(5X, 3Y)$$
$$= 25 D(X) + 9 D(Y) - 30 \operatorname{cov}(X,Y) = \frac{43}{75}.$$

例 3 设随机变量 X 与 Y 相互独立,且都服从正态分布 $N(0,\sigma^2)$. 记 $\xi = aX + bY$, $\eta = aX - bY$(常数 a,b 不同时为零),求 $\rho_{\xi\eta}$.

解 因为 $X \sim N(0,\sigma^2)$, $Y \sim N(0,\sigma^2)$,所以

$$E(X) = E(Y) = 0, \quad D(X) = D(Y) = \sigma^2,$$
$$E(\xi) = E(aX + bY) = aE(X) + bE(Y) = 0, \quad E(\eta) = 0.$$

由于 X 与 Y 相互独立,故 aX 和 bY 也相互独立,且 $\operatorname{cov}(X,Y) = 0$. 于是

$$D(\xi) = D(aX + bY) = a^2 D(X) + b^2 D(Y) + 2ab \operatorname{cov}(X,Y) = (a^2 + b^2)\sigma^2,$$
$$D(\eta) = D(aX - bY) = a^2 D(X) + b^2 D(Y) - 2ab \operatorname{cov}(X,Y) = (a^2 + b^2)\sigma^2,$$
$$E(\xi\eta) = E(a^2 X^2 - b^2 Y^2) = a^2 E(X^2) - b^2 E(Y^2)$$
$$= a^2 (E(X^2) - E^2(X)) - b^2 (E(Y^2) - E^2(Y))$$
$$= a^2 D(X) - b^2 D(Y) = (a^2 - b^2)\sigma^2,$$
$$\rho_{\xi\eta} = \frac{\operatorname{cov}(\xi,\eta)}{\sqrt{D(\xi)}\sqrt{D(\eta)}} = \frac{E(\xi\eta) - E(\xi)E(\eta)}{\sqrt{D(\xi)}\sqrt{D(\eta)}} = \frac{(a^2 - b^2)\sigma^2}{(a^2 + b^2)\sigma^2} = \frac{a^2 - b^2}{a^2 + b^2}.$$

例 4 设随机变量 $X \sim N(0,1)$,并令 $Y = X^n (n \in \mathbf{N})$,问: X 与 Y 是否相关?

解 因为 $X \sim N(0,1)$,所以 $E(X)=0, D(X)=1$. 我们有
$$E(Y) = E(X^n) = \int_{-\infty}^{+\infty} x^n \frac{1}{\sqrt{2\pi}} e^{-\frac{x^2}{2}} dx.$$

令 $I_n = \int_{-\infty}^{+\infty} x^n e^{-\frac{x^2}{2}} dx$,则
$$I_n = \int_{-\infty}^{+\infty} x^n e^{-\frac{x^2}{2}} dx = -\int_{-\infty}^{+\infty} x^{n-1} d(e^{-\frac{x^2}{2}})$$
$$= -x^{n-1} e^{-\frac{x^2}{2}} \Big|_{-\infty}^{+\infty} + (n-1)\int_{-\infty}^{+\infty} x^{n-2} e^{-\frac{x^2}{2}} dx$$
$$= (n-1)I_{n-2}.$$

于是,当 n 为奇数时,
$$I_n = (n-1)!! \int_{-\infty}^{+\infty} x e^{-\frac{x^2}{2}} dx = 0;$$

当 n 为偶数时,
$$I_n = (n-1)!! \int_{-\infty}^{+\infty} e^{-\frac{x^2}{2}} dx = (n-1)!! \sqrt{2\pi}.$$

所以
$$E(Y) = \begin{cases} (n-1)!!, & n \text{ 为偶数}, \\ 0, & n \text{ 为奇数}. \end{cases}$$

故
$$\text{cov}(X,Y) = E(XY) - E(X)E(Y) = E(X^{n+1}) - 0$$
$$= \int_{-\infty}^{+\infty} x^{n+1} \frac{1}{\sqrt{2\pi}} e^{-\frac{x^2}{2}} dx = \begin{cases} 0, & n \text{ 为偶数}, \\ n!!, & n \text{ 为奇数}. \end{cases}$$

可见,当 n 为奇数时,$\rho_{XY} \neq 0$,即 X 与 Y 相关;当 n 为偶数时,$\rho_{XY}=0$,即 X 与 Y 不相关.

习 题 3.4

1. 设二维随机变量 (X,Y) 的联合分布律如表 5 所示.

表 5

X	Y		
	−1	0	1
−1	1/8	1/8	1/8
0	1/8	0	1/8
1	1/8	1/8	1/8

(1) 求 $\text{cov}(X,Y)$ 和 ρ_{XY}; (2) X 与 Y 是否相关?是否相互独立?

2. 设随机变量 X 的分布律如表 6 所示,证明：X 与 X^2 不相关,而 X 与 X^3 相关.

表 6

X	-2	-1	1	2
P	1/4	1/4	1/4	1/4

3. 设随机变量 X 的概率密度为 $f(x)=\dfrac{1}{2}e^{-|x|}$ $(-\infty<x<+\infty)$,求 X 与 $|X|$ 的协方差和相关系数. 问：X 与 $|X|$ 是否相关?

4. 设二维随机变量 (X,Y) 的联合概率密度为
$$f(x,y)=\begin{cases}1, & |y|<x, 0<x<1,\\ 0, & \text{其他},\end{cases}$$
求 $\mathrm{cov}(X,Y)$.

5. 设二维随机变量 (X,Y) 的联合概率密度为
$$f(x,y)=\begin{cases}(x+y)/8, & 0\leqslant x\leqslant 2, 0\leqslant y\leqslant 2,\\ 0, & \text{其他},\end{cases}$$
求 $E(X), E(Y), \mathrm{cov}(X,Y), \rho_{XY}, D(X+Y)$.

6. 设随机变量 $X\sim B(100,0.6), Y=2X+3$,求 $\mathrm{cov}(X,Y), \rho_{XY}$.

7. 设 (X,Y) 是二维随机变量,且 X 与 Y 相互独立,都服从参数为 λ 的泊松分布. 记 $U=2X+Y, V=2X-Y$,求 ρ_{UV}.

§3.5 矩与协方差矩阵

矩的概念是从力学中引进的,是随机变量的各种数字特征的抽象. 有了矩的概念,数学期望、方差、协方差就可以统一归结为矩. 矩实际上就是随机变量及其各种函数的数学期望.

定义 设 X 和 Y 是随机变量.

若 $E(X^k)(k=1,2,\cdots)$ 存在,则称 $E(X^k)$ 为 X 的 k **阶原点矩**(简称矩);

若 $E((X-E(X))^k)(k=2,3,\cdots)$ 存在,则称 $E((X-E(X))^k)$ 为 X 的 k **阶中心距**;

若 $E(X^k Y^l)(k,l=1,2,\cdots)$ 存在,则称 $E(X^k Y^l)$ 为 X 和 Y 的 $k+l$ **阶混合原点矩**(简称**混合矩**);

若 $E((X-E(X))^k (Y-E(Y))^l)(k,l=1,2,\cdots)$ 存在,则称 $E((X-E(X))^k (Y-E(Y))^l)$ 为 X 和 Y 的 $k+l$ **阶混合中心矩**.

由此可以看出,X 的数学期望 $E(X)$ 是 X 的一阶原点矩,X 的方差 $D(X)$ 是 X 的二阶中心矩,X 与 Y 的协方差 $\mathrm{cov}(X,Y)$ 是 X 和 Y 的二阶混合中心矩.

若二维随机变量 (X,Y) 的四个二阶中心矩都存在,记为

$$c_{11}=E((X-E(X))^2), \quad c_{12}=E((X-E(X))(Y-E(Y))),$$
$$c_{21}=E((Y-E(Y))(X-E(X))), \quad c_{22}=E((Y-E(Y))^2),$$

则称矩阵
$$C=\begin{bmatrix} c_{11} & c_{12} \\ c_{21} & c_{22} \end{bmatrix}$$

为二维随机变量(X,Y)的**协方差矩阵**.

类似地可以定义 n 维随机变量$(X_1,X_2,\cdots,X_n)$的协方差矩阵.

习 题 3.5

1. 试按二维随机变量协方差矩阵的思想,写出 n 维随机变量$(X_1,X_2,\cdots,X_n)$的协方差矩阵.

2. 若二维随机变量$(X,Y) \sim N(\mu_1,\mu_2,\sigma_1^2,\sigma_2^2,\rho)$,求$(X,Y)$的协方差矩阵.

总练习题三

1. 设某人用 n 把钥匙去开门,其中只有 1 把能打开. 现按下列两种方式任取 1 把钥匙试开,求打开门所需开门次数 X 的数学期望与方差:

(1) 打不开门的钥匙不放回； (2) 打不开门的钥匙放回.

2. 设随机变量 X 的概率密度为
$$f(x)=\begin{cases} \cos x, & 0 \leqslant x \leqslant \pi/2, \\ 0, & 其他, \end{cases}$$

求随机变量 $Y=X^2$ 的方差 $D(Y)$.

3. 设随机变量 X 的概率密度为 $f(x)=\dfrac{1}{\pi(1+x^2)}(-\infty<x<+\infty)$,求 $E(\min\{|X|,1\})$.

4. 设二维随机变量(X,Y)的联合概率密度为
$$f(x,y)=\begin{cases} 2-x-y, & 0 \leqslant x \leqslant 1, 0 \leqslant y \leqslant 1, \\ 0, & 其他. \end{cases}$$

(1) 判别 X 与 Y 是否相互独立,是否相关； (2) 求 $E(XY), D(X+Y)$.

5. 设两个随机变量 X 与 Y 相互独立,且都服从均值为 0,方差为 0.5 的正态分布,求 $D(|X-Y|)$.

6. 设随机变量 X 的概率密度为
$$f(x)=\begin{cases} ax^2+bx+c, & 0<x<1, \\ 0, & 其他, \end{cases}$$

且 $E(X)=\dfrac{1}{2}, D(X)=\dfrac{3}{20}$,求常数 a,b,c 的值.

7. 设随机变量 X 与 Y 相互独立,且均有有限的方差,证明:
$$D(XY)=D(X)D(Y)+E^2(X)D(Y)+E^2(Y)D(X);$$
并由此说明
$$D(XY)\geqslant D(X)D(Y).$$

8. 设 A,B 为两个事件,且 $P(A)>0, P(B)>0$. 现定义随机变量 X,Y 如下:
$$X=\begin{cases}1, & \text{事件 } A \text{ 发生,} \\ 0, & \text{事件 } A \text{ 不发生,}\end{cases} \quad Y=\begin{cases}1, & \text{事件 } B \text{ 发生,} \\ 0, & \text{事件 } B \text{ 不发生.}\end{cases}$$
证明:若 $\rho_{XY}=0$,则 X 与 Y 必定相互独立.

9. 已知三个随机变量 X,Y,Z 满足
$$E(X)=E(Y)=1, \quad E(Z)=-1, \quad D(X)=D(Y)=D(Z)=1,$$
$$\rho_{XY}=0, \quad \rho_{XZ}=\frac{1}{2}, \quad \rho_{YZ}=-\frac{1}{2},$$
求 $E(X+Y+Z), D(X+Y+Z)$.

10. 已知某自动机产出次品的概率为 2%,一旦出现次品马上进行校正,求两次校正之间产出正品的平均数.

第四章 大数定律与中心极限定理

第一章从实证角度论述了频率的稳定性是构成概率公理化定义的客观基础,本章的大数定律则给出了频率稳定性的数学证明,从理论上肯定了用算术平均值代替均值,用频率代替概率的合理性,从而完善了概率论的理论体系.中心极限定理则指明,在相当一般的条件下,当独立随机变量的个数 $n \to \infty$ 时,它们之和的概率分布趋于正态分布.这一事实不仅说明了正态分布的广泛性与重要性,而且也为一般随机变量和的概率分布的近似计算提供了理论支持.同时,中心极限定理也是后面数理统计部分的重要理论基础.

§4.1 依概率收敛

对于任意一个随机试验序列,记 n 为试验次数,n_A 为事件 A 发生的次数,则对于任意给定的小正数 ε 及任意给定的数 $p \in [0,1]$,无论 n 多大,均不能断言

$$\left| \frac{n_A}{n} - p \right| < \varepsilon. \qquad ①$$

例如,抛掷 n 次骰子全部出现 1 点的概率为 $\left(\frac{1}{6}\right)^n$,但其频率却可能为 1 或 0.这样就无法直接借用高等数学中极限的思想给出频率稳定性的定义.但正如问题所述,既然可能性无法排除,就只能从可能性出现的大小角度着手来解决问题,从而有如下式子:

$$P\left\{ \left| \frac{n_A}{n} - p \right| < \varepsilon \right\} > 1 - \tilde{\varepsilon}, \qquad ②$$

其中 $\tilde{\varepsilon}$ 是另外任意给定的一个小正数.上式表明,可借用概率来估计事件 A 发生的频率与其概率 p(频率的稳定值)的靠近程度.这样,虽然对于任意给定的小正数 ε,式①不恒成立,但却能保证式②成立.式②是借助于概率给出的,对之一般化即有如下定义:

定义 设 $X_1, X_2, \cdots, X_n, \cdots$ 是一个随机变量序列,a 是一个常数.若对于任意 $\varepsilon > 0$,有

$$\lim_{n\to\infty} P\{|X_n - a| < \varepsilon\} = 1,$$ ③

则称随机变量序列 $X_1, X_2, \cdots, X_n, \cdots$ **依概率收敛于** a,记为

$$X_n \xrightarrow{P} a.$$

性质 设 $X_n \xrightarrow{P} a, Y_n \xrightarrow{P} b$,函数 $g(x,y)$ 在点 (a,b) 处连续,则

$$g(X_n, Y_n) \xrightarrow{P} g(a,b).$$

证明从略.

§4.2 大数定律

在随机变量 X 的数字特征中,数学期望与方差是两个非常重要的指标,分别表示了 X 的平均值与分散程度. 它们的重要性还表现在:即使 X 的概率分布未知,通过其数学期望与方差依然可对 X 做出某种估计,从而为数理统计提供理论基础.

定理 1 设随机变量 X 的数学期望 $E(X)=\mu$,方差 $D(X)=\sigma^2$,则对于任意 $\varepsilon > 0$,有

$$P\{|X-\mu| \geqslant \varepsilon\} \leqslant \frac{\sigma^2}{\varepsilon^2}.$$ ①

式①称为**切比雪夫(Chebyshev)不等式**. 下面我们只对连续型随机变量的情况加以证明.

证 设 X 的概率密度为 $f(x)$,则有

$$P\{|X-\mu| \geqslant \varepsilon\} = \int_{|x-\mu| \geqslant \varepsilon} f(x)\mathrm{d}x \leqslant \int_{|x-\mu| \geqslant \varepsilon} \frac{|x-\mu|^2}{\varepsilon^2} f(x)\mathrm{d}x$$

$$= \frac{1}{\varepsilon^2} \int_{|x-\mu| \geqslant \varepsilon} (x-\mu)^2 f(x)\mathrm{d}x$$

$$\leqslant \frac{1}{\varepsilon^2} \int_{-\infty}^{+\infty} (x-\mu)^2 f(x)\mathrm{d}x = \frac{\sigma^2}{\varepsilon^2}.$$

切比雪夫不等式的另一种等价形式为

$$P\{|X-\mu| < \varepsilon\} \geqslant 1 - \frac{\sigma^2}{\varepsilon^2}.$$ ②

利用切比雪夫不等式,可做一些粗略估计,比如取 $\varepsilon = k\sigma (k=1,2,\cdots)$,则有

$$P\{|X-E(X)| \geqslant k\sigma\} \leqslant \frac{1}{k^2}.$$

需要指出的是,切比雪夫不等式的结果是比较粗糙的,实践中式①的不等号"$\leqslant$"一般是远远不等号"$\ll$",即有

$$P\{|X-E(X)| \geqslant \varepsilon\} \ll \frac{\sigma^2}{\varepsilon^2}.$$

例 已知正常男性成人的每毫升血液中含白细胞个数的均值是 7300,标准差是 700. 利用切比雪夫不等式估计男性成人的每毫升血液中含白细胞的个数在 $5200\sim9400$ 之间的概率.

解 记 X 为男性成人的每毫升血液中含白细胞的个数,则由题设有
$$E(X)=7300, \quad D(X)=700^2.$$
根据切比雪夫不等式,得
$$P\{5200<X<9400\}=P\{|X-7300|<2100\}\geqslant 1-\frac{700^2}{2100^2}=\frac{8}{9}.$$

定理 2(切比雪夫大数定律) 设随机变量 $X_1, X_2, \cdots, X_n, \cdots$ 相互独立,数学期望和方差都存在,即有 $E(X_i)=\mu_i, D(X_i)=\sigma_i^2 \ (i=1,2,\cdots)$. 如果存在常数 $c>0$,使得 $\sigma_i^2\leqslant c\ (i=1,2,\cdots)$,那么对于任意 $\varepsilon>0$,有
$$\lim_{n\to\infty}P\left\{\left|\frac{1}{n}\sum_{k=1}^{n}X_k-\frac{1}{n}\sum_{k=1}^{n}E(X_k)\right|<\varepsilon\right\}=1. \qquad ③$$

证 记 $\overline{X}_n=\frac{1}{n}\sum_{k=1}^{n}X_k, \bar{\mu}_n=\frac{1}{n}\sum_{k=1}^{n}E(X_k)=\frac{1}{n}\sum_{k=1}^{n}\mu_k$,则
$$D(\overline{X}_n)=\frac{1}{n^2}\sum_{k=1}^{n}D(X_k)\leqslant \frac{1}{n^2}\cdot nc=\frac{c}{n}.$$
由切比雪夫不等式,对于任意 $\varepsilon>0$,有
$$P\{|\overline{X}_n-\bar{\mu}_n|\geqslant\varepsilon\}\leqslant\frac{D(\overline{X}_n)}{\varepsilon^2}\leqslant\frac{c}{n\varepsilon^2},$$
故
$$\lim_{n\to\infty}P\left\{\left|\frac{1}{n}\sum_{k=1}^{n}X_k-\frac{1}{n}\sum_{k=1}^{n}E(X_k)\right|<\varepsilon\right\}=1-\lim_{n\to\infty}P\{|\overline{X}_n-\bar{\mu}_n|\geqslant\varepsilon\}=1.$$

切比雪夫大数定律的一个特殊情形如下所述,它描述了随机变量算术平均值的稳定性:

定理 3 设随机变量 $X_1, X_2, \cdots, X_n, \cdots$ 相互独立,具有相同的数学期望与方差:$E(X_i)=\mu, D(X_i)=\sigma^2\ (i=1,2,\cdots)$. 做前 n 个随机变量的算术平均 $\overline{X}_n=\frac{1}{n}\sum_{k=1}^{n}X_k$,则对于任意 $\varepsilon>0$,有
$$\lim_{n\to\infty}P\{|\overline{X}_n-\mu|<\varepsilon\}=\lim_{n\to\infty}P\left\{\left|\frac{1}{n}\sum_{k=1}^{n}X_k-\mu\right|<\varepsilon\right\}=1. \qquad ④$$

定理 3 表明,在具有相同数学期望与方差的条件下,当 n 很大时,随机变量 $X_1, X_2, \cdots, X_n$ 的算术平均值接近于它们共同的数学期望 μ. 这种接近是概率意义下的接近,用依概率收敛的概念可将定理 3 叙述如下:

定理 3′ 设随机变量 $X_1, X_2, \cdots, X_n, \cdots$ 相互独立,具有相同的数学期望与方差:$E(X_i)=\mu, D(X_i)=\sigma^2\ (i=1,2,\cdots)$,则随机变量序列 $\left\{\overline{X}_n=\frac{1}{n}\sum_{k=1}^{n}X_k\right\}$ 依概率收敛于 μ,即 $\overline{X}_n\xrightarrow{P}\mu$.

定理 4(伯努利大数定律) 设 n_A 是 n 重伯努利试验中事件 A 发生的次数,p 是事件 A 在

每次试验中发生的概率,则对于任意 $\varepsilon>0$,有

$$\lim_{n\to\infty} P\left\{\left|\frac{n_A}{n}-p\right|<\varepsilon\right\}=1, \qquad ⑤$$

或

$$\lim_{n\to\infty} P\left\{\left|\frac{n_A}{n}-p\right|\geqslant\varepsilon\right\}=0. \qquad ⑥$$

证 由于 $n_A \sim B(n,p)$,且

$$n_A = X_1 + X_2 + \cdots + X_n,$$

这里 $X_1, X_2, \cdots, X_n$ 相互独立,都服从参数为 p 的 0-1 分布,因而

$$E(X_i)=p, \quad D(X_i)=p(1-p) \quad (i=1,2,\cdots,n).$$

由切比雪夫大数定律得

$$\lim_{n\to\infty} P\left\{\left|\frac{X_1+X_2+\cdots+X_n}{n}-p\right|<\varepsilon\right\}=1,$$

即

$$\lim_{n\to\infty} P\left\{\left|\frac{n_A}{n}-p\right|<\varepsilon\right\}=1.$$

伯努利大数定律表明,事件发生的频率依概率收敛于其概率.该定理以严格的数学形式论证了频率的稳定性:随着试验次数 n 的增大,事件发生的频率与其概率有较大偏差的可能性变小,当 n 很大时,出现频率"稳定"在概率附近的现象,且这种现象出现的概率接近于 1. 因此,在实际应用中,当试验次数 n 很大时,便可以用事件发生的频率来近似表示其概率.

定理 5[辛钦(Khinchine)大数定律] 设随机变量 $X_1, X_2, \cdots, X_n, \cdots$ 相互独立,服从同一分布,且数学期望存在: $E(X_k)=\mu (k=1,2,\cdots)$,则对于任意 $\varepsilon>0$,有

$$\lim_{n\to\infty} P\left\{\left|\frac{1}{n}\sum_{k=1}^{n} X_k - \mu\right|<\varepsilon\right\}=1. \qquad ⑦$$

证明从略.

习 题 4.2

1. 设随机变量 X 的分布律为如表 1 所示,试用切比雪夫不等式估计概率 $P\{|X-E(X)|\geqslant 1\}$,并计算该式的真实概率值.

表 1

X	1	2	3
P	0.3	0.5	0.2

2. 若随机变量 X 服从区间 $(-1,b)$ 上的均匀分布,且由切比雪夫不等式得 $P\{|X-1|<\varepsilon\} \geqslant \frac{2}{3}$,试确定 b 与 ε 的值.

3. 设在每次试验中,事件 A 发生的概率均为 $\frac{3}{4}$,试用切比雪夫不等式估计需要进行多少次独立重复试验,才能使事件 A 发生的频率在 0.74~0.76 之间的概率至少为 0.90.

4. 证明马尔科夫(Markov)大数定律：如果随机变量序列 $X_1, X_2, \cdots, X_n, \cdots$ 满足

$$\lim_{n\to\infty} \frac{1}{n^2} D\left(\sum_{k=1}^{n} X_k\right) = 0,$$

则对于任意 $\varepsilon > 0$，有

$$\lim_{n\to\infty} P\left\{\left|\frac{1}{n}\sum_{k=1}^{n} X_k - \frac{1}{n}\sum_{k=1}^{n} E(X_k)\right| < \varepsilon\right\} = 1.$$

§4.3 中心极限定理

人们在客观实际中观察到的很多随机变量，是由大量相互独立的随机因素共同作用形成的，且其中单个随机因素在总的影响中所起的作用都是微小的. 本节的中心极限定理指明，这类由众多随机因素(变量)共同作用(求和)所成的随机变量的概率分布在相当一般的条件下趋于正态分布. 这不仅说明了正态分布广泛存在的原因，同时亦为这类随机变量的概率分布的近似计算提供了理论依据.

定理 1(独立同分布中心极限定理) 设随机变量 $X_1, X_2, \cdots, X_n, \cdots$ 相互独立，服从同一分布，且具有数学期望与方差：$E(X_i) = \mu, D(X_i) = \sigma^2 > 0 (i = 1, 2, \cdots)$，则前 n 个随机变量之和 $\sum_{i=1}^{n} X_i$ 的标准化随机变量

$$Y_n = \frac{\sum_{i=1}^{n} X_i - E\left(\sum_{i=1}^{n} X_i\right)}{\sqrt{D\left(\sum_{i=1}^{n} X_i\right)}} = \frac{\sum_{i=1}^{n} X_i - n\mu}{\sqrt{n}\sigma}$$

的分布函数 $F_n(x)$ 对于任意 x 满足

$$\lim_{n\to\infty} F_n(x) = \lim_{n\to\infty} P\left\{\frac{\sum_{i=1}^{n} X_i - n\mu}{\sqrt{n}\sigma} \leqslant x\right\} = \int_{-\infty}^{x} \frac{1}{\sqrt{2\pi}} e^{-\frac{t^2}{2}} dt = \Phi(x).$$

定理 1 表明，数学期望为 μ，方差为 $\sigma^2 (\sigma^2 > 0)$ 的独立同分布随机变量 $X_1, X_2, \cdots, X_n, \cdots$ 前 n 个之和 $\sum_{k=1}^{n} X_k$ 的标准化随机变量，当 n 充分大时，近似服从标准正态分布，即

$$\frac{\sum_{i=1}^{n} X_i - n\mu}{\sqrt{n}\sigma} \stackrel{\text{近似}}{\sim} N(0, 1) \quad (n \text{ 充分大}). \qquad ①$$

上式表明，虽然在一般情况下很难求出 n 个随机变量之和的分布函数，但当 n 充分大时，可以通过标准正态分布给出其近似分布函数.

式①还可等价地表示成如下形式:

(1) $\dfrac{1}{n}\sum\limits_{k=1}^{n}X_k \overset{\text{近似}}{\sim} N\left(\mu,\dfrac{\sigma^2}{n}\right)$;   (2) $\sum\limits_{k=1}^{n}X_k \overset{\text{近似}}{\sim} N(n\mu,n\sigma^2)$.

定理 2[棣莫弗-拉普拉斯(De Moivre-Laplace)中心极限定理] 设随机变量 $\eta_n(n=1,2,\cdots)$ 服从参数为 $n,p(0<p<1)$ 的二项分布,则对于任意 x,有

$$\lim_{n\to\infty}P\left\{\dfrac{\eta_n-np}{\sqrt{np(1-p)}}\leqslant x\right\}=\int_{-\infty}^{x}\dfrac{1}{\sqrt{2\pi}}e^{-\frac{t^2}{2}}dt=\Phi(x).$$

定理 2 表明,正态分布是二项分布的极限分布,即当 n 充分大时,可用正态分布来近似计算二项分布的概率.

定理 3[李雅普诺夫(Lyapunov)中心极限定理] 设随机变量 $X_1,X_2,\cdots,X_n,\cdots$ 相互独立,均存在数学期望与方差:$E(X_k)=\mu_k,D(X_k)=\sigma_k^2>0(k=1,2,\cdots)$.记 $B_n^2=\sum\limits_{k=1}^{n}\sigma_k^2$.若存在正数 δ,使得当 $n\to\infty$ 时,$\dfrac{1}{B_n^{2+\delta}}\sum\limits_{k=1}^{n}E(|X_k-\mu_k|^{2+\delta})\to 0$,则前 n 个随机变量之和 $\sum\limits_{i=1}^{n}X_i$ 的标准化随机变量

$$Z_n=\dfrac{\sum\limits_{k=1}^{n}X_k-E\left(\sum\limits_{k=1}^{n}X_k\right)}{\sqrt{D\left(\sum\limits_{k=1}^{n}X_k\right)}}=\dfrac{\sum\limits_{k=1}^{n}X_k-\sum\limits_{k=1}^{n}\mu_k}{B_n}$$

的分布函数 $F_n(x)$ 对于任意 x 满足

$$\lim_{n\to\infty}F_n(x)=\lim_{n\to\infty}P\left\{\dfrac{\sum\limits_{k=1}^{n}X_k-\sum\limits_{k=1}^{n}\mu_k}{B_n}\leqslant x\right\}=\int_{-\infty}^{x}\dfrac{1}{\sqrt{2\pi}}e^{-\frac{t^2}{2}}dt=\Phi(x).$$

定理 3 表明,在一定条件下,当 n 很大时,无论随机变量 $X_1,X_2,\cdots,X_n,\cdots$ 各自服从什么样的分布,它们的和 $\sum\limits_{k=1}^{n}X_k$ 都近似服从正态分布.

例 1 已知某厂生产的产品的平均使用寿命为 2000 h,标准差为 250 h. 进行技术改造后,产品的平均使用寿命提高到 2250 h,标准差不变. 为了确认这一成果,检验的方法是:任意选取若干件产品进行测试,若产品的平均使用寿命超过 2200 h,就确认技术改造成功. 要使检验通过的概率不低于 0.997,至少应检验多少件产品?

解 设应检验 n 件产品.以 $X_i(i=1,2,\cdots,n)$ 记第 i 件产品的使用寿命,则 n 件产品的平均使用寿命为 $\overline{X}=\dfrac{1}{n}\sum\limits_{i=1}^{n}X_i$,且 $E(X_i)=2250$ h,$D(X_i)=\sigma^2=250^2$ h²$(i=1,2,\cdots,n)$. 根据独立同分布中心极限定理,得

$$P\left\{\frac{1}{n}\sum_{i=1}^{n}X_i > 2200\right\} = P\left\{\frac{\sum_{i=1}^{n}X_i - nE(X_i)}{\sqrt{n}\sigma} > \frac{2200n - nE(X_i)}{\sqrt{n}\sigma}\right\}$$

$$= 1 - P\left\{\frac{\sum_{i=1}^{n}X_i - nE(X_i)}{\sqrt{n}\sigma} \leqslant -\frac{\sqrt{n}}{5}\right\}$$

$$\approx 1 - \Phi\left(-\frac{\sqrt{n}}{5}\right) = \Phi\left(\frac{\sqrt{n}}{5}\right) \geqslant 0.997.$$

查标准正态分布表可得 $\frac{\sqrt{n}}{5} \geqslant 2.75$,从而 $n \geqslant 189.0625$,所以取 $n=190$,即至少应检验 190 件产品.

例 2 设某电站供应 10 000 户居民用电,且用电高峰时,每户居民用电的概率为 0.9.

(1) 计算同时用电的居民在 9030 户以上的概率;

(2) 若每户居民用电 200 W,问: 该电站至少应具有多大发电量,才能以 0.95 的概率保证供电?

解 以 X 记用电高峰时同时用电的居民户数.

(1) 所求的概率为 $P\{X > 9030\}$. 因 $X \sim B(10\,000, 0.9)$, $E(X)=9000$, $D(X)=900$, 故

$$P\{X > 9030\} = P\left\{\frac{X-9000}{30} \geqslant \frac{9030-9000}{30}\right\} \approx 1 - \Phi(1)$$

$$= 1 - 0.8413 = 0.1587.$$

(2) 设该电站至少具有发电量 x(单位: W),才能以 0.95 的概率保证供电,则有

$$P\{200X \leqslant x\} = P\left\{X \leqslant \frac{x}{200}\right\} = P\left\{\frac{X-9000}{30} \leqslant \frac{x/200 - 9000}{30}\right\}$$

$$\approx \Phi\left(\frac{x - 1\,800\,000}{6000}\right) \geqslant 0.95.$$

查标准正态分布表得 $\frac{x - 1\,800\,000}{6000} \geqslant 1.65$,解得 $x \geqslant 1\,809\,900$,即该电站至少应具有 1 809 900 W 发电量.

习 题 4.3

1. 设随机变量 $X_1, X_2, \cdots, X_n, \cdots$ 相互独立,且均服从区间 $(-1, 1)$ 上的均匀分布,证明: 当 n 充分大时,随机变量 $Z_n = \frac{1}{n}\sum_{i=1}^{n}X_i^2$ 近似服从正态分布;并指出其分布参数.

2. 设一台加法器同时收到 20 个相互独立的噪声电压 $V_k (k=1,2,\cdots,20)$,这些噪声电

压在区间 $(0,10)$ 上服从均匀分布. 记 $V = \sum_{i=1}^{20} V_k$, 求 $P\{V > 105\}$ 的近似值.

3. 已知某厂所生产产品的次品率为 $p=0.1$. 为了确保销售,该厂向顾客承诺每盒中有 100 个以上正品的概率达到 95%. 问: 该厂需要在一盒中装多少个产品?

4. 设某工厂有 100 台同类机器,各台机器发生故障的概率都是 0.2. 若各台机器工作是相互独立的,1 台机器发生故障时需要 1 人维修,为了使机器发生故障时能及时维修的概率不低于 90%,问: 至少应配备多少名维修工人?

总练习题四

1. 若随机变量 $X_1, X_2, \cdots, X_n, \cdots$ 相互独立,且服从同一分布,其数学期望与方差分别为 $E(X_i) = \mu$,方差为 $D(X_i) = \sigma^2 > 0 (i=1,2,\cdots)$,证明: $\dfrac{X_1 + X_2 + \cdots + X_n}{X_1^2 + X_2^2 + \cdots + X_n^2} \xrightarrow{P} \dfrac{\mu}{\mu^2 + \sigma^2}$.

2. 设 $X_1, X_2, \cdots, X_n$ 是相互独立且服从同一分布的随机变量,其数学期望与方差分别为 $E(X_i) = \mu, D(X_i) = 8 (i=1,2,\cdots,n)$,求 $\overline{X} = \dfrac{1}{n}\sum_{i=1}^{n} X_i$ 所满足的切比雪夫不等式,并估计 $P\{|\overline{X} - \mu| < 4\} \geqslant \alpha$ 中的 α.

3. 用切比雪夫不等式和中心极限定理分别估计: 当抛掷一枚均匀硬币时,需抛掷多少次,才能使得出现正面的频率在 0.4~0.6 之间的概率不小于 90%?

4. 某保险公司多年的资料表明,在索赔客户中,被盗索赔占 20%. 以 X 表示在随机抽查 100 个索赔客户中因被盗而向保险公司索赔的客户数,用中心极限定理求 $P\{14 \leqslant X \leqslant 30\}$ 的近似值.

5. 若产品检查员每 10 s 检查 1 个产品,又已知每个产品需要复检的概率为 0.5,求产品检查员在 8 h 内检查的产品多于 1900 个的概率.

6. 随机地选取两组学生,每组 80 人,分别在两个实验室里测量某种化合物的 pH 值. 已知各人测量的结果是随机变量,相互独立,且服从同一分布,其数学期望为 5,方差为 0.3. 以 $\overline{X}, \overline{Y}$ 分别表示第一组和第二组所得结果的算术平均值,求:
(1) $P\{4.9 < \overline{X} < 5.1\}$; (2) $P\{-0.1 < \overline{X} - \overline{Y} < 0.1\}$.

7. 计算器在进行加法运算时,将每个加数舍入最靠近它的整数. 设所有误差相互独立,且服从区间 $(-0.5, 0.5)$ 上的均匀分布.
(1) 若将 1500 个数相加,问: 误差总和的绝对值超过 15 的概率是多少?
(2) 最多可有多少个数相加,使得误差总和的绝对值小于 10 的概率不小于 0.90?

8. 一个保险公司针对某一阶层与年龄段的人士设立了如下保险品种: 投保人在年初向保险公司交纳保费 120 元,若投保人在该年身故,则其家属可领取赔偿金 20 000 元. 已知这类人士在一年内死亡的概率为 0.002. 若该保险公司希望以 99.99% 的可能性保证获利不少于 500 000 元,至少要发展多少个客户?

9. 对于一个学生而言,来参加家长会的家长人数是一个随机变量. 设每个学生无家长、有 1 位家长、有 2 位家长参会的概率分别为 0.05,0.8,0.15. 若一学校共有 400 个学生,各学生的参会家长人数相互独立,且服从同一分布,求:

(1) 参会的家长人数 X 超过 450 的概率;

(2) 有 1 位家长参会的学生不多于 340 个的概率.

10. 设某种电子器件的使用寿命服从参数为 $\lambda = 0.01$(单位:h^{-1})的指数分布. 在使用时,若电子器件损坏,则马上进行替换. 已知这种电子器件的价格是 100 元/个. 为了保证能以 95% 的概率全年(一年按 365 天计)每天 24 h 不间断工作,年初时应为这种电子器件预留多少钱?

第五章 数理统计的基本知识

> 数理统计主要研究统计推断问题,即在随机变量概率分布未知的情况下,如何根据试验或观察得到的数据,对所研究对象的性质、特点做出合理的估计与推断.

§5.1 数理统计的基本概念

一、总体与样本

当一个随机变量的概率分布未知或不完全知道时,人们只能对该随机变量进行大量的独立重复试验,分析得到的数据,进而对该随机变量的概率分布做出种种推理与判断. 这里视所研究的随机变量为**总体**,为了分析推理做试验而取得数据即为**抽样**,试验的结果构成**样本**,而单个试验的结果称为**个体**,试验的次数称为**样本容量**.

在实际应用中,总体和样本总是与数量指标相关联. 比如研究灯泡的使用寿命,则所有灯泡的使用寿命构成总体,任何单个灯泡的使用寿命为个体,而为研究总体特征所抽取的灯泡的使用寿命构成样本,样本中所含的个体的数量就是样本容量.

总体是一个随机变量,它不仅体现为数量指标,且取值服从一定的分布,一般记之为 X,称为总体 X 或随机变量 X. 为了对总体 X 做出合理的估计和推断,需要从抽样中得到能代表总体 X 的样本——简单随机样本. 对于总体 X,其简单随机样本可具体定义如下:

定义 1 设 X 是具有分布函数 $F(x)$ 的随机变量. 若 $X_1, X_2, \cdots, X_n$ 是与 X 具有同一分布函数 $F(x)$ 且相互独立的随机变量,则称 $X_1, X_2, \cdots, X_n$ 为来自总体 X 或分布函数 $F(x)$(有时也说来自总体 $F(x)$)的容量为 n 的**简单随机样本**(简称样本). 样本 $X_1, X_2, \cdots, X_n$ 的观察值 $x_1, x_2, \cdots, x_n$ 称为**样本值**.

获得简单随机样本的抽样方法称为**简单随机抽样**.

基于总体所包含个体的数量可将总体分成**有限总体**与**无限总体**. 但在实际计算中,当有限总体包含的个体的总数很大时,一般近似地将它看成是无限总体.

二、样本的分布函数

设总体 X 的分布函数为 $F(x)$,$X_1,X_2,\cdots,X_n$ 是来自总体 X 的样本. 根据样本的定义,可得 $(X_1,X_2,\cdots,X_n)$ 的联合分布函数为

$$F^*(x_1,x_2,\cdots,x_n) = \prod_{i=1}^{n} F(x_i).\qquad ①$$

若 X 具有概率密度 $f(x)$,则 $(X_1,X_2,\cdots,X_n)$ 的联合概率密度为

$$f^*(x_1,x_2,\cdots,x_n) = \prod_{i=1}^{n} f(x_i).\qquad ②$$

例 1 设总体 X 服从两点分布 $B(1,p)(0<p<1)$,$X_1,X_2,\cdots,X_n$ 是来自总体 X 的样本,求 $(X_1,X_2,\cdots,X_n)$ 的联合分布律.

解 总体 X 的分布律为

$$P\{X=i\} = p^i(1-p)^{1-i} \quad (i=0,1).$$

因为 $X_1,X_2,\cdots,X_n$ 相互独立且与 X 同分布,所以 $(X_1,X_2,\cdots,X_n)$ 的联合分布律为

$$P\{X_1=x_1,X_2=x_2,\cdots,X_n=x_n\} = P\{X_1=x_1\}P\{X_2=x_2\}\cdots P\{X_n=x_n\}$$

$$= p^{\sum_{i=1}^{n} x_i}(1-p)^{n-\sum_{i=1}^{n} x_i},$$

其中 $x_1,x_2,\cdots,x_n$ 都在集合 $\{0,1\}$ 中取值.

例 2 设总体 X 服从参数为 $\lambda(>0)$ 的指数分布,$X_1,X_2,\cdots,X_n$ 是来自总体 X 的样本,求 $(X_1,X_2,\cdots,X_n)$ 的联合概率密度.

解 总体 X 的概率密度为

$$f(x) = \begin{cases} \lambda e^{-\lambda x}, & x>0, \\ 0, & \text{其他}. \end{cases}$$

因为 $X_1,X_2,\cdots,X_n$ 相互独立且与 X 同分布,所以 $(X_1,X_2,\cdots,X_n)$ 的联合概率密度为

$$f^*(x_1,x_2,\cdots,x_n) = \prod_{i=1}^{n} f(x_i) = \begin{cases} \lambda^n e^{-\lambda \sum_{i=1}^{n} x_i}, & x_i>0, \\ 0, & \text{其他}. \end{cases}$$

三、经验分布函数

总体 X 的分布函数一般不容易确定,但我们可以利用样本值来构造总体的经验分布函数,进而用它来近似地表示总体的分布函数.

设 $X_1,X_2,\cdots,X_n$ 是来自总体 X 的样本,用 $S(x)$ 表示 $X_1,X_2,\cdots,X_n$ 中不大于 x 的随机变量的个数. 定义**经验分布函数** $F_n(x)$ 为

$$F_n(x) = \frac{1}{n}S(x) \quad (-\infty<x<+\infty).\qquad ③$$

无论 X 的分布函数是否容易求得,其经验分布函数是容易确定的,且有结论：对于任意实数 x,当 $n\to\infty$ 时,$F_n(x)$ 以概率 1 一致收敛于总体的分布函数 $F(x)$,即

$$P\{\lim_{n\to\infty}\sup_{-\infty<x<+\infty}|F_n(x)-F(x)|=0\}=1. \qquad ④$$

上述结论是由格里汶科(Glivenko)在 1933 年证明的. 这个结论表明,对于任意实数 x,当 n 充分大时,经验分布函数的任意一个观察值 $F_n(x)$ 与总体分布函数 $F(x)$ 有较大偏差的可能性极小,从而在实践上可当作 $F(x)$ 来使用.

例 3 设总体 X 具有一个样本值 $1,2,2,4$,则经验分布函数 $F_4(x)$ 的观察值为

$$F_4(x)=\begin{cases}0, & x<1,\\ 1/4, & 1\leqslant x<2,\\ 3/4, & 2\leqslant x<4,\\ 1, & x\geqslant 4.\end{cases}$$

四、统计量

如前所述,样本是进行统计推断的依据. 前面给出了样本的联合分布函数与联合概率密度,并构造了关于总体的经验分布函数,但在实际使用时很少直接使用它们. 这有两个原因：一是总体的分布并不是完全确定的,从而样本的联合分布函数与联合概率密度也不能精确给定,且其形式复杂,不易计算及方法典型化；二是对经验分布函数而言,虽然它可以用于概率的近似计算,但其无法为进一步或深层次的理论推导提供支持. 因此,在进行推断时,一般是针对问题本身构造关于样本的函数,再利用所构造的函数对总体做进一步推断.

定义 2 设 $X_1, X_2, \cdots, X_n$ 是来自总体 X 的样本,g 是 n 元连续函数. 若 $g(X_1, X_2, \cdots, X_n)$ 中不含任何未知参数,则称 $g(X_1, X_2, \cdots, X_n)$ 为一个**统计量**.

由于 $X_1, X_2, \cdots, X_n$ 都是随机变量,而 g 是 n 元连续函数,从而统计量 $g(X_1, X_2, \cdots, X_n)$ 也是随机变量. 设 $x_1, x_2, \cdots, x_n$ 是相应于样本 $X_1, X_2, \cdots, X_n$ 的样本值,则称 $g(x_1, x_2, \cdots, x_n)$ 为统计量 $g(X_1, X_2, \cdots, X_n)$ 的观察值.

例 4 设 X_1, X_2, X_3 是来自正态总体 $X\sim N(\mu,\sigma^2)$ 的样本,其中 μ 已知,σ^2 未知. 判断下列式子中哪些是统计量：

$$g_1(X_1,X_2,X_3)=X_1, \qquad g_2(X_1,X_2,X_3)=\frac{1}{3}(X_1+X_2+X_3),$$

$$g_3(X_1,X_2,X_3)=X_1+X_2-2\mu, \qquad g_4(X_1,X_2,X_3)=\max\{X_1,X_2,X_3\},$$

$$g_5(X_1,X_2,X_3)=\frac{1}{\sigma^2}(X_1^2+X_2^2+X_3^2).$$

解 显然,除了 $g_5(X_1,X_2,X_3)$ 中含有未知参数 σ^2 外,其他都不含有未知参数,所以 $g_1(X_1,X_2,X_3), g_2(X_1,X_2,X_3), g_3(X_1,X_2,X_3), g_4(X_1,X_2,X_3)$ 都是统计量,$g_5(X_1,X_2,X_3)$ 不是统计量.

下面给出几个常用统计量的定义. 设 $X_1, X_2, \cdots, X_n$ 是来自总体 X 的样本, $x_1, x_2, \cdots, x_n$ 是对应的样本值, 定义:

样本均值

$$\overline{X} = \frac{1}{n}\sum_{i=1}^{n} X_i;$$

样本方差

$$S^2 = \frac{1}{n-1}\sum_{i=1}^{n}(X_i - \overline{X})^2 = \frac{1}{n-1}\Big(\sum_{i=1}^{n} X_i^2 - n\overline{X}^2\Big);$$

样本标准差

$$S = \sqrt{S^2} = \sqrt{\frac{1}{n-1}\sum_{i=1}^{n}(X_i - \overline{X})^2};$$

样本 k 阶(原点)矩

$$A_k = \frac{1}{n}\sum_{i=1}^{n} X_i^k \quad (k=1,2,\cdots);$$

样本 k 阶中心矩

$$B_k = \frac{1}{n}\sum_{i=1}^{n}(X_i - \overline{X})^k \quad (k=2,3,\cdots).$$

它们的观察值分别为

$$\overline{x} = \frac{1}{n}\sum_{i=1}^{n} x_i, \quad s^2 = \frac{1}{n-1}\sum_{i=1}^{n}(x_i - \overline{x})^2, \quad s = \sqrt{\frac{1}{n-1}\sum_{i=1}^{n}(x_i - \overline{x})^2},$$

$$a_k = \frac{1}{n}\sum_{i=1}^{n} x_i^k \ (k=1,2,\cdots), \quad b_k = \frac{1}{n}\sum_{i=1}^{n}(x_i - \overline{x})^k \ (k=2,3,\cdots).$$

这些观察值仍分别称为样本均值、样本方差、样本标准差、样本 k 阶(原点)矩与样本 k 阶中心矩.

性质 若总体 X 的 k 阶矩 $E(X^k) = \mu_k (k=1,2,\cdots)$ 存在, 则当 $n \to \infty$ 时,

$$A_k \xrightarrow{P} \mu_k \quad (k=1,2,\cdots).$$

证 因为 $X_1, X_2, \cdots, X_n$ 相互独立且与 X 同分布, 所以 $X_1^k, X_2^k, \cdots, X_n^k$ 相互独立且与 X^k 同分布, 从而有

$$E(X_1^k) = E(X_2^k) = \cdots = E(X_n^k) = \mu_k.$$

由辛钦大数定律知

$$A_k = \frac{1}{n}\sum_{i=1}^{n} X_i^k \xrightarrow{P} \mu_k \quad (k=1,2,\cdots).$$

由第四章中依概率收敛的随机变量序列的性质可知

$$g(A_1, A_2, \cdots, A_k) \xrightarrow{P} g(\mu_1, \mu_2, \cdots, \mu_k),$$

其中 g 为连续函数. 这个结论是第六章中矩估计法的理论基础.

习 题 5.1

1. 设有 N 个产品,其中 M 个是次品. 现在进行有放回抽样,且定义随机变量 X_i 如下:
$$X_i = \begin{cases} 1, & \text{第 } i \text{ 次取得次品}, \\ 0, & \text{第 } i \text{ 次取得正品} \end{cases} \quad (i=1,2,\cdots,n).$$
求 $(X_1,X_2,\cdots,X_n)$ 的联合分布律.

2. 设总体 $X \sim U(a,b)$, $X_1, X_2, \cdots, X_n$ 为来自总体 X 的样本,试写出 $(X_1,X_2,\cdots,X_n)$ 的联合概率密度.

3. 设总体 $X \sim N(12, 2^2)$, $X_1, X_2, \cdots, X_5$ 为来自正态总体 X 的样本,求:
 (1) $P\{\max\{X_1,X_2,\cdots,X_5\} > 15\}$; (2) $P\{\min\{X_1,X_2,\cdots,X_5\} > 10\}$.

4. 随机地观察总体 X,得到 8 个数据:1,1,2,2,2,3,3,4.求经验分布函数 $F_8(x)$ 的观察值.

§5.2 抽 样 分 布

统计量的概率分布称为**抽样分布**. 本节介绍实践上常见的与正态总体有关的几个统计量的概率分布.

一、χ^2 分布

定义 1 设 $X_1, X_2, \cdots, X_n$ 是来自正态总体 $X \sim N(0,1)$ 的样本,则称统计量
$$\chi^2 = X_1^2 + X_2^2 + \cdots + X_n^2 \qquad ①$$
服从自由度为 n 的 χ^2 **分布**,记为 $\chi^2 \sim \chi^2(n)$.

注意,这里及以下所说的自由度均指的是统计量中所包含的独立随机变量的个数.

设随机变量 $\chi^2 \sim \chi^2(n)$,可以证明 χ^2 的概率密度为
$$f(y) = \begin{cases} \dfrac{1}{2^{\frac{n}{2}} \Gamma\left(\dfrac{n}{2}\right)} y^{\frac{n}{2}-1} e^{-\frac{y}{2}}, & y > 0, \\ 0, & \text{其他}. \end{cases} \qquad ②$$

图 1 给出了不同自由度 n 的 χ^2 分布的概率密度曲线.

性质 1(可加性) 设随机变量 $\chi_1^2 \sim \chi^2(n_1)$, $\chi_2^2 \sim \chi^2(n_2)$,且 χ_1^2 与 χ_2^2 相互独立,则
$$\chi_1^2 + \chi_2^2 \sim \chi^2(n_1 + n_2). \qquad ③$$

性质 1 的证明从略. 此性质容易推广为如下形式:若 $\chi_i^2 \sim \chi^2(n_i)(i=1,2,\cdots,m)$,且各

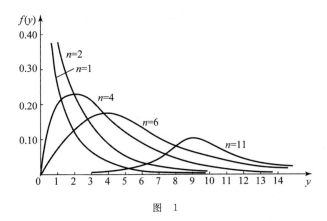

图 1

χ_i^2 相互独立,则

$$\sum_{i=1}^{m} \chi_i^2 \sim \chi^2(n_1 + n_2 + \cdots + n_m).$$

性质 2 设 $X_1, X_2, \cdots, X_n$ 为来自正态总体 $X \sim N(\mu, \sigma^2)$ 的样本,则

$$\frac{1}{\sigma^2} \sum_{i=1}^{n} (X_i - \mu)^2 \sim \chi^2(n). \qquad ④$$

证 因为 $X_i \sim N(\mu, \sigma^2)(i=1,2,\cdots,n)$,从而 $\frac{X_i - \mu}{\sigma} \sim N(0,1)$,又知各 $\frac{X_i - \mu}{\sigma}$ 相互独立,所以

$$\chi^2 = \sum_{i=1}^{n} \left(\frac{X_i - \mu}{\sigma}\right)^2 = \frac{1}{\sigma^2} \sum_{i=1}^{n} (X_i - \mu)^2 \sim \chi^2(n).$$

由 χ^2 分布的定义及数学期望和方差的性质容易得到如下性质:

性质 3 若随机变量 $\chi^2 \sim \chi^2(n)$,则

$$E(\chi^2) = n, \quad D(\chi^2) = 2n. \qquad ⑤$$

定义 2 设随机变量 $\chi^2 \sim \chi^2(n)$. 对于给定的正数 $\alpha(0 < \alpha < 1)$,称满足条件

$$P\{\chi^2 > \chi_\alpha^2(n)\} = \int_{\chi_\alpha^2(n)}^{+\infty} f(y) \mathrm{d}y = \alpha \qquad ⑥$$

的数 $\chi_\alpha^2(n)$ 为 $\chi^2(n)$ 分布的**上 α 分位点**,其中 $f(y)$ 是 χ^2 的概率密度(图 2).

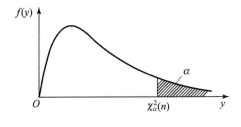

图 2

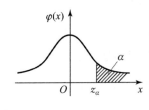

图 3

类似于 $\chi^2(n)$ 分布的上 α 分位点,可定义标准正态分布的上 α 分位点 z_α(图 3)如下:

$$P\{Z>z_\alpha\}=\int_{z_\alpha}^{+\infty}\frac{1}{\sqrt{2\pi}}\mathrm{e}^{-\frac{x^2}{2}}\mathrm{d}x=\alpha,\quad \text{其中}\quad Z\sim N(0,1).$$

对于常用的 α 与不同的 n,可查阅 χ^2 分布表(附表 4)确定 $\chi^2(n)$ 分布的上 α 分位点. 例如,当 $\alpha=0.05, n=10$ 时,$\chi^2_{0.05}(10)=18.307$. 注意,该表只列出了 $n\leqslant 45$ 时的上 α 分位点. 费希尔(Fisher)已证明结论:当 n 充分大时,有如下近似式:

$$\chi^2_\alpha(n)\approx\frac{1}{2}(z_\alpha+\sqrt{2n-1})^2, \qquad ⑦$$

其中 z_α 是标准正态分布的上 α 分位点. 因此,在实践上,当 $n>45$ 时,可用上式求得 $\chi^2(n)$ 分布上 α 分位点的近似值(标准正态分布的上 α 分位点可通过查标准正态分布表得到). 例如,在更详细的 χ^2 分布表上可查得 $\chi^2_{0.05}(50)=67.505$,而由⑦式则有

$$\chi^2_{0.05}(50)\approx\frac{1}{2}(1.645+\sqrt{99})^2\approx 67.221.$$

二、t 分布

定义 3 设随机变量 $X\sim N(0,1), Y\sim\chi^2(n)$,且 X 与 Y 相互独立,则称统计量

$$T=\frac{X}{\sqrt{Y/n}} \qquad ⑧$$

服从自由度为 n 的 **t 分布**,记为 $T\sim t(n)$.

t 分布又称为**学生氏分布**. 可以证明,$T\sim t(n)$ 的概率密度为

$$h(t)=\frac{\Gamma\left(\frac{n+1}{2}\right)}{\sqrt{\pi n}\,\Gamma\left(\frac{n}{2}\right)}\left(1+\frac{t^2}{n}\right)^{-\frac{n+1}{2}}\quad(-\infty<t<+\infty). \qquad ⑨$$

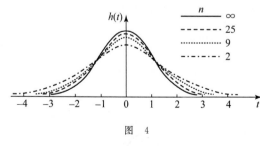

图 4

$h(t)$ 的图形关于 $t=0$ 对称,且当 n 充分大时,其图形类似于标准正态密度曲线(图 4). 事实上,利用 Γ 函数的性质可得

$$\lim_{n\to\infty}h(t)=\frac{1}{\sqrt{2\pi}}\mathrm{e}^{-\frac{t^2}{2}}, \qquad ⑩$$

故当 n 足够大时,$t(n)$ 分布近似于标准正态分布. 一般说来,当 $n>30$ 时,$t(n)$ 分布与标准正态分布就非常接近,但对于较小的 n,$t(n)$ 分布与标准正态分布相差较大.

性质 4 设随机变量 $T\sim t(n)(n>2)$,则 $\mathrm{E}(T)=0, \mathrm{D}(T)=\dfrac{n}{n-2}$.

性质 4 的证明从略. 性质 4 表明,在 t 分布的"尾部"比在标准正态分布的"尾部"有着更

大的概率. 也就是说, 若 T 服从 t 分布, 则对于任意非负数 t_0, 有
$$P\{|T| \geqslant t_0\} \geqslant P\{|X| \geqslant t_0\}, \quad 其中 \quad X \sim N(0,1).$$

定义 4 设随机变量 $T \sim t(n)$. 对于给定的 $\alpha(0<\alpha<1)$, 称满足条件
$$P\{T > t_\alpha(n)\} = \int_{t_\alpha(n)}^{+\infty} h(t)\mathrm{d}t = \alpha \qquad ⑪$$
的数 $t_\alpha(n)$ 为 $t(n)$ 分布的**上 α 分位点**, 其中 $h(t)$ 为 T 的概率密度(图 5).

由 t 分布概率密度的对称性及其上 α 分位点的定义知
$$t_{1-\alpha}(n) = -t_\alpha(n), \qquad ⑫$$
其中 $t_{1-\alpha}(n)$ 和 $t_\alpha(n)$ 分别是 $t(n)$ 分布的上 $1-\alpha$ 分位点和上 α 分位点.

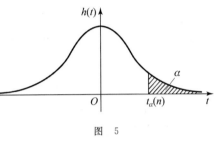

图 5

$t_\alpha(n)$ 的值可由 t 分布表(附表 3)查得. 当 $n > 45$ 时, 可用标准正态分布的上 α 分位点近似 $t(n)$ 分布的上 α 分位点:
$$t_\alpha(n) \approx z_\alpha. \qquad ⑬$$

三、F 分布

定义 5 设随机变量 $U \sim \chi^2(n_1), V \sim \chi^2(n_2)$, 且 U 与 V 相互独立, 则称统计量
$$F = \frac{U/n_1}{V/n_2} \qquad ⑭$$
服从自由度为 (n_1, n_2) 的 F **分布**, 记为 $F \sim F(n_1, n_2)$.

可以求得 $F \sim F(n_1, n_2)$ 的概率密度为
$$\psi(y) = \begin{cases} \dfrac{\Gamma\left(\dfrac{n_1+n_2}{2}\right)\left(\dfrac{n_1}{n_2}\right)^{\frac{n_1}{2}} y^{\frac{n_1}{2}-1}}{\Gamma\left(\dfrac{n_1}{2}\right)\Gamma\left(\dfrac{n_2}{2}\right)\left(1+\dfrac{n_1}{n_2}y\right)^{\frac{n_1+n_2}{2}}}, & y > 0, \\ 0, & 其他, \end{cases} \qquad ⑮$$

其图形如图 6 所示. 显然, F 分布具有如下性质:

性质 5 若随机变量 $F \sim F(n_1, n_2)$, 则 $\dfrac{1}{F} \sim F(n_2, n_1)$. ⑯

定义 6 设随机变量 $F \sim F(n_1, n_2)$. 对于给定的 $\alpha(0<\alpha<1)$, 称满足条件
$$P\{F > F_\alpha(n_1, n_2)\} = \int_{F_\alpha(n_1, n_2)}^{+\infty} \psi(y)\mathrm{d}y = \alpha \qquad ⑰$$
的数 $F_\alpha(n_1, n_2)$ 为 $F(n_1, n_2)$ 分布的**上 α 分位点**, 其中 $\psi(y)$ 为 F 的概率密度(图 7).

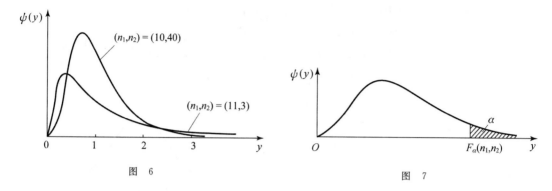

图 6　　　　　　　　图 7

对于常用的 α，F 分布的上 α 分位点可通过查 F 分布表(附表 5)得到. 另外，F 分布的上 α 分位点有如下性质：

$$F_{1-\alpha}(n_1,n_2)=\frac{1}{F_\alpha(n_2,n_1)}. \qquad ⑱$$

习 题 5.2

1. 设 X_1, X_2, X_3, X_4 是来自正态总体 $X \sim N(0,4)$ 的样本，问：a, b 取何值时，随机变量 $Y=a(X_1-2X_2)^2+b(3X_3-4X_4)^2 \sim \chi^2(n)$？并确定 n 的值.

2. 设总体 $X \sim N(0,3^2)$，$X_1, X_2, \cdots, X_{18}$ 是来自总体 X 的样本，证明：统计量

$$T=\frac{X_1+X_2+\cdots+X_9}{\sqrt{X_{10}^2+X_{11}^2+\cdots+X_{18}^2}}$$

服从参数为 9 的 t 分布.

3. 已知随机变量 $X \sim t(n)$，证明：$X^2 \sim F(1,n)$.

4. 设随机变量 $X \sim F(n,n)(n \geqslant 1)$，证明：$P\{X \leqslant 1\} = P\{X \geqslant 1\} = 0.5$.

§5.3　χ^2 分布、t 分布与 F 分布之间的关系

无论总体 X 服从什么样的分布，样本均值 $\overline{X}$ 均具有如下性质：

性质　设总体 X 的数学期望为 μ，方差为 σ^2，$X_1, X_2, \cdots, X_n$ 是来自总体 X 的样本，$\overline{X}$ 为样本均值，则

$$E(\overline{X})=\mu, \quad D(\overline{X})=\frac{\sigma^2}{n}. \qquad ①$$

该性质可利用数学期望与方差的定义直接证明.

以下三个结论均假定总体 X 服从正态分布：

定理 1　设 $X_1, X_2, \cdots, X_n$ 是来自正态总体 $X \sim N(\mu, \sigma^2)$ 的样本，$\overline{X}$ 是样本均值，则

§5.3 χ^2分布、t分布与F分布之间的关系

$$\overline{X} \sim N\left(\mu, \frac{\sigma^2}{n}\right) \qquad ②$$

定理 2 设 $X_1, X_2, \cdots, X_n$ 是来自正态总体 $X \sim N(\mu, \sigma^2)$ 的样本，$\overline{X}, S^2$ 分别是样本均值和样本方差，则

(1) $\dfrac{(n-1)S^2}{\sigma^2} \sim \chi^2(n-1)$； ③

(2) $\overline{X}$ 与 S^2 相互独立.

定理 1 和定理 2 的证明从略.

定理 3 设 $X_1, X_2, \cdots, X_n$ 是来自正态总体 $X \sim N(\mu, \sigma^2)$ 的样本，$\overline{X}, S^2$ 分别是样本均值和样本方差，则

$$\frac{\overline{X} - \mu}{S/\sqrt{n}} \sim t(n-1). \qquad ④$$

证 由定理 1 和定理 2 知

$$\frac{\overline{X} - \mu}{\sigma/\sqrt{n}} \sim N(0,1), \quad \frac{(n-1)S^2}{\sigma^2} \sim \chi^2(n-1),$$

且两者相互独立. 再由 t 分布的定义知

$$\frac{\overline{X} - \mu}{\sigma/\sqrt{n}} \bigg/ \sqrt{\frac{(n-1)S^2}{\sigma^2(n-1)}} \sim t(n-1).$$

化简上式即得式④.

对于两个正态总体的样本均值和样本方差，有以下定理：

定理 4 设 $X_1, X_2, \cdots, X_{n_1}$ 与 $Y_1, Y_2, \cdots, Y_{n_2}$ 分别是来自正态总体 $X \sim N(\mu_1, \sigma_1^2)$ 和 $Y \sim N(\mu_2, \sigma_2^2)$ 的样本，且这两个样本互相独立，$\overline{X} = \dfrac{1}{n_1}\sum_{i=1}^{n_1} X_i, \overline{Y} = \dfrac{1}{n_2}\sum_{i=1}^{n_2} Y_i$ 分别是它们的样本均值，$S_1^2 = \dfrac{1}{n_1-1}\sum_{i=1}^{n_1}(X_i - \overline{X})^2, S_2^2 = \dfrac{1}{n_2-1}\sum_{i=1}^{n_2}(Y_i - \overline{Y})^2$ 分别是它们的样本方差，则

(1) $\dfrac{S_1^2/S_2^2}{\sigma_1^2/\sigma_2^2} \sim F(n_1-1, n_2-1)$； ⑤

(2) 当 $\sigma_1^2 = \sigma_2^2 = \sigma^2$ 时，

$$\frac{(\overline{X} - \overline{Y}) - (\mu_1 - \mu_2)}{S_w\sqrt{\dfrac{1}{n_1} + \dfrac{1}{n_2}}} \sim t(n_1 + n_2 - 2), \qquad ⑥$$

其中 $S_w^2 = \dfrac{(n_1-1)S_1^2 + (n_2-1)S_2^2}{n_1 + n_2 - 2}, \quad S_w = \sqrt{S_w^2}.$

证 (1) 由定理 2 知

第五章 数理统计的基本知识

$$\frac{(n_1-1)S_1^2}{\sigma_1^2} \sim \chi^2(n_1-1), \quad \frac{(n_2-1)S_2^2}{\sigma_2^2} \sim \chi^2(n_2-1),$$

又由假设知 S_1^2 与 S_2^2 相互独立,故根据 F 分布的定义有

$$\frac{(n_1-1)S_1^2}{(n_1-1)\sigma_1^2} \bigg/ \frac{(n_2-1)S_2^2}{(n_2-1)\sigma_2^2} \sim F(n_1-1, n_2-1).$$

化简上式即得式⑤.

(2) 易知 $\overline{X}-\overline{Y} \sim N\left(\mu_1-\mu_2, \frac{\sigma_1^2}{n_1}+\frac{\sigma_2^2}{n_2}\right)$,即当 $\sigma_1^2=\sigma_2^2=\sigma^2$ 时有

$$U = \frac{(\overline{X}-\overline{Y})-(\mu_1-\mu_2)}{\sigma\sqrt{\frac{1}{n_1}+\frac{1}{n_2}}} \sim N(0,1).$$

因为

$$\frac{(n_1-1)S_1^2}{\sigma_1^2} \sim \chi^2(n_1-1), \quad \frac{(n_2-1)S_2^2}{\sigma_2^2} \sim \chi^2(n_2-1),$$

且它们相互独立,所以由 χ^2 分布的可加性知

$$V = \frac{(n_1-1)S_1^2}{\sigma_1^2} + \frac{(n_2-1)S_2^2}{\sigma_2^2} \sim \chi^2(n_1+n_2-2).$$

显然,U 与 V 相互独立,从而按 t 分布的定义有

$$\frac{U}{\sqrt{\frac{V}{n_1+n_2-2}}} = \frac{(\overline{X}-\overline{Y})-(\mu_1-\mu_2)}{S_w\sqrt{\frac{1}{n_1}+\frac{1}{n_2}}} \sim t(n_1+n_2-2).$$

例 1 设 $\overline{X}_1, \overline{X}_2$ 分别是来自正态总体 $X \sim N(\mu, \sigma^2)$ 的容量为 n 的两个样本 $X_{11}, X_{12}, \cdots, X_{1n}$ 与 $X_{21}, X_{22}, \cdots, X_{2n}$ 的样本均值,试确定 n,使得这两个样本均值之差超过 σ 的概率约为 0.01.

解 由于

$$\overline{X}_1 \sim N\left(\mu, \frac{\sigma^2}{n}\right), \quad \overline{X}_2 \sim N\left(\mu, \frac{\sigma^2}{n}\right),$$

且 $\overline{X}_1$ 与 $\overline{X}_2$ 相互独立,因此有

$$\overline{X}_1 - \overline{X}_2 \sim N\left(0, \frac{2\sigma^2}{n}\right), \quad 即 \quad \frac{\overline{X}_1-\overline{X}_2}{\sqrt{2/n}\,\sigma} \sim N(0,1).$$

所以

$$0.01 = P\{|\overline{X}_1-\overline{X}_2| > \sigma\} = P\left\{\left|\frac{\overline{X}_1-\overline{X}_2}{\sqrt{2/n}\,\sigma}\right| > \sqrt{\frac{n}{2}}\right\}$$

$$= 1 - P\left\{\left|\frac{\overline{X}_1-\overline{X}_2}{\sqrt{2/n}\,\sigma}\right| \leqslant \sqrt{\frac{n}{2}}\right\} = 1 - \left(\Phi\left(\sqrt{\frac{n}{2}}\right) - \Phi\left(-\sqrt{\frac{n}{2}}\right)\right)$$

$$= 2 - 2\Phi\left(\sqrt{\frac{n}{2}}\right),$$

即 $\Phi\left(\sqrt{\dfrac{n}{2}}\right)=0.995$. 查标准正态分布表得 $\sqrt{\dfrac{n}{2}}\approx 2.58$, 从而可得 $n=14$ (n 应取为整数).

例 2 设总体 $X\sim N(\mu,4^2)$, $X_1,X_2,\cdots,X_{10}$ 是来自总体 X 的样本, S^2 为样本方差. 已知 $P\{S^2>\alpha\}=0.1$, 求 α 的值.

解 因为 $n=10$, $n-1=9$, $\sigma^2=4^2$, 从而 $\dfrac{9S^2}{4^2}\sim \chi^2(9)$, 又

$$P\{S^2>\alpha\}=P\left\{\dfrac{9S^2}{4^2}>\dfrac{9\alpha}{4^2}\right\}=0.1,$$

所以
$$\dfrac{9\alpha}{4^2}=\chi^2_{0.1}(9)=14.684.$$

故
$$\alpha=14.684\times\dfrac{16}{9}\approx 26.105.$$

习 题 5.3

1. 从正态总体 $X\sim N(52,6.3^2)$ 中抽取一个容量为 36 的样本, 求样本平均值 $\overline{X}$ 落在 $50.8\sim 53.8$ 之间的概率.

2. 从正态总体 $X\sim N(75,100)$ 中抽取一个容量为 n 的样本. 为了使样本均值大于 74 的概率不小于 0.90, 样本容量 n 至少应取多大?

3. 设 $X_1,X_2,\cdots,X_{10}$ 是来自正态总体 X 的样本, 记

$$T=\dfrac{3(X_{10}-\overline{X})}{S\sqrt{10}}, \quad \text{其中} \quad \overline{X}=\dfrac{1}{9}\sum_{i=1}^{9}X_i, \quad S^2=\dfrac{1}{8}\sum_{i=1}^{9}(X_i-\overline{X})^2,$$

证明: 统计量 T 服从自由度为 8 的 t 分布.

4. 从正态总体 $X\sim N(\mu,\sigma^2)$ 中抽取一个容量为 16 的样本, 记 S^2 为样本方差, 这里 μ,σ^2 均未知, 求 $P\left\{\dfrac{S^2}{\sigma^2}\leqslant 2.041\right\}$ 与 $D(S^2)$.

总练习题五

1. 设总体 $X\sim N(12,2^2)$, $X_1,X_2,\cdots,X_5$ 为来自总体 X 的样本, 求:
(1) 样本均值与总体均值之差的绝对值大于 1 的概率;
(2) 若 $P\{11<\overline{X}<13\}\geqslant 0.95$, 则样本容量 n 至少应取多大?

2. 求正态总体 $X\sim N(20,3)$ 的容量分别为 10,15 的两个独立样本均值差的绝对值大于 0.3 的概率.

3. 设 $X_1,X_2,\cdots,X_n$ 是来自正态总体 $X\sim N(\mu,\sigma^2)$ 的样本, S^2 是样本方差, 试确定 n 多大时, 有 $P\left\{\dfrac{S^2}{\sigma^2}\leqslant 1.5\right\}\geqslant 0.95$.

4. 设总体 X 服从正态分布 $N(\mu_1,\sigma^2)$,总体 Y 服从正态分布 $N(\mu_2,\sigma^2)$,且总体 X 与 Y 相互独立,$X_1,X_2,\cdots,X_m$ 和 $Y_1,Y_2,\cdots,Y_n$ 分别是来自总体 X 和 Y 的样本,求

$$E\left[\frac{\sum_{i=1}^{m}(X_i-\overline{X})^2+\sum_{j=1}^{n}(Y_j-\overline{Y})^2}{m+n-2}\right].$$

5. 设 $X_1,X_2,\cdots,X_n$ 为来自正态总体 $X\sim N(\mu,\sigma^2)$ 的样本,$\overline{X}$ 和 S^2 分别为样本均值和样本方差.若新增加一个试验量 $X_{n+1}\sim N(\mu,\sigma^2)$,$X_{n+1}$ 与 $X_1,X_2,\cdots,X_n$ 也相互独立,求统计量

$$U=\frac{X_{n+1}-\overline{X}}{S}\sqrt{\frac{n}{n+1}}$$

的分布.

6. 若随机变量 $X\sim t(10)$,且已知 $P\{X^2<\lambda\}=0.05$,求 λ 的值.

7. 从正态总体 $X\sim N(\mu,\sigma^2)$ 中抽取一个容量为 16 的样本. 在下列情形下,分别求样本均值 $\overline{X}$ 与 μ 之差的绝对值小于 2 的概率:

(1) 已知 $\sigma^2=25$;　　(2) σ^2 未知,但已知样本方差 $s^2=20.8$.

8. 设 $X_1,X_2,\cdots,X_{n_1}$ 是来自正态总体 $X\sim N(\mu_1,\sigma^2)$ 的样本,$Y_1,Y_2,\cdots,Y_{n_2}$ 是来自正态总体 $Y\sim N(\mu_2,\sigma^2)$ 的样本,两者相互独立,$\overline{X},\overline{Y}$ 分别是它们的样本均值,S_1^2,S_2^2 分别是它们的样本方差,c,d 是常数,证明:

$$T=\frac{c(\overline{X}-\mu_1)+d(\overline{Y}-\mu_2)}{S_w\sqrt{\frac{c^2}{n_1}+\frac{d^2}{n_2}}}\sim t(n_1+n_2-2),$$

其中

$$S_w^2=\frac{(n_1-1)S_1^2+(n_2-1)S_2^2}{(n_1+n_2-2)},\quad S_w=\sqrt{S_w^2}.$$

9. 设 $X_1,X_2,\cdots,X_m,\cdots,X_n(m<n)$ 是来自正态总体 $X\sim N(0,1)$ 的样本,令

$$Y=a(X_1+X_2+\cdots+X_m)^2+b(X_{m+1}+X_{m+2}+\cdots+X_n)^2.$$

(1) 求 a,b 的值,使得 Y 服从 χ^2 分布.

(2) 求 c,d 的值,使得 $Z=\dfrac{c(X_1+X_2+\cdots+X_m)}{d\sqrt{X_{m+1}^2+X_{m+2}^2+\cdots+X_n^2}}$ 服从 t 分布.

10. 设总体 X 服从正态分布 $N(\mu,\sigma^2),\sigma>0$. 从该总体中抽取样本 $X_1,X_2,\cdots,X_{2n}(n\geqslant 2)$,其样本均值为 $\overline{X}=\dfrac{1}{2n}\sum_{i=1}^{2n}X_i$,求统计量 $Y=\sum_{i=1}^{n}(X_i+X_{n+i}-2\overline{X})^2$ 的数学期望 $E(Y)$.

第六章 参数估计

> 统计推断的基本问题可分为两大类:一类是估计问题;另一类是假设检验问题.估计问题指的是当总体 X 的概率分布形式已知,但它的一个或多个参数未知时,借助于总体 X 的一个样本对参数进行估计.进行参数估计有两种思路:其一是用样本估计总体参数的值,这称为**点估计**;其二是用样本确定一个数值区间,且要求该区间能以较大的概率包含参数的真值,这称为**区间估计**.本章讨论参数的点估计与区间估计.假设检验问题将在第八章中介绍.

§6.1 矩 估 计

点估计问题的一般提法如下:设总体 X 的概率分布形式已知,但含有未知的待估参数 θ,$X_1,X_2,\cdots,X_n$ 是来自总体 X 的样本,$x_1,x_2,\cdots,x_n$ 是相应的一个样本值.点估计要解决的问题是:构造一个适当的统计量 $\hat{\theta}(X_1,X_2,\cdots,X_n)$,用其观察值 $\hat{\theta}(x_1,x_2,\cdots,x_n)$ 作为未知参数 θ 的近似值.我们称统计量 $\hat{\theta}(X_1,X_2,\cdots,X_n)$ 为 θ 的**估计量**,而称 $\hat{\theta}(x_1,x_2,\cdots,x_n)$ 为 θ 的**估计值**.在不致混淆的情况下,估计量和估计值统称为**估计**,并都简记为 $\hat{\theta}$.

点估计中最常用的两种方法是矩估计法和最大似然估计法.本节介绍矩估计法.

设 X 为连续型随机变量,其概率密度为 $f(x;\theta_1,\theta_2,\cdots,\theta_k)$,或者 X 为离散型随机变量,其分布律为 $P\{X=x\}=p(x;\theta_1,\theta_2,\cdots,\theta_k)$,其中 $\theta_1,\theta_2,\cdots,\theta_k$ 是待估参数;再设 $X_1,X_2,\cdots,X_n$ 是来自总体 X 的样本.假定总体 X 的前 k 阶矩存在:

$$\mu_l = E(X^l) = \int_{-\infty}^{+\infty} x^l f(x;\theta_1,\theta_2,\cdots,\theta_k)\mathrm{d}x \quad (l=1,2,\cdots,k),$$

或者

$$\mu_l = E(X^l) = \sum_{x \in \Omega_X} x^l p(x;\theta_1,\theta_2,\cdots,\theta_k) \quad (l=1,2,\cdots,k),$$

其中 Ω_X 是 X 的可能取值范围. 一般地,它们是 $\theta_1,\theta_2,\cdots,\theta_k$ 的函数.

我们知道,样本矩 $A_l = \dfrac{1}{n}\sum\limits_{i=1}^{n} X_i^l$ 依概率收敛于总体矩 $\mu_l(l=1,2,\cdots,k)$,即

$$A_l = \frac{1}{n}\sum_{i=1}^{n} X_i^l \xrightarrow{P} \mu_l \quad (l=1,2,\cdots,k).$$

更一般地,有

$$g(A_1,A_2,\cdots,A_k) \xrightarrow{P} g(\mu_1,\mu_2,\cdots,\mu_k),$$

其中 g 是连续函数. 上述性质表明,当 n 比较大时,有

$$A_l \approx \mu_l \quad (l=1,2,\cdots,k),$$
$$g(A_1,A_2,\cdots,A_k) \approx g(\mu_1,\mu_2,\cdots,\mu_k).$$

因此,在实践中可用样本矩作为相应总体矩的估计量,用样本矩的连续函数作为相应总体矩的连续函数的估计量. 这种构造估计量进行点估计的方法就称为**矩估计法**.

矩估计法的具体做法如下:设

$$\begin{cases} \mu_1 = \mu_1(\theta_1,\theta_2,\cdots,\theta_k), \\ \mu_2 = \mu_2(\theta_1,\theta_2,\cdots,\theta_k), \\ \cdots\cdots \\ \mu_k = \mu_k(\theta_1,\theta_2,\cdots,\theta_k). \end{cases}$$

这是一个包含 k 个未知参数 $\theta_1,\theta_2,\cdots,\theta_k$ 的方程组,从中解出 $\theta_1,\theta_2,\cdots,\theta_k$,得到

$$\begin{cases} \theta_1 = \theta_1(\mu_1,\mu_2,\cdots,\mu_k), \\ \theta_2 = \theta_2(\mu_1,\mu_2,\cdots,\mu_k), \\ \cdots\cdots \\ \theta_k = \theta_k(\mu_1,\mu_2,\cdots,\mu_k). \end{cases}$$

以样本矩 A_i 代替上式中的 $\mu_i(i=1,2,\cdots,k)$,得

$$\hat{\theta}_i = \theta_i(A_1,A_2,\cdots,A_k) \quad (i=1,2,\cdots,k).$$

把 $\hat{\theta}_i$ 作为 $\theta_i(i=1,2,\cdots,k)$ 的估计量. 这种估计量称为**矩估计量**. 矩估计量的观察值称为**矩估计值**.

例1 设总体 X 的均值 μ 与方差 $\sigma^2>0$ 都存在,且均为未知参数,又设 $X_1,X_2,\cdots,X_n$ 是来自总体 X 的样本,求 μ,σ^2 的矩估计量.

解 由题设容易得到

$$\begin{cases} \mu_1 = E(X) = \mu, \\ \mu_2 = E(X^2) = D(X) + (E(X))^2 = \sigma^2 + \mu^2, \end{cases}$$

解得

$$\begin{cases} \mu = \mu_1, \\ \sigma^2 = \mu_2 - \mu_1^2. \end{cases}$$

分别以样本矩 A_1, A_2 代替总体矩 μ_1, μ_2，得 μ, σ^2 的矩估计量分别为

$$\hat{\mu} = A_1 = \overline{X}, \quad \hat{\sigma}^2 = A_2 - A_1^2 = \frac{1}{n}\sum_{i=1}^{n} X_i^2 - \overline{X}^2 = \frac{1}{n}\sum_{i=1}^{n}(X_i - \overline{X})^2.$$

本例的结果表明，总体均值与方差的矩估计量的表达式不因总体分布的不同而不同.

例 2 设总体 X 服从区间 $[a,b]$ 上的均匀分布，其中 a,b 均为未知参数，$X_1, X_2, \cdots, X_n$ 是来自总体 X 的样本，求 a,b 的矩估计量.

解 由于

$$\mu_1 = \frac{a+b}{2}, \quad \mu_2 = E(X^2) = D(X) + (E(X))^2 = \frac{(a-b)^2}{12} + \frac{(a+b)^2}{4},$$

令

$$\begin{cases} \dfrac{a+b}{2} = A_1, \\ \dfrac{(a-b)^2}{12} + \dfrac{(a+b)^2}{4} = A_2, \end{cases} \quad 即 \quad \begin{cases} a+b = 2A_1, \\ b-a = \sqrt{12(A_2 - A_1^2)}, \end{cases}$$

可得 a,b 的矩估计量分别为

$$\hat{a} = A_1 - \sqrt{3(A_2 - A_1^2)} = \overline{X} - \sqrt{\frac{3}{n}\sum_{i=1}^{n}(X_i - \overline{X})^2},$$

$$\hat{b} = A_1 + \sqrt{3(A_2 - A_1^2)} = \overline{X} + \sqrt{\frac{3}{n}\sum_{i=1}^{n}(X_i - \overline{X})^2}.$$

习 题 6.1

1. 设总体 X 服从参数为 $p(0<p<1)$ 的两点分布，$X_1, X_2, \cdots, X_n$ 是来自总体 X 的样本，求未知参数 p 的矩估计量.

2. 设总体 $X \sim B(N,p)$，其中 N,p 均为未知参数，$X_1, X_2, \cdots, X_n$ 是来自总体 X 的样本，求 N,p 的矩估计量.

3. 设总体 X 的概率密度为

$$f(x;\theta) = \begin{cases} \theta x^{\theta-1}, & 0 < x < 1, \\ 0, & 其他 \end{cases} \quad (\theta > 0),$$

$X_1, X_2, \cdots, X_n$ 是来自总体 X 的样本，求未知参数 θ 的矩估计量.

§6.2 最大似然估计

一、离散型总体参数的最大似然估计

假定总体 X 为离散型随机变量，其分布律 $P\{X=x\} = p(x;\theta)(\theta \in \Theta)$ 的形式已知，其

第六章 参数估计

中 θ 为待估参数,Θ 是 θ 的可能取值范围. 设 $X_1,X_2,\cdots,X_n$ 是来自总体 X 的样本,x_1,$x_2,\cdots,x_n$ 是相应的一个样本值,则样本 $X_1,X_2,\cdots,X_n$ 取到观察值 $x_1,x_2,\cdots,x_n$ 的概率,即事件 $\{X_1=x_1,X_2=x_2,\cdots,X_n=x_n\}$ 的概率为

$$L(x_1,x_2,\cdots,x_n;\theta)=P\{X_1=x_1,X_2=x_2,\cdots,X_n=x_n\}=\prod_{i=1}^{n}p(x_i;\theta) \quad (\theta\in\Theta).$$

我们称 $L(x_1,x_2,\cdots,x_n;\theta)$ 为样本的**似然函数**,简记为 $L(\theta)$.

显然,对于固定的 $(x_1,x_2,\cdots,x_n)$,当 θ 在 Θ 中取不同的值时,似然函数 $L(\theta)$ 一般也不一样. 根据 θ 取不同值时所得概率不同这一事实,费希尔基于常规的思考引入了最大似然估计法. 这一方法出于如下考虑:既然在抽样中取到样本值 $x_1,x_2,\cdots,x_n$,这表明能够取到这一样本值的概率 $L(\theta)$ 应该比较大,即若有 $\theta_0,\theta_1\in\Theta$,且 $L(\theta_1)<L(\theta_0)$,则自然认为取 θ_0 作为未知参数 θ 的估计值较为合理. 费希尔将这一想法具体化,得到另一种点估计的方法——**最大似然估计法**:对于已经固定的样本值,在 θ 的可能取值范围 Θ 内,挑选使似然函数 $L(\theta)$ 取得最大值的 $\hat{\theta}$ 作为 θ 的估计值,即有

$$L(x_1,x_2,\cdots,x_n;\hat{\theta})=\max_{\theta\in\Theta}L(x_1,x_2,\cdots,x_n;\theta).$$

这样得到的 $\hat{\theta}$ 与样本值 $x_1,x_2,\cdots,x_n$ 有关,记为 $\hat{\theta}(x_1,x_2,\cdots,x_n)$,称为参数 θ 的**最大似然估计值**,而称 $\hat{\theta}(X_1,X_2,\cdots,X_n)$ 为参数 θ 的**最大似然估计量**.

例 1 设总体 X 的分布律如表 1 所示,其中 θ 为未知参数. 现抽样得一个样本值 1,2,1,求 θ 的最大似然估计值.

表 1

X	1	2	3
P	θ^2	$2\theta(1-\theta)$	$(1-\theta)^2$

解 由分布律的性质及样本值可知,$\theta\in\Theta=(0,1)$,样本的似然函数为

$$L(\theta)=\prod_{i=1}^{3}p(x_i;\theta)=\theta^2\cdot 2\theta(1-\theta)\cdot\theta^2=2\theta^5(1-\theta).$$

按照最大似然估计法的思想,即要在 $(0,1)$ 中确定一个数值 $\hat{\theta}$,使得 $L(\hat{\theta})$ 达到最大. 由高等数学的知识,可得 $\hat{\theta}=\dfrac{5}{6}$,此即为 θ 的最大似然估计值.

二、连续型总体参数的最大似然估计

当总体 X 为连续型随机变量时,由来自总体 X 的样本 $X_1,X_2,\cdots,X_n$ 构成的 n 维随机变量 $(X_1,X_2,\cdots,X_n)$ 取单点 $(x_1,x_2,\cdots,x_n)$ 的概率恒为 0,即不依赖于参数的具体取值. 为了利用最大似然估计法的思想,转变思路,拟将似然函数取为样本值点 $(x_1,x_2,\cdots,x_n)$ 所在微小区域内的概率. 直观的想法是:既然 $(X_1,X_2,\cdots,X_n)$ 取到点 $(x_1,x_2,\cdots,x_n)$,那么随机点 $(X_1,X_2,\cdots,X_n)$ 落在点 $(x_1,x_2,\cdots,x_n)$ 所在的一个微小(但固定)区域内的概率应该较大

(较其他点而言),将其在参数的可能取值范围内最大化即可得参数的最大似然估计值.

设总体 X 的概率密度是 $f(x;\theta)(\theta \in \Theta)$,$X_1,X_2,\cdots,X_n$ 为来自总体 X 的样本,$x_1,x_2,\cdots,x_n$ 是相应的一个样本值.取点 $(x_1,x_2,\cdots,x_n)$ 所在的一个边长分别为 $\mathrm{d}x_1,\mathrm{d}x_2,\cdots,\mathrm{d}x_n$ 的微小区域,则随机点 $(X_1,X_2,\cdots,X_n)$ 落在该区域内的概率近似为

$$\prod_{i=1}^{n} f(x_i;\theta)\mathrm{d}x_i.$$

显然,上式中 $\mathrm{d}x_1,\mathrm{d}x_2,\cdots,\mathrm{d}x_n$ 为常量,故取

$$L(x_1,x_2,\cdots,x_n;\theta) = \prod_{i=1}^{n} f(x_i;\theta)$$

为样本的**似然函数**,简记为 $L(\theta)$. 若有

$$L(x_1,x_2,\cdots,x_n;\hat{\theta}) = \max_{\theta \in \Theta} L(x_1,x_2,\cdots x_n;\theta),$$

则称 $\hat{\theta}(x_1,x_2,\cdots,x_n)$ 为参数 θ 的**最大似然估计值**,并称 $\hat{\theta}(X_1,X_2,\cdots,X_n)$ 为参数 θ 的**最大似然估计量**.

三、最大似然估计的一般求解步骤

基于对似然函数 $L(\theta)$ 的形式(一般为连乘式且各因式大于 0)的考虑,得到如下求 θ 的最大似然估计的一般步骤:

(1) 写出似然函数

$$L(\theta) = \prod_{i=1}^{n} p(x_i;\theta) \quad (总体\ X\ 为离散型时)$$

或

$$L(\theta) = \prod_{i=1}^{n} f(x_i;\theta) \quad (总体\ X\ 为连续型时).$$

(2) 对似然函数两边取对数,得

$$\ln L(\theta) = \sum_{i=1}^{n} \ln p(x_i;\theta)$$

或

$$\ln L(\theta) = \sum_{i=1}^{n} \ln f(x_i;\theta).$$

(3) 对 $\ln L(\theta)$ 求导数,并令之为 0,得

$$\frac{\mathrm{d}}{\mathrm{d}\theta} \ln L(\theta) = 0.$$

此方程称为**对数似然方程**. 解对数似然方程所得的 $\hat{\theta}$ 即为未知参数 θ 的最大似然估计值.

例如,在例 1 中,对似然函数取对数,得

$$\ln L(\theta) = \ln 2 + 5\ln\theta + \ln(1-\theta).$$

求导数,得

第六章 参数估计

$$\frac{\mathrm{d}}{\mathrm{d}\theta}\ln L(\theta) = \frac{5}{\theta} - \frac{1}{1-\theta}.$$

令导数为 0,解得

$$\hat{\theta} = \frac{5}{6}.$$

最大似然估计法也适用于概率分布中含有多个未知参数 $\theta_1,\theta_2,\cdots,\theta_k$ 的情况,此时只需令

$$\frac{\partial}{\partial \theta_i}\ln L(\theta_1,\theta_2,\cdots,\theta_k) = 0 \quad (i=1,2,\cdots,k).$$

这个方程组称为**对数似然方程组**,它是由 k 个式子组成的线性方程组,解之即可得到各未知参数 θ_i 的最大似然估计值 $\hat{\theta}_i(i=1,2,\cdots,k)$.

例 2 设总体 $X \sim N(\mu,\sigma^2)$,其中 μ,σ^2 为未知参数,$X_1,X_2,\cdots,X_n$ 是来自总体 X 的样本,$x_1,x_2,\cdots,x_n$ 是相应的一个样本值,求 μ,σ^2 的最大似然估计量.

解 X 的概率密度为

$$f(x;\mu,\sigma^2) = \frac{1}{\sqrt{2\pi}\sigma}\mathrm{e}^{-\frac{(x-\mu)^2}{2\sigma^2}} \quad (-\infty < x < +\infty),$$

可求得似然函数如下:

$$L(\mu,\sigma^2) = \prod_{i=1}^{n}\frac{1}{\sqrt{2\pi}\sigma}\mathrm{e}^{-\frac{(x_i-\mu)^2}{2\sigma^2}}.$$

取对数,得

$$\ln L(\mu,\sigma^2) = -\frac{n}{2}\ln 2\pi - \frac{n}{2}\ln \sigma^2 - \frac{1}{2\sigma^2}\sum_{i=1}^{n}(x_i-\mu)^2.$$

令

$$\begin{cases} \dfrac{\partial}{\partial \mu}\ln L(\mu,\sigma^2) = 0, \\ \dfrac{\partial}{\partial \sigma^2}\ln L(\mu,\sigma^2) = 0, \end{cases}$$

可得

$$\begin{cases} \dfrac{1}{\sigma^2}\Big(\sum_{i=1}^{n}x_i - n\mu\Big) = 0, \\ -\dfrac{n}{2\sigma^2} + \dfrac{1}{2(\sigma^2)^2}\sum_{i=1}^{n}(x_i-\mu)^2 = 0, \end{cases}$$

解之得

$$\begin{cases} \hat{\mu} = \dfrac{1}{n}\sum_{i=1}^{n}x_i = \overline{x}, \\ \hat{\sigma}^2 = \dfrac{1}{n}\sum_{i=1}^{n}(x_i-\overline{x})^2. \end{cases}$$

故 μ, σ^2 的最大似然估计量分别为

$$\hat{\mu} = \overline{X}, \quad \hat{\sigma}^2 = \frac{1}{n}\sum_{i=1}^{n}(X_i - \overline{X})^2.$$

下面给出一个在特殊情形下求最大似然估计的例子.

例 3 设总体 X 服从区间 $[a,b]$ 上的均匀分布,其中 a,b 均为未知参数,$X_1, X_2, \cdots, X_n$ 是来自总体 X 的样本,$x_1, x_2, \cdots, x_n$ 是相应的一个样本值,求 a,b 的最大似然估计量.

解 记

$$x_{(l)} = \min\{x_1, x_2, \cdots, x_n\}, \quad x_{(h)} = \max\{x_1, x_2, \cdots, x_n\}.$$

X 的概率密度为

$$f(x;a,b) = \begin{cases} \dfrac{1}{b-a}, & a \leqslant x \leqslant b, \\ 0, & \text{其他}. \end{cases}$$

由于 $a \leqslant x_1 \leqslant b, a \leqslant x_2 \leqslant b, \cdots, a \leqslant x_n \leqslant b$ 等价于 $a \leqslant x_{(l)} \leqslant b, a \leqslant x_{(h)} \leqslant b$,故有似然函数

$$L(a,b) = \begin{cases} \dfrac{1}{(b-a)^n}, & a \leqslant x_{(l)}, b \geqslant x_{(h)}, \\ 0, & \text{其他}. \end{cases}$$

于是,对于满足条件 $a \leqslant x_{(l)}, b \geqslant x_{(h)}$ 的任意 a,b,有

$$L(a,b) \leqslant \frac{1}{(x_{(h)} - x_{(l)})^n},$$

即似然函数 $L(a,b)$ 在 $a = x_{(l)}, b = x_{(h)}$ 处达到最大,从而 a,b 的最大似然估计值分别为

$$\hat{a} = x_{(l)} = \min\{x_1, x_2, \cdots, x_n\}, \quad \hat{b} = x_{(h)} = \max\{x_1, x_2, \cdots, x_n\}.$$

所以,a,b 的最大似然估计量分别为

$$\hat{a} = \min\{X_1, X_2, \cdots, X_n\}, \quad \hat{b} = \max\{X_1, X_2, \cdots, X_n\}.$$

习 题 6.2

1. 设 X 服从参数为 $p(0<p<1)$ 的两点分布,$X_1, X_2, \cdots, X_n$ 是来自总体 X 的样本,求未知参数 p 的最大似然估计量.

2. 设总体 X 的概率密度为

$$f(x;\theta) = \begin{cases} \theta x^{\theta-1}, & 0 < x < 1, \\ 0, & \text{其他} \end{cases} \quad (\theta > 0),$$

$X_1, X_2, \cdots, X_n$ 是来自总体 X 的样本,求未知参数 θ 的最大似然估计量.

3. 设某种元件使用寿命 X 的概率密度为

$$f(x;\theta) = \begin{cases} 2\mathrm{e}^{-2(x-\theta)}, & x \geqslant \theta, \\ 0, & x < \theta \end{cases} \quad (\theta > 0),$$

$x_1, x_2, \cdots, x_n$ 是来自总体 X 的一个样本值,求未知参数 θ 的最大似然估计值.

§6.3 点估计的评价标准

如 §6.1 的例 2 与 §6.2 的例 3 所示，在点估计中，用不同方法对参数 θ 进行估计所得的估计量一般不相同. 原则上，任何统计量都可作为未知参数的估计量. 这就需要解决估计量的评价标准问题.

一、无偏性

设 $X_1, X_2, \cdots, X_n$ 为来自总体 X 的样本，θ 是总体 X 的概率分布中所含的待估参数，Θ 是 θ 的可能取值范围. 若估计量 $\hat{\theta} = \hat{\theta}(X_1, X_2, \cdots, X_n)$ 的数学期望 $E(\hat{\theta})$ 存在，且对于任意 $\theta \in \Theta$，有 $E(\hat{\theta}) = \theta$，则称 $\hat{\theta}(X_1, X_2, \cdots, X_n)$ 为 θ 的**无偏估计量**.

无偏估计的要求在于无系统误差，即
$$E(\hat{\theta}) - \theta = 0.$$

例1 设总体 X 的 k 阶矩 $\mu_k = E(X^k)(k \geqslant 1)$ 存在，$X_1, X_2, \cdots, X_n$ 是来自总体 X 的样本，证明：不论总体 X 服从什么分布，样本 k 阶矩 $A_k = \dfrac{1}{n} \sum_{k=1}^{n} X_i^k$ 是总体 k 阶矩 μ_k 的无偏估计量.

证 因为 $X_1, X_2, \cdots, X_n$ 与 X 同分布，所以 $E(X_i^k) = E(X^k) = \mu_k (k = 1, 2, \cdots, n)$，从而
$$E(A_k) = \frac{1}{n} \sum_{i=1}^{n} E(X_i^k) = \mu_k,$$
即样本 k 阶矩 A_k 是总体 k 阶矩 μ_k 的无偏估计量.

特别地，若总体 X 的数学期望存在，则 $\overline{X}$ 是总体 X 数学期望 $\mu_1 = E(X)$ 的无偏估计量.

例2 设 $X_1, X_2, \cdots X_n$ 是来自总体 X 的样本，证明：若总体 X 的数学期望 μ 与方差 $\sigma^2 > 0$ 都存在，且均为未知参数，则 $\hat{\sigma}^2 = \dfrac{1}{n} \sum_{i=1}^{n} (X_i - \overline{X})^2$ 不是 σ^2 的无偏估计量.

证 由于
$$\hat{\sigma}^2 = \frac{1}{n} \sum_{i=1}^{n} (X_i - \overline{X})^2 = \frac{1}{n} \sum_{i=1}^{n} X_i^2 - \overline{X}^2 = A_2 - \overline{X}^2,$$
且由例 1 可知 A_2 是 μ_2 的无偏估计量，即有 $E(A_2) = \mu_2 = E(X^2) = \sigma^2 + \mu^2$，又因为
$$E(\overline{X}^2) = D(\overline{X}) + (E(\overline{X}))^2 = \frac{\sigma^2}{n} + \mu^2,$$
从而
$$E(\hat{\sigma}^2) = E(A_2 - \overline{X}^2) = E(A_2) - E(\overline{X}^2) = \frac{n-1}{n} \sigma^2,$$
即 $E(\hat{\sigma}^2) \neq \sigma^2$，所以 $\hat{\sigma}^2$ 不是 σ^2 的无偏估计量.

§6.3 点估计的评价标准

一般地，可以对不是无偏的估计量进行无偏化处理. 例如，在例 2 中，将 $\hat{\sigma}^2$ 乘以 $\dfrac{n}{n-1}$ 后所得的 $\dfrac{n}{n-1}\hat{\sigma}^2$ 即为 σ^2 的无偏估计量，因为

$$E\left(\frac{n}{n-1}\hat{\sigma}^2\right) = \frac{n}{n-1}E(\hat{\sigma}^2) = \frac{n}{n-1}\cdot\frac{n-1}{n}\sigma^2 = \sigma^2.$$

注意到

$$\frac{n}{n-1}\hat{\sigma}^2 = \frac{1}{n-1}\sum_{i=1}^{n}(X_i-\overline{X})^2 = S^2,$$

这表明了样本方差 S^2 定义形式的合理性.

例 3 设总体 X 服从区间 $[0,\theta]$ 上的均匀分布，其中 $\theta(\theta>0)$ 为未知参数，又设 $X_1, X_2, \cdots, X_n$ 是来自总体 X 的样本，证明：$2\overline{X}$ 与 $\dfrac{n+1}{n}\max\{X_1, X_2, \cdots, X_n\}$ 都是 θ 的无偏估计量.

证 因为

$$E(2\overline{X}) = 2E(\overline{X}) = 2E(X) = 2\cdot\frac{\theta}{2} = \theta,$$

所以 $2\overline{X}$ 是 θ 的无偏估计量.

令 $X_{(h)} = \max\{X_1, X_2, \cdots, X_n\}$，则 $X_{(h)}$ 的概率密度为

$$f(x) = \begin{cases} \dfrac{nx^{n-1}}{\theta^n}, & 0 \leqslant x \leqslant \theta, \\ 0, & \text{其他}. \end{cases}$$

所以

$$E(X_{(h)}) = \int_0^\theta x\cdot\frac{nx^{n-1}}{\theta^n}dx = \frac{n}{n+1}\theta,$$

从而有 $E\left(\dfrac{n+1}{n}X_{(h)}\right) = \theta$，即 $\dfrac{n+1}{n}\max\{X_1, X_2, \cdots, X_n\}$ 也是 θ 的无偏估计量.

二、有效性

设 $\hat{\theta}_1 = \hat{\theta}_1(X_1, X_2, \cdots, X_n)$ 与 $\hat{\theta}_2 = \hat{\theta}_2(X_1, X_2, \cdots, X_n)$ 是总体 X 的未知参数 θ 的两个无偏估计量. 若 $D(\hat{\theta}_1) \leqslant D(\hat{\theta}_2)$，则称 $\hat{\theta}_1(X_1, X_2, \cdots, X_n)$ 较 $\hat{\theta}_2(X_1, X_2, \cdots, X_n)$ **有效**.

例 4 证明：在例 3 中，当 $n \geqslant 2$ 时，$\hat{\theta}_2 = \dfrac{n+1}{n}\max\{X_1, X_2, \cdots, X_n\}$ 较 $\hat{\theta}_1 = 2\overline{X}$ 有效.

证 在例 3 中已证明 $\hat{\theta}_1, \hat{\theta}_2$ 都是 θ 的无偏估计量. 我们有

$$D(\hat{\theta}_1) = D(2\overline{X}) = 4D(\overline{X}) = 4\cdot\frac{D(X)}{n} = \frac{1}{3n}\theta^2,$$

$$D(\hat{\theta}_2) = D\left(\frac{n+1}{n}X_{(h)}\right) = \left(\frac{n+1}{n}\right)^2 D(X_{(h)}). \qquad ①$$

第六章 参数估计

又由例 3 知 $E(X_{(h)}) = \dfrac{n}{n+1}\theta$，而

$$E(X_{(h)}^2) = \int_0^\theta \dfrac{n}{\theta^n} x^{n+1} dx = \dfrac{n}{n+2}\theta^2,$$

所以

$$D(X_{(h)}) = E(X_{(h)}^2) - (E(X_{(h)}))^2 = \dfrac{n}{(n+1)^2(n+2)}\theta^2.$$

代入式①，可得

$$D(\hat{\theta}_2) = \dfrac{1}{n(n+2)}\theta^2.$$

由题设 $n \geq 2$ 知 $D(\hat{\theta}_2) \leq D(\hat{\theta}_1)$，即 $\hat{\theta}_2$ 较 $\hat{\theta}_1$ 有效.

三、相合性

相合性是对参数估计量的基本要求. 设 $\hat{\theta} = \hat{\theta}(X_1, X_2, \cdots, X_n)$ 是参数 θ 的估计量. 若对于任意 $\theta \in \Theta$，当 $n \to \infty$ 时，$\hat{\theta}(X_1, X_2, \cdots, X_n)$ 依概率收敛于 θ，即对于任意 $\theta \in \Theta$ 及任意 $\varepsilon > 0$，有

$$\lim_{n \to \infty} P\{|\hat{\theta} - \theta| < \varepsilon\} = 1,$$

则称 $\hat{\theta}(X_1, X_2, \cdots, X_n)$ 为 θ 的**相合估计量**.

由于估计量的相合性只有当样本容量很大时才能显示出优越性，而这在实际中往往难以做到，因此在工程实际中通常只使用无偏性和有效性这两个标准.

习 题 6.3

1. 设总体 X 服从参数为 λ 的指数分布，即其概率密度为

$$f(x;\lambda) = \begin{cases} \lambda e^{-\lambda x}, & x > 0, \\ 0, & \text{其他} \end{cases} \quad (\lambda > 0),$$

$X_1, X_2, \cdots, X_n$ 为来自总体 X 的样本，证明：$\overline{X}$ 与 $n\min\{X_1, X_2, \cdots, X_n\}$ 都是 $\dfrac{1}{\lambda}$ 的无偏估计量.

2. 设总体 X 服从参数为 λ 的泊松分布，$X_1, X_2, \cdots, X_n$ 为来自总体 X 的样本，$\overline{X}$ 与 S^2 分别为样本均值和样本方差，证明：对于任意 $\alpha \in [0,1]$，统计量 $\alpha\overline{X} + (1-\alpha)S^2$ 都是 λ 的无偏估计量.

3. 设总体 X 的数学期望 μ 与方差 σ^2 都存在，$X_1, X_2, \cdots, X_n$ 为来自总体 X 的样本，$\overline{X}$ 为样本均值. 定义统计量

$$\widetilde{X} = \sum_{i=1}^n \omega_i X_i,$$

其中 $\omega_1, \omega_2, \cdots, \omega_n$ 是任意非负常数且满足 $\sum_{i=1}^{n} \omega_i = 1$. 证明: $\overline{X}$ 与 $\widetilde{X}$ 都是 μ 的无偏估计量, 但 $\overline{X}$ 比 $\widetilde{X}$ 更有效.

§6.4 区间估计

对于观测到的样本值,由点估计能够求出参数 θ 的一个具体值. 显然,不同的样本值求得的 θ 值一般不相同. 区间估计则不以求出 θ 的一个具体值为目标,而是希望通过样本值求出一个区间 (a,b),且要求该区间能以给定的概率包含 θ. 相比点估计而言,区间估计能够做出某种精确度上的评价.

针对具体问题,区间估计所确定的区间具有三种形式: (a,b), $(-\infty, a)$, $(b, +\infty)$,这里 a,b 不为 $\pm\infty$. 一般称第一种形式为双侧置信区间,后两种形式为单侧置信区间.

一、双侧置信区间

设总体 X 的概率分布含有一个未知参数 $\theta(\theta \in \Theta)$. 对于给定的 $\alpha(0<\alpha<1)$ 及任意的 $\theta \in \Theta$,若由来自总体 X 的样本 $X_1, X_2, \cdots, X_n$ 确定的两个统计量 $\underline{\theta} = \underline{\theta}(X_1, X_2, \cdots, X_n)$,$\overline{\theta} = \overline{\theta}(X_1, X_2, \cdots, X_n)$ 满足

$$P\{\underline{\theta}(X_1, X_2, \cdots, X_n) < \theta < \overline{\theta}(X_1, X_2, \cdots, X_n)\} \geq 1 - \alpha, \qquad ①$$

则称区间 $(\underline{\theta}, \overline{\theta})$ 是 θ 的置信度为 $1-\alpha$ 的**(双侧)置信区间**,其中 $\underline{\theta}$ 和 $\overline{\theta}$ 分别称为置信度为 $1-\alpha$ 的**置信下限**和**置信上限**,$1-\alpha$ 称为**置信度**.

需要说明的是,待估参数 θ 虽然是未知的,但它是一个常数,不具有随机性,而区间 $(\underline{\theta}, \overline{\theta})$ 是随机的. 因此,式①说明区间 $(\underline{\theta}, \overline{\theta})$ 以 $1-\alpha$ 的概率包含参数 θ 的真值,而不能把该式说成参数 θ 以 $1-\alpha$ 的概率落入区间 $(\underline{\theta}, \overline{\theta})$. 式①的含义可通俗地描述为: 若反复抽样多次(假设各次的样本容量都是 n),每个样本值都确定一个区间,这个区间可能包含 θ 的真值,也可能不包含,但按伯努利大数定律,在所有得到的区间中,包含 θ 真值的区间约占 $100(1-\alpha)\%$,不包含 θ 真值的区间约占 $100\alpha\%$.

求置信区间的一般步骤如下:

(1) 寻求一个关于样本 $X_1, X_2, \cdots, X_n$ 的函数:
$$Z = Z(X_1, X_2, \cdots, X_n; \theta),$$
其中要求 Z 的概率分布已知且不依赖于任何未知参数(包括 θ);

(2) 对于给定的置信度 $1-\alpha$,确定两个常数 a,b,使得
$$P\{a < Z(X_1, X_2, \cdots, X_n; \theta) < b\} = 1 - \alpha;$$

(3) 若由不等式 $a < Z(X_1, X_2, \cdots, X_n; \theta) < b$ 可得到等价的不等式 $\underline{\theta} < \theta < \overline{\theta}$,其中 $\underline{\theta} =$

$\underline{\theta}(X_1,X_2,\cdots,X_n)$,$\overline{\theta}=\overline{\theta}(X_1,X_2,\cdots,X_n)$都是统计量,则$(\underline{\theta},\overline{\theta})$就是$\theta$的一个置信度为$1-\alpha$的置信区间.

例1 设$X_1,X_2,\cdots,X_n$是来自正态总体$X\sim N(\mu,\sigma^2)$的样本,其中σ^2是已知常数,μ是未知参数,求μ的置信度为$1-\alpha$的置信区间.

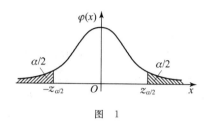

图 1

解 因为$\overline{X}$是μ的无偏估计量,且有$\overline{X}\sim N\left(\mu,\dfrac{\sigma^2}{n}\right)$,从而有$U=\dfrac{\overline{X}-\mu}{\sigma/\sqrt{n}}\sim N(0,1)$,即$U$的概率分布形式是已知的,且不依赖于任何未知参数,从而有可能用来求出μ的置信区间.

由标准正态分布上α分位点的定义以及标准正态分布概率密度是偶函数(图1)知

$$P\left\{-z_{\alpha/2}<\dfrac{\overline{X}-\mu}{\sigma/\sqrt{n}}<z_{\alpha/2}\right\}=1-\alpha,$$

即

$$P\left\{\overline{X}-\dfrac{\sigma}{\sqrt{n}}z_{\alpha/2}<\mu<\overline{X}+\dfrac{\sigma}{\sqrt{n}}z_{\alpha/2}\right\}=1-\alpha,$$

于是得到μ的置信度为$1-\alpha$的置信区间

$$\left(\overline{X}-\dfrac{\sigma}{\sqrt{n}}z_{\alpha/2},\overline{X}+\dfrac{\sigma}{\sqrt{n}}z_{\alpha/2}\right). \qquad ②$$

上述形式的置信区间常常简写成$\left(\overline{X}\pm\dfrac{\sigma}{\sqrt{n}}z_{\alpha/2}\right)$.

注意置信区间并不唯一.例如,在例1中,若取$\alpha=0.05$,则

$$\left(\overline{X}-\dfrac{\sigma}{\sqrt{n}}z_{0.01},\overline{X}+\dfrac{\sigma}{\sqrt{n}}z_{0.04}\right)$$

也是一个置信度为$1-\alpha$的置信区间.类似的置信区间还有无穷多.但应注意到不同置信区间的长度(或跨度)一般不同,区间长度短的表示估计的精确度高.在构造置信区间时,一般应选取精确度高的置信区间.对于概率密度的图形是单峰且关于纵坐标轴对称的情况,可证明当上述一般步骤中a,b的选取关于原点对称时,其置信区间的长度最短(从而精确度最高).但是,在实践中,无论概率密度的图形是否满足这一条件,为了形式的简洁,一般都取成对称的形式(若可取的话).

另外,应注意,当样本容量n固定时,若置信度$1-\alpha$增大,则置信区间的长度增长,即区间估计精确度降低;当置信度$1-\alpha$固定时,若样本容量n增大,则置信区间长度减短,即区间估计精确度提高.

例2 设一台包盐机某日开工时包了12袋盐,称得它们的质量(单位:g)分别为506,500,495,488,504,486,505,513,521,520,512,485.假设这批盐每袋的质量服从正态分布,

§ 6.4 区间估计

且标准差为 $\sigma=10\,\mathrm{g}$,求每袋盐的质量均值 μ 的置信度为 0.90 的置信区间.

解 这里 $\sigma=10\,\mathrm{g}, n=12$,且 $\bar{x}\approx 502.92\,\mathrm{g}, 1-\alpha=0.9$,从而有 $\frac{\alpha}{2}=0.05$. 查标准正态分布表得 $z_{\alpha/2}=1.645$. 由例 1 的结论知,μ 的置信度为 0.90 的一个置信区间为

$$\left(\bar{X}\pm\frac{\sigma}{\sqrt{n}}z_{\alpha/2}\right)\approx\left(502.92\pm\frac{10}{\sqrt{12}}\times 1.645\right)\approx(498.17, 507.67)(\text{单位：g}).$$

二、单侧置信区间

在许多实际问题中,人们更关注待估参数的上限或下限问题. 例如,对于产品的使用寿命而言,人们期望找到产品使用寿命的一个置信下限;而对于次品率,则一般关心其置信上限.

设 $\theta\in\Theta$ 是总体 X 的待估分布参数. 对于任意给定的 $\alpha(0<\alpha<1)$ 以及任意的 $\theta\in\Theta$,若由样本 $X_1, X_2, \cdots, X_n$ 确定的统计量 $\underline{\theta}=\underline{\theta}(X_1, X_2, \cdots, X_n)$ 满足

$$P\{\theta>\underline{\theta}\}\geqslant 1-\alpha, \qquad ③$$

则称区间 $(\underline{\theta}, +\infty)$ 是 θ 的置信度为 $1-\alpha$ 的**单侧置信区间**,其中 $\underline{\theta}$ 称为 θ 的置信度为 $1-\alpha$ 的**单侧置信下限**;若统计量 $\bar{\theta}=\bar{\theta}(X_1, X_2, \cdots, X_n)$ 满足

$$P\{\theta<\bar{\theta}\}\geqslant 1-\alpha, \qquad ④$$

则称区间 $(-\infty, \bar{\theta})$ 是 θ 的置信度为 $1-\alpha$ 的**单侧置信区间**,其中 $\bar{\theta}$ 称为 θ 的置信度为 $1-\alpha$ 的**单侧置信上限**.

例 3 设 $X_1, X_2, \cdots, X_n$ 是来自正态总体 $X\sim N(\mu, \sigma^2)$ 的样本,其中 σ^2 是已知常数,μ 是未知参数,求 μ 的置信度为 $1-\alpha$ 的单侧置信区间.

解 类似于例 1 的推导,在 σ^2 已知时,可得 μ 的单侧置信区间

$$\left(-\infty, \bar{X}+\frac{\sigma}{\sqrt{n}}z_\alpha\right), \qquad ⑤$$

$$\left(\bar{X}-\frac{\sigma}{\sqrt{n}}z_\alpha, +\infty\right). \qquad ⑥$$

对例 2 而言,若关心每袋盐质量的下限,则有单侧置信下限

$$\bar{X}-\frac{\sigma}{\sqrt{n}}z_{0.10}=502.92-\frac{10}{\sqrt{12}}\times 1.282\approx 499.22\,(\text{单位：g}),$$

即这批盐每袋平均质量的单侧置信下限约为 $499.22\,\mathrm{g}$,其置信度为 0.90.

习 题 6.4

设随机变量 X 服从正态分布 $N(\mu, 8)$,其中 μ 为未知参数. 现有来自总体 X 的一个样本值 $x_1, x_2, \cdots, x_{10}$,且已知 $\bar{x}=\frac{1}{10}\sum_{i=1}^{10}x_i=1500.$

1. 求 μ 的置信度为 0.95 的置信区间.
2. 若使 μ 的置信度为 0.95 的置信区间长度不超过 1,则样本容量 n 至少应为多少?
3. 如果样本容量取为 64,则区间 $(\overline{x}-1,\overline{x}+1)$ 作为 μ 的置信区间时,置信度为多少?

§6.5 正态总体均值与方差的区间估计

一、单个正态总体参数的区间估计

设 $X_1, X_2, \cdots, X_n$ 为来自正态总体 $X \sim N(\mu, \sigma^2)$ 的样本,$\overline{X}, S^2$ 分别是样本均值和样本方差,并取置信度为 $1-\alpha (0<\alpha<1)$. 下面讨论参数 μ 和 σ^2 的区间估计.

1. 均值 μ 的置信区间

当 σ^2 已知时,μ 的置信度为 $1-\alpha$ 的双侧及单侧置信区间计算见 §6.4 的例 1 与例 3.
当 σ^2 未知时,由 §5.3 的定理 3 可知

$$\frac{\overline{X}-\mu}{S/\sqrt{n}} \sim t(n-1),$$

从而由 t 分布上 α 分位点的定义以及 t 分布概率密度是偶函数(图1)有

$$P\left\{-t_{\alpha/2}(n-1) < \frac{\overline{X}-\mu}{S/\sqrt{n}} < t_{\alpha/2}(n-1)\right\} = 1-\alpha,$$

即

$$P\left\{\overline{X} - \frac{S}{\sqrt{n}}t_{\alpha/2}(n-1) < \mu < \overline{X} + \frac{S}{\sqrt{n}}t_{\alpha/2}(n-1)\right\} = 1-\alpha,$$

于是得到 μ 的置信度为 $1-\alpha$ 的置信区间

$$\left(\overline{X} \pm \frac{S}{\sqrt{n}}t_{\alpha/2}(n-1)\right). \qquad ①$$

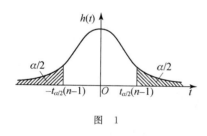

图 1

类似地,可求得 μ 的置信度为 $1-\alpha$ 的单侧置信区间

$$\left(-\infty, \overline{X} + \frac{S}{\sqrt{n}}t_{\alpha}(n-1)\right), \qquad ②$$

$$\left(\overline{X} - \frac{S}{\sqrt{n}}t_{\alpha}(n-1), +\infty\right). \qquad ③$$

例1 设有一大批糖果,现从中随机取 16 袋,称得它们的质量(单位:g)如下:506,508,499,503,504,510,497,512,514,505,493,496,506,502,509,496. 设这种袋装糖果的质量服从正态分布 $N(\mu, \sigma^2)$,其中 μ, σ^2 均为未知参数,求均值 μ 的置信度为 0.95 的置信区间.

解 这里 $\alpha=0.05, n-1=15$. 查 t 分布表得 $t_{0.025}(15)=2.1315$. 由样本值计算得 $\overline{x}=503.75$ g,$s \approx 6.2022$ g,从而得到 μ 的置信度为 0.95 的置信区间

§ 6.5 正态总体均值与方差的区间估计

$$\left(503.75 \pm \frac{6.2022}{\sqrt{16}} \times 2.1315\right) \approx (500.4, 507.1) \text{（单位：g）}.$$

2. 方差 σ^2 的置信区间

当 μ 已知时，由于 $X_1, X_2, \cdots, X_n$ 为样本，$X_i \sim N(\mu, \sigma^2)(i=1,2,\cdots,n)$，故有 $\frac{X_i - \mu}{\sigma} \sim N(0,1)$，从而 $\frac{(X_i - \mu)^2}{\sigma} \sim \chi^2(1)(i=1,2,\cdots,n)$。由 χ^2 分布的可加性知

$$\sum_{i=1}^{n} \frac{(X_i - \mu)^2}{\sigma^2} \sim \chi^2(n),$$

故

$$P\left\{\chi^2_{1-\alpha/2}(n) < \frac{1}{\sigma^2}\sum_{i=1}^{n}(X_i - \mu)^2 < \chi^2_{\alpha/2}(n)\right\} = 1 - \alpha,$$

从而得到 σ^2 的置信度为 $1-\alpha$ 的置信区间

$$\left(\frac{1}{\chi^2_{\alpha/2}(n)}\sum_{i=1}^{n}(X_i - \mu)^2, \frac{1}{\chi^2_{1-\alpha/2}(n)}\sum_{i=1}^{n}(X_i - \mu)^2\right). \quad ④$$

注 在概率密度的图形不满足"单峰且关于纵坐标轴对称"的情况下，如 χ^2 分布和 F 分布的概率密度，习惯上仍取两边概率对称的分位点来确定置信区间（图2）。

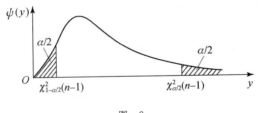

图 2

当 μ 未知时，由 § 5.3 的定理 2 知 $\frac{(n-1)S^2}{\sigma^2} \sim \chi^2(n-1)$，再参照图 2 可知

$$P\left\{\chi^2_{1-\alpha/2}(n-1) < \frac{(n-1)S^2}{\sigma^2} < \chi^2_{\alpha/2}(n-1)\right\} = 1 - \alpha,$$

即

$$P\left\{\frac{(n-1)S^2}{\chi^2_{\alpha/2}(n-1)} < \sigma^2 < \frac{(n-1)S^2}{\chi^2_{1-\alpha/2}(n-1)}\right\} = 1 - \alpha,$$

于是得到 σ^2 的置信度为 $1-\alpha$ 的置信区间

$$\left(\frac{(n-1)S^2}{\chi^2_{\alpha/2}(n-1)}, \frac{(n-1)S^2}{\chi^2_{1-\alpha/2}(n-1)}\right), \quad ⑤$$

进一步得到标准差 σ 的置信度为 $1-\alpha$ 的置信区间

$$\left(\frac{\sqrt{n-1}S}{\sqrt{\chi^2_{\alpha/2}(n-1)}}, \frac{\sqrt{n-1}S}{\sqrt{\chi^2_{1-\alpha/2}(n-1)}}\right). \quad ⑥$$

在实践中，一般更关注 σ^2 的上限。通过类似于上面的推导，可得到 σ^2 的置信度为 $1-\alpha$ 的单侧置信区间(注意 $\sigma^2 > 0$)

$$\left(0, \frac{(n-1)S^2}{\chi^2_{1-\alpha}(n-1)}\right). \qquad \text{⑦}$$

二、两个正态总体参数相比较的置信区间

设 $X_1, X_2, \cdots, X_{n_1}$ 为来自正态总体 $X \sim N(\mu_1, \sigma_1^2)$ 的样本，$Y_1, Y_2, \cdots, Y_{n_2}$ 为来自正态总体 $Y \sim N(\mu_2, \sigma_2^2)$ 的样本，且两个样本相互独立，$\overline{X}, \overline{Y}$ 分别是它们的样本均值，S_1^2, S_2^2 分别是它们的样本方差。下面分别讨论这两个总体的均值差 $\mu_1 - \mu_2$ 与方差比 $\dfrac{\sigma_1^2}{\sigma_2^2}$ 的置信区间。

1. $\mu_1 - \mu_2$ 的置信区间

当 σ_1^2, σ_2^2 均已知时，$\mu_1 - \mu_2$ 的置信度为 $1-\alpha$ 的置信区间

$$\left(\overline{X} - \overline{Y} \pm z_{\alpha/2} \sqrt{\frac{\sigma_1^2}{n_1} + \frac{\sigma_2^2}{n_2}}\right). \qquad \text{⑧}$$

这是因为，$\overline{X}, \overline{Y}$ 分别是 μ_1, μ_2 的无偏估计量，从而 $\overline{X} - \overline{Y}$ 是 $\mu_1 - \mu_2$ 的无偏估计量，再由 $\overline{X}$ 与 $\overline{Y}$ 的独立性以及 $\overline{X} \sim N\left(\mu_1, \dfrac{\sigma_1^2}{n_1}\right), \overline{Y} \sim N\left(\mu_2, \dfrac{\sigma_2^2}{n_2}\right)$ 可知

$$\overline{X} - \overline{Y} \sim N\left(\mu_1 - \mu_2, \frac{\sigma_1^2}{n_1} + \frac{\sigma_2^2}{n_2}\right) \quad \text{或} \quad \frac{(\overline{X} - \overline{Y}) - (\mu_1 - \mu_2)}{\sqrt{\dfrac{\sigma_1^2}{n_1} + \dfrac{\sigma_2^2}{n_2}}} \sim N(0, 1),$$

于是得到 $\mu_1 - \mu_2$ 的置信度为 $1-\alpha$ 的置信区间

$$\left(\overline{X} - \overline{Y} \pm z_{\alpha/2} \sqrt{\frac{\sigma_1^2}{n_1} + \frac{\sigma_2^2}{n_2}}\right).$$

当 $\sigma_1^2 = \sigma_2^2 = \sigma^2$，但 σ^2 未知时，可求得 $\mu_1 - \mu_2$ 的置信度为 $1-\alpha$ 的置信区间

$$\left(\overline{X} - \overline{Y} \pm S_w t_{\alpha/2}(n_1 + n_2 - 2) \sqrt{\frac{1}{n_1} + \frac{1}{n_2}}\right), \qquad \text{⑨}$$

其中

$$S_w^2 = \frac{(n_1 - 1)S_1^2 + (n_2 - 1)S_2^2}{n_1 + n_2 - 2}, \quad S_w = \sqrt{S_w^2}.$$

当 σ_1^2, σ_2^2 均未知时，若 n_1, n_2 很大(大于 50)，则可得到 $\mu_1 - \mu_2$ 的置信度为 $1-\alpha$ 的近似置信区间

$$\left(\overline{X} - \overline{Y} \pm z_{\alpha/2} \sqrt{\frac{S_1^2}{n_1} + \frac{S_2^2}{n_2}}\right). \qquad \text{⑩}$$

例 2 为了比较 I, II 两种型号步枪子弹的枪口速度，随机抽取 I 型步枪子弹 10 发，得到子弹枪口速度的平均值为 $\overline{x}_1 = 500 \text{ m/s}$，标准差为 $s_1 = 1.10 \text{ m/s}$；随机抽取 II 型步枪子弹

§6.5 正态总体均值与方差的区间估计

20 发,得到子弹枪口速度的平均值为 $\bar{x}_2 = 496$ m/s,标准差为 $s_2 = 1.20$ m/s. 假设这两种型号步枪子弹的枪口速度均可认为近似地服从正态分布,且由生产过程可认为它们的方差相等,求这两种型号步枪子弹的枪口速度均值差 $\mu_1 - \mu_2$ 的置信度为 0.95 的置信区间.

解 由题意,两个正态总体的方差相等,但是未知的,$\frac{\alpha}{2} = 0.025, n_1 = 10, n_2 = 20, n_1 + n_2 - 2 = 28.$ 查 t 分布表得 $t_{0.025}(28) = 2.0484$,又 $s_w^2 = \frac{9 \times 1.10^2 + 19 \times 1.20^2}{28}, s_w = \sqrt{s_w^2} \approx 1.1688.$ 代入式⑨,即得 $\mu_1 - \mu_2$ 的置信度为 0.95 的置信区间

$$\left(\bar{x}_1 - \bar{x}_2 \pm s_w t_{0.025}(28)\sqrt{\frac{1}{10} + \frac{1}{20}}\right) \approx (4 \pm 0.93).$$

2. $\dfrac{\sigma_1^2}{\sigma_2^2}$ 的置信区间

这里我们仅讨论两个正态总体的均值 μ_1, μ_2 均未知的情形. 根据第五章 §5.3 的定理 4 知

$$\frac{S_1^2/S_2^2}{\sigma_1^2/\sigma_2^2} \sim F(n_1 - 1, n_2 - 1),$$

再由 F 分布的上 α 分位点可确定 $\dfrac{\sigma_1^2}{\sigma_2^2}$ 的置信区间. 经推导可得到 $\dfrac{\sigma_1^2}{\sigma_2^2}$ 的置信度为 $1-\alpha$ 的置信区间

$$\left(\frac{S_1^2}{S_2^2} \cdot \frac{1}{F_{\alpha/2}(n_1 - 1, n_2 - 1)}, \frac{S_1^2}{S_2^2} \cdot \frac{1}{F_{1-\alpha/2}(n_1 - 1, n_2 - 1)}\right), \qquad ⑪$$

进而得到 $\dfrac{\sigma_1}{\sigma_2}$ 的置信度为 $1-\alpha$ 的置信区间

$$\left(\sqrt{\frac{S_1^2}{S_2^2} \cdot \frac{1}{F_{\alpha/2}(n_1 - 1, n_2 - 1)}}, \sqrt{\frac{S_1^2}{S_2^2} \cdot \frac{1}{F_{1-\alpha/2}(n_1 - 1, n_2 - 1)}}\right).$$

例 3 设甲、乙两台机床加工同一种零件. 从甲机床加工的零件中随机抽取 9 个样品,乙机床加工的零件中随机抽取 6 个样品,并分别测量它们的长度(单位:mm). 由所得数据计算得甲机床加工的零件长度的样本方差为 $s_1^2 = 0.245$ mm²,而乙机床加工的零件长度的样本方差为 $s_2^2 = 0.357$ mm². 假定两台机床加工的零件长度都服从正态分布,方差分别为 σ_1^2, σ_2^2. 在置信度 0.98 下,求这两台机床加工精确度之比 $\dfrac{\sigma_1}{\sigma_2}$ 的置信区间.

解 这是在两个正态总体均值未知的条件下,求 $\dfrac{\sigma_1}{\sigma_2}$ 的置信区间. 由于 $n_1 = 9, n_2 = 6, \alpha = 0.02, F_{1-\alpha/2}(n_1 - 1, n_2 - 1) = F_{0.99}(8, 5) = \dfrac{1}{F_{0.01}(5, 8)} = \dfrac{1}{6.63}, F_{\alpha/2}(8, 5) = F_{0.01}(8, 5) = 10.29,$

于是得到 $\dfrac{\sigma_1}{\sigma_2}$ 的置信度为 0.98 的置信区间

$$\left(\sqrt{\dfrac{S_1^2}{S_2^2}\cdot\dfrac{1}{F_{\alpha/2}(n_1-1,n_2-1)}},\ \sqrt{\dfrac{S_1^2}{S_2^2}\cdot\dfrac{1}{F_{1-\alpha/2}(n_1-1,n_2-1)}}\right)$$

$$=\left(\sqrt{\dfrac{0.245}{0.357\times 10.29}},\ \sqrt{\dfrac{0.245\times 6.63}{0.357}}\right)\approx(0.258,2.133).$$

习 题 6.5

1. 从一批灯泡中随机抽取 5 只做试验,测得它们的使用寿命(单位:h)为 1050,1100,1120,1250,1280. 设灯泡的使用寿命服从正态分布,求灯泡使用寿命的均值的置信度为 0.95 的单侧置信下限.

2. 从某台机床加工的一批零件中随机抽取 9 个样品,测得平均长度为 21.4 mm,样本方差为 0.0325 mm². 设该批零件的长度服从正态分布 $N(\mu,\sigma^2)$.

(1) 若 $\sigma=0.15$ mm,求 μ 的置信度为 0.95 的置信区间;

(2) 若 σ 是未知的,求 μ 的置信度为 0.95 的置信区间;

(3) 若 $\mu=21.42$ mm,求 σ^2 的置信度为 0.95 的置信区间;

(4) 若 μ 是未知的,求 σ^2 的置信度为 0.95 的置信区间.

3. 为了提高某一化学产品生产过程的得率,试图采用一种新催化剂. 为了慎重起见,先在试验工厂进行试验. 设采用原来的催化剂进行了 $n_1=8$ 次试验,得到得率的样本均值为 $\overline{x}_1=91.73$,样本方差为 $s_1^2=3.89$;采用新的催化剂进行了 $n_2=8$ 次试验,得到得率的样本均值为 $\overline{x}_2=93.75$,样本方差为 $s_2^2=4.02$. 假设上述两种催化剂下的得率都可认为近似地服从正态分布,且方差相等,求这两种催化剂下得率均值差 $\mu_1-\mu_2$ 的置信度为 0.95 的置信区间.

§6.6 非正态总体参数的区间估计

当总体 X 不服从正态分布时,对总体参数的区间估计一般需要利用中心极限定理进行处理,此时要求样本是大容量的.

假设总体 X 的均值 μ 与方差 σ^2 均存在,$X_1,X_2,\cdots,X_n$ 为来自总体 X 的样本,$\overline{X}$ 和 S^2 分别为样本均值和样本方差,则均值 μ 的置信度为 $1-\alpha$ 的一个近似置信区间是

$$\left(\overline{X}-\dfrac{S}{\sqrt{n}}z_{\alpha/2},\ \overline{X}+\dfrac{S}{\sqrt{n}}z_{\alpha/2}\right).\qquad ①$$

事实上,若记统计量 $T=\dfrac{\overline{X}-\mu}{S/\sqrt{n}}$,则

§6.6 非正态总体参数的区间估计

$$T = \frac{\overline{X}-\mu}{S/\sqrt{n}} = \frac{\overline{X}-\mu}{\sigma/\sqrt{n}} \cdot \frac{\sigma/\sqrt{n}}{S/\sqrt{n}} = \frac{\overline{X}-\mu}{\sigma/\sqrt{n}} \cdot \frac{\sigma}{S}.$$

按照中心极限定理，当 $n \to \infty$ 时，$\frac{\overline{X}-\mu}{\sigma/\sqrt{n}}$ 的极限分布为 $N(0,1)$，而 $\frac{\sigma}{S} \xrightarrow{P} 1$，故当 $n \to \infty$ 时，近似地有

$$T = \frac{\overline{X}-\mu}{S/\sqrt{n}} \sim N(0,1),$$

从而

$$1-\alpha \approx P\{-z_{\alpha/2} < T < z_{\alpha/2}\} = P\left\{-z_{\alpha/2} < \frac{\overline{X}-\mu}{S/\sqrt{n}} < z_{\alpha/2}\right\}$$

$$= P\left\{\overline{X} - \frac{S}{\sqrt{n}}z_{\alpha/2} < \mu < \overline{X} + \frac{S}{\sqrt{n}}z_{\alpha/2}\right\}.$$

对于特定分布的总体，可构造更精确的结果。例如，对于 0-1 分布的总体 X，其分布律为

$$f(x;p) = p^x(1-p)^{1-x} \quad (x=0,1),$$

这里 p 未知。设 $X_1, X_2, \cdots, X_n$ 是来自总体 X 的大容量样本（n 较大，可以利用中心极限定理），则 p 的置信度为 $1-\alpha$ 的一个近似置信区间是

$$\left(\frac{-b-\sqrt{b^2-4ac}}{2a}, \frac{-b+\sqrt{b^2-4ac}}{2a}\right), \qquad ②$$

其中 $a = n + z_{\alpha/2}^2, b = -(2n\overline{X} + z_{\alpha/2}^2), c = n\overline{X}^2$. 这是因为，样本容量 n 较大，于是由中心极限定理知

$$\frac{\sum_{i=1}^{n} X_i - np}{\sqrt{np(1-p)}} = \frac{n\overline{X}-np}{\sqrt{np(1-p)}} \overset{\text{近似}}{\sim} N(0,1),$$

从而

$$P\left\{-z_{\alpha/2} < \frac{n\overline{X}-np}{\sqrt{np(1-p)}} < z_{\alpha/2}\right\} \approx 1-\alpha.$$

因为不等式 $-z_{\alpha/2} < \frac{n\overline{X}-np}{\sqrt{np(1-p)}} < z_{\alpha/2}$ 等价于

$$(n + z_{\alpha/2}^2)p^2 - (2n\overline{X} + z_{\alpha/2}^2)p + n\overline{X}^2 < 0,$$

而使该不等式成立的 p 所满足的区间恰为式②给出的区间，所以式②即为 p 的置信度为 $1-\alpha$ 的近似置信区间。

例 设从一大批产品的 120 个样品中，检得 9 个次品，求这批产品的次品率 p 的置信度为 0.90 的置信区间。

解 由题设知 $n=120, \overline{x}=\frac{9}{120}=0.075, 1-\alpha=0.9, \alpha=0.1, z_{0.05}=1.645$，从而

$$a = n + z_{\alpha/2}^2 = 120 + 1.645^2 \approx 122.706,$$
$$b = -(2n\bar{x} + z_{\alpha/2}^2) = -(2 \times 120 \times 0.075 + 1.645^2) \approx -20.706,$$
$$c = n\bar{x}^2 = 120 \times 0.075^2 = 0.675,$$

于是

$$\sqrt{b^2 - 4ac} = \sqrt{20.706^2 - 4 \times 122.706 \times 0.675} \approx \sqrt{428.738 - 331.306} \approx 9.871.$$

所以，由式②得到 p 的置信度为 0.90 的近似置信区间

$$\left(\frac{-b - \sqrt{b^2 - 4ac}}{2a}, \frac{-b + \sqrt{b^2 - 4ac}}{2a}\right) \approx \left(\frac{20.706 - 9.871}{2 \times 122.706}, \frac{20.706 + 9.871}{2 \times 122.706}\right) \approx (0.044, 0.125).$$

注 当 n 很大时，在应用中一般使用式②的近似式：

$$\left(\bar{X} - z_{\alpha/2}\sqrt{\frac{\bar{X}(1-\bar{X})}{n}}, \bar{X} + z_{\alpha/2}\sqrt{\frac{\bar{X}(1-\bar{X})}{n}}\right).$$

比如，若上例按照式②进行近似计算，则结果为

$$(0.075 - 0.0396, 0.075 + 0.0396) = (0.0354, 0.1146).$$

习 题 6.6

1. 调查某电话呼叫台的服务情况发现：在抽取的 200 个呼叫中，有 40% 需要附加服务（如转换分机等）．以 p 表示需要附加服务的比例，求 p 的置信度为 0.95 的置信区间．

2. 根据经验，用船装运玻璃器皿的损坏率不大于 5%．现要估计某船上玻璃器皿的损坏率，要求估计值与真实损坏率之差不超过 5%．在置信度 0.90 下，应取多大容量的样本验收？

总练习题六

1. 设总体 X 的分布律如表 1 所示，其中 $\theta\left(0 < \theta < \dfrac{1}{2}\right)$ 为未知参数．利用总体 X 的如下样本值求 θ 的矩估计值和最大似然估计值：3,1,3,0,3,1,2,3.

表 1

X	0	1	2	3
P	θ^2	$2\theta(1-\theta)$	θ^2	$1-2\theta$

2. 设总体 X 服从参数为 $\lambda(\lambda > 0)$ 的泊松分布，$X_1, X_2, \cdots, X_n$ 是来自总体 X 的样本，求 λ 的矩估计量与最大似然估计量．

3. 设总体 X 服从几何分布，即其分布律为

$$P\{X = k\} = p(1-p)^{k-1} \quad (k = 1, 2, \cdots),$$

其中 $p(0 < p < 1)$ 为未知参数，求 p 的矩估计量与最大似然估计量．

4. 设 $X_1, X_2, \cdots, X_n$ 是来自正态总体 $X \sim N(0, \sigma^2)$ 的样本，求未知参数 σ^2 的矩估计量和最大似然估计量，并说明 σ^2 的估计量是否为 σ^2 的无偏估计量.

5. 设 $X_1, X_2, \cdots, X_n$ 是来自总体 X 的样本，总体 X 的概率密度为

$$f(x) = \begin{cases} \lambda \alpha x^{\alpha-1} e^{-\lambda x^\alpha}, & x > 0, \\ 0, & \text{其他}, \end{cases}$$

其中 $\lambda(\lambda > 0)$ 是未知参数，$\alpha(\alpha > 0)$ 是已知常数，求 λ 的最大似然估计量.

6. 设 $X_1, X_2, \cdots, X_n$ 是来自总体 X 的样本，总体 X 的概率密度为

$$f(x) = \begin{cases} \dfrac{1}{\theta} e^{-\frac{x-\mu}{\theta}}, & x \geqslant \mu, \\ 0, & \text{其他}, \end{cases}$$

其中 $\theta > 0$，且 θ 与 μ 均是未知参数，试确定 θ 与 μ 的最大似然估计量.

7. 设总体 $X \sim N(\mu, \sigma^2)$，$X_1, X_2, \cdots, X_n$ 是来自总体 X 的样本，试确定常数 c，使得 $c\sum\limits_{i=1}^{n-1}(X_{i+1}-X_i)^2$ 为 σ^2 的无偏估计量.

8. 设 $X_1, X_2, \cdots, X_n$ 是来自正态总体 $X \sim N(\mu, \sigma^2)$ 的样本，其中 μ, σ^2 均为未知参数，随机变量 L 是 μ 的置信度为 $1-\alpha$ 的置信区间的长度，求 $E(L^2)$.

9. 为了估计某种产品使用寿命的均值 μ 和标准差 σ，测试了 10 件这种产品，求得样本均值 $\bar{x} = 1500\,\text{h}$，样本标准差 $s = 20\,\text{h}$. 若已知这种产品的使用寿命服从正态分布 $N(\mu, \sigma^2)$，求 μ 和 σ^2 的置信度为 0.95 的置信区间.

10. 设总体 $X \sim N(\mu_1, 2.18^2)$，$Y \sim N(\mu_2, 1.76^2)$. 现对前者抽取一个容量为 $n_1 = 200$ 的样本，对后者抽取一个容量为 $n_2 = 100$ 的样本，并经计算得它们的样本均值分别为 $\bar{x} = 5.32$，$\bar{y} = 5.76$. 求 $\mu_1 - \mu_2$ 的置信度为 0.95 的置信区间.

第七章 假设检验

> 在第六章所介绍的统计推断的参数估计问题中,常常假设总体服从某种分布,然后对其中的未知参数进行估计.那么,这一假设是否符合实际呢?我们可以用样本来检验此假设是否成立.这就是本章所要介绍的统计推断的另一类重要问题——假设检验问题.

§7.1 假设检验的基本概念

所谓**假设检验**,是指对总体概率分布中的未知参数或总体的概率分布类型做某种假设,然后从总体中随机抽取一个样本,用统计分析方法来检验这种假设是否成立,最后做出接受或拒绝这种假设的决定.对总体概率分布中未知参数的假设检验称为**参数假设检验**;对总体概率分布类型的假设检验称为**分布假设检验**.

一、假设检验问题的提出

引例 某饲料厂用自动打包机包装一种混合饲料,设每袋饲料的质量服从标准差为 $1.5\,\text{kg}$ 的正态分布.若打包机工作正常,则每袋饲料质量的均值应为 $100\,\text{kg}$.某日随机抽取 9 袋,测得其质量(单位:kg)分别为

99.3, 104.7, 100.5, 101.2, 99.7, 98.5, 102.8, 103.3, 100.

问:这一天打包机工作是否正常?

分析 打包机在正常工作时,所包的饲料也不会每袋质量恰好都是 $100\,\text{kg}$,总会有一些波动.设每袋饲料的质量为 X,均值为 μ,则显然 $X \sim N(\mu, 1.5^2)$.若打包机工作正常,则即使每袋饲料的质量有波动,也应在 $100\,\text{kg}$ 附近波动,即 X 的均值为 $\mu = 100\,\text{kg}$.否则,就认为打包机工作不正常.因此,要回答"打包机工作是否正常"这一问题,实质上就是要根据总体 X 的这一个样本值来判断是 $\mu = 100\,\text{kg}$ 还是 $\mu \neq 100\,\text{kg}$.

为此,我们提出两个对立的假设:$H_0: \mu = 100\,\text{kg}$,$H_1: \mu \neq 100\,\text{kg}$.于是,问题转化为根据样本值来判断假设 H_0 是否为真.若 H_0 为真,则接受 H_0,认为打包机工作正常;否则,就拒绝 H_0,而接受 H_1,认为打包机工作

不正常.

一般地,我们将要检验的假设称为**原假设**或**零假设**,记为 H_0;而将原假设 H_0 被拒绝后可选择的假设称为**备择假设**,记为 H_1.

二、假设检验的基本原理

小概率原理(或**实际推断原理**) 小概率事件在 1 次试验中几乎不可能发生.

概率反证法 为了检验一个假设 H_0 是否为真,首先假定 H_0 为真,然后根据样本值对假设 H_0 做出判断:若导致小概率事件发生,则拒绝 H_0;否则,就接受 H_0.

小概率事件在 1 次试验中几乎不可能发生,那么在进行假设检验时,概率水平 α 应该取多大,相应的随机事件才是小概率事件呢?这要看实际情况而定.在进行判断时,首先要根据实际情况确定一个概率水平 α,使得若事件 A 满足 $P(A) \leqslant \alpha$,便认为 A 是小概率事件;然后根据小概率事件 A 是否发生,对原假设 H_0 做出取舍.因此,α 是我们做出接受或拒绝原假设 H_0 的一个标准.在数理统计中,称标准 α 为假设检验的**显著性水平**,而称相应的 $1-\alpha$ 为**置信度**.显著性水平 α 的大小关系到说服力,α 愈小,拒绝 H_0 的说服力愈强.

我们结合引例来说明假设检验的基本原理.由于 μ 是正态分布的均值,而样本均值 $\overline{X}$ 是 μ 的无偏估计,所以 $\overline{X}$ 的大小在一定程度上反映了 μ 的大小.根据样本值,$\overline{X}$ 的观察值 $\overline{x}$ 是可以求出的.因此,若 H_0 为真,则观察值 $\overline{x}$ 与 μ_0 的偏差 $|\overline{x}-\mu_0|$ 不应太大.如果偏差 $|\overline{x}-\mu_0|$ 过分大,我们就有理由怀疑 H_0 的正确性而拒绝 H_0;反之,如果 $|\overline{x}-\mu_0|$ 不是很大,我们就没有充分的理由否定 H_0,故可以接受 H_0.考虑到 H_0 为真时 $\dfrac{\overline{X}-\mu_0}{\sigma/\sqrt{n}} \sim N(0,1)$,而衡量 $|\overline{x}-\mu_0|$ 的大小可归结为衡量 $\left|\dfrac{\overline{x}-\mu_0}{\sigma/\sqrt{n}}\right|$ 的大小,因此我们可以适当选定一个正数 k,使得当观察值 $\overline{x}$ 满足 $\left|\dfrac{\overline{x}-\mu_0}{\sigma/\sqrt{n}}\right| \geqslant k$ 时,就拒绝 H_0;反之,当 $\left|\dfrac{\overline{x}-\mu_0}{\sigma/\sqrt{n}}\right| < k$ 时,就接受 H_0.

然而,由于做出拒绝或接受 H_0 的决定的依据是一个样本值,而抽样具有随机性,所以实际上 H_0 为真时仍可能做出拒绝 H_0 的决定(这种可能性是无法消除的).自然,我们希望 $\{$拒绝 $H_0 \mid H_0$ 为真$\}$ 是一个小概率事件,即对于给定的显著性水平 α,有

$$P\{拒绝 H_0 \mid H_0 为真\} \leqslant \alpha. \qquad ①$$

为了确定正数 k,我们考虑统计量 $Z = \dfrac{\overline{X}-\mu_0}{\sigma/\sqrt{n}}$.而要使得式①成立,只需令

$$P\{拒绝 H_0 \mid H_0 为真\} = P\left\{\left|\dfrac{\overline{X}-\mu_0}{\sigma/\sqrt{n}}\right| \geqslant k\right\} = \alpha.$$

因为当 H_0 为真时,$Z = \dfrac{\overline{X}-\mu_0}{\sigma/\sqrt{n}} \sim N(0,1)$,所以 $P\left\{\left|\dfrac{\overline{X}-\mu_0}{\sigma/\sqrt{n}}\right| \geqslant z_{\alpha/2}\right\} = \alpha$(图 1,其中 $\varphi(x)$ 为标

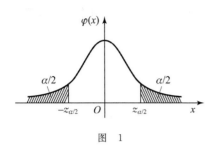

图 1

准正态分布的概率密度),故可取 $k=z_{\alpha/2}$. 于是,若观察值 $\bar{x}$ 满足

$$\left|\frac{\bar{x}-\mu_0}{\sigma/\sqrt{n}}\right| \geqslant k=z_{\alpha/2},$$

则拒绝 H_0;若观察值 $\bar{x}$ 满足

$$\left|\frac{\bar{x}-\mu_0}{\sigma/\sqrt{n}}\right| < k=z_{\alpha/2},$$

则接受 H_0.

在引例中,若取 $\alpha=0.05$,查标准正态分布表得 $k=z_{\alpha/2}=z_{0.025}=1.96$,而观察值 $\bar{x}$ 满足

$$\left|\frac{\bar{x}-\mu_0}{\sigma/\sqrt{n}}\right|=\left|\frac{101.11-100}{1.5/\sqrt{9}}\right|=2.22>1.96,$$

故拒绝 H_0,即认为这一天打包机工作不正常.

前面的假设检验问题通常叙述为:在显著性水平 α 下,检验假设

$$H_0: \mu=\mu_0, \quad H_1: \mu\neq\mu_0.$$

我们要进行的工作是:根据样本值,按照上述检验方法做出决定,以在 H_0 与 H_1 二者之间接受其一.

通常,我们称拒绝原假设 H_0 的区域为**拒绝域**,而称拒绝域以外的区域为**接受域**(接受原假设 H_0 的区域),同时称拒绝域与接受域的分界点为**临界点**,称选取用来确定拒绝域的统计量为**检验统计量**. 例如,在引例中,拒绝域为 $\left|\frac{\bar{x}-100}{1.5/\sqrt{9}}\right|\geqslant z_{\alpha/2}$,接受域为 $\left|\frac{\bar{x}-100}{1.5/\sqrt{9}}\right|<z_{\alpha/2}$,临界点为 $-z_{\alpha/2},z_{\alpha/2}$(图2),检验统计量为 $Z=\frac{\bar{X}-\mu_0}{\sigma/\sqrt{n}}$.

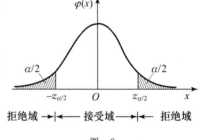

图 2

在引例中,提出的假设是 $H_0:\mu=\mu_0, H_1:\mu\neq\mu_0$. 这类假设检验问题的拒绝域分别在两侧,我们称相应的假设检验为**双边检验**. 有时还会提出假设 $H_0:\mu\leqslant\mu_0, H_1:\mu>\mu_0$ 以及假设 $H_0:\mu\geqslant\mu_0, H_1:\mu<\mu_0$. 这两类假设检验问题的拒绝域分别在右侧和左侧,我们分别称相应的假设检验为**右边检验**和**左边检验**.

三、两类错误

假设检验依据的基本原理是小概率事件在1次试验中几乎不可能发生,但这个原理不等于小概率事件必定不发生.因此,假设检验所做出的决定有可能是错误的.假设检验中所犯的错误可分成两类:

第一类错误 如果原假设 H_0 为真,而样本值却落入拒绝域内,从而做出拒绝 H_0 的结

论,这类错误称为**第一类错误**或**弃真错误**. 根据此定义,显著性水平 α 就是犯第一类错误的概率,即

$$P\{拒绝 H_0 | H_0 为真\} = \alpha.$$

第二类错误　如果原假设 H_0 不真,而样本值却没有落入拒绝域内,从而做出接受 H_0 的结论,这类错误称为**第二类错误**或**取伪错误**. 通常记犯第二类错误的概率为 β,即

$$P\{接受 H_0 | H_0 不真\} = \beta.$$

很自然,在实际假设检验中,人们总是期望不犯错误或少犯错误,也就是让犯错误的可能性 α 和 β 尽可能小一些. 但是,当样本容量 n 固定时,要同时减小 α 和 β 是不可能办到的,要减小其中一个,则另一个就会增大. 要使 α 和 β 同时都减小,必须增大样本容量 n. 在实际工作中,大容量样本往往不容易获得,但由于显著性水平 α 可以选择,所以我们可以控制犯第一类错误的概率. 比如,生产一批农药,需要检测某些指标是否符合质量标准,这时我们宁愿"弃真",也不愿"取伪". 如果设 H_0 为农药合格,那么应取 α 稍大些,宁愿冒着会损失些合格品的风险,也要确保农药的安全、有效使用. 反之,如果某些问题没有必要那么严格,少量的"取伪"也能接受,这时可取 α 稍小些.

另外,需要指出,原假设 H_0 和备择假设 H_1 的地位是不对等的. 从假设检验的基本思想可以看出,拒绝 H_0 是有说服力的,而接受 H_0 时只是因为没有充分的理由拒绝 H_0. 因此, H_0 是受到保护的假设,没有充分的理由是不应被否定的, H_0 和 H_1 不能随意交换. 在实际应用中,一般把不能被轻易否定的命题,即应该受到保护的命题作为原假设 H_0. 而且,在提出假设时,应尽量让后果严重的错误作为第一类错误,因为我们可以控制犯第一类错误的概率 α. 我们也常常把历史资料所提供的论断作为原假设 H_0. 这样,当检验的结论是拒绝 H_0 时,由于犯第一类错误的概率 α 被控制,从而使判断结论更有说服力.

四、假设检验的基本步骤

在解决具体问题时,进行假设检验的基本步骤如下:
(1) 提出原假设 H_0 及备择假设 H_1.
(2) 根据题意选择检验统计量,并在原假设 H_0 为真时确定该检验统计量的分布.
(3) 对于给定的显著性水平 α,根据检验统计量的分布,求出临界点,确定拒绝域.
(4) 根据样本值计算检验统计量的值,若检验统计量的值落入拒绝域内,则认为原假设 H_0 不真,拒绝原假设 H_0,接受备择假设 H_1;否则,就认为原假设 H_0 为真,接受原假设 H_0.

习　题　7.1

1. 在一个假设检验问题中,当检验的最终结果是接受原假设 H_0 时,可能犯什么错误? 当检验的最终结果是拒绝原假设 H_0 时,可能犯什么错误?

2. 某厂有一批产品,共 200 件,需经检验合格才能出厂. 按国家标准次品率不得超过

1%. 现从这批产品中任取 5 件,发现其中有 1 件次品.

(1) 当次品率为 1% 时,求从 200 件产品中随机抽取 5 件,取到 1 件次品的概率;

(2) 根据实际推断原理,这批产品是否可以出厂?

3. 按要求,某种电子元件的平均使用寿命应达到 1000 h. 生产者从一批这种电子元件中随机抽取 25 件,测得其使用寿命的平均值为 950 h. 已知这种电子元件的使用寿命服从标准差为 $\sigma=100$ h 的正态分布,问:这批电子元件的使用寿命是否与要求有显著差异($\alpha=0.05$)?

§7.2 单个正态总体参数的假设检验

正态分布 $N(\mu,\sigma^2)$ 是常用的分布. 本节讨论有关单个正态总体参数(均值 μ 与方差 σ^2)的假设检验问题.

设总体 $X \sim N(\mu,\sigma^2)$,$X_1,X_2,\cdots,X_n$ 是来自总体 X 的样本.

一、总体均值的假设检验

对于均值 μ,我们考虑下述三种假设检验问题:

(1) $H_0: \mu=\mu_0$,$H_1: \mu\neq\mu_0$;

(2) $H_0: \mu\leq\mu_0$,$H_1: \mu>\mu_0$;

(3) $H_0: \mu\geq\mu_0$,$H_1: \mu<\mu_0$.

下面根据方差 σ^2 已知与未知两种情况分别进行讨论.

1. 方差 σ^2 已知时均值 μ 的假设检验

由 §7.1 中的讨论知道,对于假设检验问题(1),解题步骤如下:

(1) 选取检验统计量 $Z=\dfrac{\overline{X}-\mu_0}{\sigma/\sqrt{n}}$,则在原假设 H_0 为真的条件下 $Z\sim N(0,1)$.

(2) 对于给定的显著性水平 $\alpha(0<\alpha<1)$,查标准正态分布表,确定临界点 $z_{\alpha/2}$,得到拒绝域 $|z|\geq z_{\alpha/2}$.

(3) 对于给定的样本值 $x_1,x_2,\cdots,x_n$,计算检验统计量的值 z.

(4) 比较 z 和 $z_{\alpha/2}$,若 $|z|\geq z_{\alpha/2}$,则拒绝原假设 H_0;否则,就接受原假设 H_0.

下面讨论假设检验问题(2). 相对于备择假设 H_1 来说,当原假设 H_0 为真时,观察值 $\overline{x}$ 不应太大,$\overline{x}$ 太大时,应拒绝原假设 H_0,因此拒绝域应具有如下形式:$\overline{x}\geq c$,其中 c 为待定的临界点.

由于 $\overline{X}\sim N\left(\mu,\dfrac{\sigma^2}{n}\right)$,故犯第一类错误的概率为

$$\alpha(\mu) = P\{拒绝\ H_0\ |\ H_0\ 为真\} = P\{\overline{X}\geq c\} = 1-\Phi\left(\dfrac{c-\mu}{\sigma/\sqrt{n}}\right) \quad (\mu\leq\mu_0).$$

当 $\mu \leqslant \mu_0$ 时，$\alpha(\mu)$ 为 μ 的严格单调增加函数，故其最大值在 $\mu = \mu_0$ 处取到。因此，对于给定的显著性水平 α，要求 c 满足

$$1 - \Phi\left(\frac{c - \mu_0}{\sigma/\sqrt{n}}\right) = \alpha, \quad 即 \quad \Phi\left(\frac{c - \mu_0}{\sigma/\sqrt{n}}\right) = 1 - \alpha = \Phi(z_\alpha).$$

于是有 $\dfrac{c - \mu_0}{\sigma/\sqrt{n}} = z_\alpha$，即临界点为 $c = \mu_0 + \dfrac{\sigma}{\sqrt{n}} z_\alpha$，从而拒绝域的形式为

$$\overline{x} \geqslant \mu_0 + \frac{\sigma}{\sqrt{n}} z_\alpha, \quad 即 \quad z = \frac{\overline{x} - \mu_0}{\sigma/\sqrt{n}} \geqslant z_\alpha.$$

再讨论假设检验问题(3)。根据备择假设 H_1 可知，当观察值 $\overline{x}$ 太小时，应拒绝原假设 H_0，因此拒绝域应具有如下形式：$\overline{x} \leqslant c$，其中 c 为待定的临界点。

这时犯第一类错误的概率为

$$\alpha(\mu) = P\{拒绝\ H_0 \mid H_0\ 为真\} = P\{\overline{X} \leqslant c\} = \Phi\left(\frac{c - \mu}{\sigma/\sqrt{n}}\right) \quad (\mu \geqslant \mu_0).$$

当 $\mu \geqslant \mu_0$ 时，$\alpha(\mu)$ 为 μ 的严格单调增加函数，故其最大值在 $\mu = \mu_0$ 处取到。因此，对于给定的显著性水平 α，要求 c 满足

$$\Phi\left(\frac{c - \mu_0}{\sigma/\sqrt{n}}\right) = \alpha.$$

由于 $\Phi(z_{1-\alpha}) = \alpha$，于是有 $\dfrac{c - \mu_0}{\sigma/\sqrt{n}} = z_{1-\alpha}$，即临界点为 $c = \mu_0 + \dfrac{\sigma}{\sqrt{n}} z_{1-\alpha}$，从而拒绝域的形式为

$$\overline{x} \leqslant \mu_0 + \frac{\sigma}{\sqrt{n}} z_{1-\alpha}, \quad 即 \quad z = \frac{\overline{x} - \mu_0}{\sigma/\sqrt{n}} \leqslant z_{1-\alpha}.$$

由于 $z_{1-\alpha} = -z_\alpha$，所以拒绝域也可写为 $z = \dfrac{\overline{x} - \mu_0}{\sigma/\sqrt{n}} \leqslant -z_\alpha$。

在这些假设检验问题中，我们都是用统计量 $Z = \dfrac{\overline{X} - \mu_0}{\sigma/\sqrt{n}}$ 来确定拒绝域的。通常称这种检验方法为 Z 检验法。

例 1 微波炉在炉门关闭时的辐射量是一个重要的质量指标。某厂生产的微波炉在炉门关闭时的辐射量服从正态分布 $N(\mu, \sigma^2)$。已知长期以来 $\sigma = 0.1$ 单位，且均值 μ 都符合要求，不超过 $\mu_0 = 0.12$ 单位。为了检查近期产品的质量，随机抽查了 25 台，测得其炉门关闭时辐射量的均值为 $\overline{x} = 0.1203$ 单位。问：在显著性水平 $\alpha = 0.05$ 下，该厂近期生产的微波炉在炉门关闭时的辐射量是否有显著升高？

解 先建立假设。由于长期以来 $\mu \leqslant \mu_0 = 0.12$ 单位，故将其作为原假设，有

$$H_0: \mu \leqslant \mu_0 = 0.12\ 单位, \quad H_1: \mu > \mu_0 = 0.12\ 单位.$$

取检验统计量 $Z = \dfrac{\overline{X} - \mu_0}{\sigma/\sqrt{n}}$. 在 $\alpha = 0.05$ 时,$z_\alpha = 1.645$,于是拒绝域为 $z \geqslant 1.645$.

由观察值 $\overline{x} = 0.1203$ 单位,求得检验统计量的值

$$z = \dfrac{\overline{x} - \mu_0}{\sigma/\sqrt{n}} = \dfrac{0.1203 - 0.12}{0.1/\sqrt{25}} = 0.015 < 1.645.$$

因此,在显著性水平 $\alpha = 0.05$ 下,接受 H_0,即认为近期生产的微波炉在炉门关闭时的辐射量无显著升高.

2. 方差 σ^2 未知时均值 μ 的假设检验

同样考虑前面讨论的三种假设检验问题(1),(2),(3).

首先考虑假设检验问题(1). 由于 $Z = \dfrac{\overline{X} - \mu_0}{\sigma/\sqrt{n}}$ 中含有未知参数 σ,所以现在不能把 Z 作为检验统计量. 考虑到 S^2 是 σ^2 的无偏估计量,用 S 代替 σ,采用

$$T = \dfrac{\overline{X} - \mu_0}{S/\sqrt{n}}$$

作为检验统计量. 显然,当观察值 $|t| = \left| \dfrac{\overline{x} - \mu_0}{s/\sqrt{n}} \right|$ 太大时就应拒绝原假设 H_0,因此拒绝域的形式为

$$|t| = \left| \dfrac{\overline{x} - \mu_0}{s/\sqrt{n}} \right| \geqslant k,$$

其中 k 为待定的临界点. 由第五章 §5.3 的定理 3 知,当原假设 H_0 为真时,$T = \dfrac{\overline{X} - \mu_0}{S/\sqrt{n}} \sim t(n-1)$. 故对于给定的显著性水平 α,由

$$P\{\text{拒绝 } H_0 \mid H_0 \text{ 为真}\} = P\left\{ \left| \dfrac{\overline{X} - \mu_0}{S/\sqrt{n}} \right| \geqslant k \right\} = \alpha$$

知 $k = t_{\alpha/2}(n-1)$,即拒绝域为

$$|t| = \left| \dfrac{\overline{x} - \mu_0}{s/\sqrt{n}} \right| \geqslant t_{\alpha/2}(n-1).$$

类似地,对于给定的显著性水平 α,可得到假设检验问题(2),(3)的拒绝域分别为

$$t \geqslant t_\alpha(n-1), \quad t \leqslant -t_\alpha(n-1).$$

我们称以 $T = \dfrac{\overline{X} - \mu_0}{S/\sqrt{n}}$ 为检验统计量的检验方法为 t **检验法**.

例 2 根据某地区环保规定,倾入河流的废水中某种物质的含量不得超过 3×10^{-6} g/L. 该地区环保组织对沿河各厂进行检查,测定每日倾入河流的废水中这种物质的含量. 某厂连日的检测数据(单位:10^{-6} g/L)为

3.1, 3.2, 3.3, 2.9, 3.5, 3.4, 2.5, 4.3, 2.9, 3.6, 3.2, 3.0, 2.7, 3.5, 2.9.

假定该厂每日倾入河流的废水中这种物质的含量 $X \sim N(\mu, \sigma^2)$，试在显著性水平 $\alpha = 0.05$ 下，判断该厂是否符合环保规定.

解 为了判断该厂是否符合环保规定，可提出如下假设并进行检验：
$$H_0: \mu \leqslant \mu_0 = 3 \times 10^{-6} \text{g/L}, \quad H_1: \mu > \mu_0 = 3 \times 10^{-6} \text{g/L}.$$

由于这里 σ 是未知的，故采用 t 检验法，即选取 $T = \dfrac{\overline{X} - \mu_0}{S/\sqrt{n}}$ 作为检验统计量. 因此，此假设检验问题的拒绝域为 $t = \dfrac{\overline{x} - \mu_0}{s/\sqrt{n}} \geqslant t_\alpha(n-1)$. 现在 $n = 15, \alpha = 0.05, t_{0.05}(14) = 1.7613$，故拒绝域为 $t \geqslant 1.7613$.

根据样本值求得 $\overline{x} = 3.2 \times 10^{-6}$ g/L, $s \approx 0.436 \times 10^{-6}$ g/L，于是检验统计量的值为
$$t = \dfrac{\overline{x} - \mu_0}{s/\sqrt{n}} \approx 1.7766 > 1.7613.$$

它落入拒绝域，故拒绝 H_0，即在显著性水平 $\alpha = 0.05$ 下，认为该厂不符合环保规定.

二、总体方差的假设检验

类似地，关于方差 σ^2，可考虑下述三种假设检验问题：

(1) $H_0: \sigma^2 = \sigma_0^2$, $H_1: \sigma^2 \neq \sigma_0^2$；
(2) $H_0: \sigma^2 \leqslant \sigma_0^2$, $H_1: \sigma^2 > \sigma_0^2$；
(3) $H_0: \sigma^2 \geqslant \sigma_0^2$, $H_1: \sigma^2 < \sigma_0^2$.

先讨论假设检验问题(1). 由于 S^2 是 σ^2 的无偏估计量，所以当 H_0 为真时，S^2 的观察值 s^2 与 σ_0^2 的比值 $\dfrac{s^2}{\sigma_0^2}$ 一般应在 1 附近摆动，不应比 1 大太多，也不应比 1 小太多.

由 §5.3 的定理 2 可知 $\dfrac{(n-1)S^2}{\sigma^2} \sim \chi^2(n-1)$，从而当 H_0 为真时，有
$$\dfrac{(n-1)S^2}{\sigma_0^2} \sim \chi^2(n-1),$$

因此可取
$$\chi^2 = \dfrac{(n-1)S^2}{\sigma_0^2}$$

作为检验统计量.

根据以上所述，假设检验问题(1)的拒绝域形式应为
$$\chi^2 = \dfrac{(n-1)s^2}{\sigma_0^2} \leqslant k_1 \quad \text{或} \quad \chi^2 = \dfrac{(n-1)s^2}{\sigma_0^2} \geqslant k_2,$$

其中 k_1, k_2 为待定的临界点.

对于给定的显著性水平 α，要使

$$P\{拒绝\ H_0\mid H_0\ 为真\}=P\left\{\left\{\frac{(n-1)S^2}{\sigma_0^2}\leqslant k_1\right\}\cup\left\{\frac{(n-1)S^2}{\sigma_0^2}\geqslant k_2\right\}\right\}\leqslant\alpha,$$

只需令

$$P\left\{\frac{(n-1)S^2}{\sigma_0^2}\leqslant k_1\right\}=\frac{\alpha}{2},\quad P\left\{\frac{(n-1)S^2}{\sigma_0^2}\geqslant k_2\right\}=\frac{\alpha}{2}.$$

于是 $k_1=\chi^2_{1-\alpha/2}(n-1),k_2=\chi^2_{\alpha/2}(n-1)$，从而拒绝域为

$$\chi^2=\frac{(n-1)s^2}{\sigma_0^2}\leqslant\chi^2_{1-\alpha/2}(n-1)\quad 或\quad \chi^2=\frac{(n-1)s^2}{\sigma_0^2}\geqslant\chi^2_{\alpha/2}(n-1).$$

再讨论假设检验问题(2). 根据备择假设 H_1 可知，当观察值 s^2 太大时，应拒绝原假设 H_0，因此拒绝域应具有如下形式：$s^2\geqslant c$，其中 c 为待定的临界点.

下面来确定临界点 c. 由于

$$P\{拒绝\ H_0\mid H_0\ 为真\}=P\{S^2\geqslant c\}=P\left\{\frac{(n-1)S^2}{\sigma_0^2}\geqslant\frac{(n-1)c}{\sigma_0^2}\right\},$$

而当 $\sigma^2\leqslant\sigma_0^2$ 时，$\left\{\frac{(n-1)S^2}{\sigma_0^2}\geqslant\frac{(n-1)c}{\sigma_0^2}\right\}\subset\left\{\frac{(n-1)S^2}{\sigma^2}\geqslant\frac{(n-1)c}{\sigma_0^2}\right\}$，故

$$P\{拒绝\ H_0\mid H_0\ 为真\}=P\left\{\frac{(n-1)S^2}{\sigma_0^2}\geqslant\frac{(n-1)c}{\sigma_0^2}\right\}\leqslant P\left\{\frac{(n-1)S^2}{\sigma^2}\geqslant\frac{(n-1)c}{\sigma_0^2}\right\}.$$

因此，对于给定的显著性水平 α，要使 $P\{拒绝\ H_0\mid H_0\ 为真\}\leqslant\alpha$，只需令

$$P\left\{\frac{(n-1)S^2}{\sigma^2}\geqslant\frac{(n-1)c}{\sigma_0^2}\right\}=\alpha.$$

因 $\frac{(n-1)S^2}{\sigma^2}\sim\chi^2(n-1)$，故

$$\frac{(n-1)c}{\sigma_0^2}=\chi^2_\alpha(n-1),\quad 从而\quad c=\frac{\sigma_0^2}{n-1}\chi^2_\alpha(n-1).$$

于是，假设检验问题(2)的拒绝域为 $s^2\geqslant\frac{\sigma_0^2}{n-1}\chi^2_\alpha(n-1)$，即

$$\chi^2=\frac{(n-1)s^2}{\sigma_0^2}\geqslant\chi^2_\alpha(n-1).$$

类似地，对于给定的显著性水平 α，可得假设检验问题(3)的拒绝域为

$$\chi^2=\frac{(n-1)s^2}{\sigma_0^2}\leqslant\chi^2_{1-\alpha}(n-1).$$

上述用 $\chi^2=\frac{(n-1)S^2}{\sigma_0^2}$ 作为检验统计量的检验方法称为 χ^2 **检验法**.

例3 已知某种溶液中水分含量 $X\sim N(\mu,\sigma^2)$，要求其标准差 σ 不超过 0.6%. 现在随机抽查了容量为 10 的样本，得到水分含量的样本标准差 $s=0.68\%$. 问：在显著性水平 $\alpha=0.05$ 下，能否认为这种溶液中水分含量的标准差符合要求？

解 本题要求在显著性水平 $\alpha=0.05$ 下,检验假设

$$H_0: \sigma^2 \leqslant \sigma_0^2 = 0.006^2, \quad H_1: \sigma^2 > \sigma_0^2 = 0.006^2.$$

取检验统计量为 $\chi^2 = \dfrac{(n-1)S^2}{\sigma_0^2}$. 现在 $n=10, \chi_\alpha^2(n-1) = \chi_{0.05}^2(9) = 16.919$,从而拒绝域为

$$\chi^2 \geqslant 16.919.$$

由观察值 $s^2 = 0.0068^2$ 得检验统计量的值

$$\chi^2 = \frac{(n-1)s^2}{\sigma_0^2} = \frac{9 \times 0.0068^2}{0.006^2} = 11.56 < 16.919,$$

所以接受 H_0,即认为这种溶液中水分含量的标准差符合要求.

习 题 7.2

1. 某商店经理认为每位顾客每周花在面包上的费用为 1.5 元. 随机抽查 80 人,计算得 $\bar{x}=1.40$ 元. 设每位顾客每周花在面包上的费用服从正态分布,且标准差为 $\sigma=0.15$ 元,问:在 $\alpha=0.05, 0.01$ 的显著性水平下,商店经理的观点是否正确?

2. 某工厂生产的固体燃料推进器的燃烧率服从正态分布 $N(\mu_0, \sigma^2)$,其中 $\mu_0=40 \text{ cm/s}$, $\sigma=2 \text{ cm/s}$. 现在用新方法生产了一批推进器,从中随机抽取 25 个,测得燃烧率的样本均值为 $\bar{x}=41.25 \text{ cm/s}$. 假设在新方法下总体标准差仍为 2 cm/s,问:新方法生产的推进器燃烧率是否较以往生产的推进器燃烧率有显著提高($\alpha=0.05$)?

3. 设某计算机公司使用的现行系统试通每个程序的平均时间为 45 s. 现在使用一个新系统试通 9 个程序,所需的时间(单位:s)是 30,37,42,35,36,40,47,48,45. 假设系统试通每个程序的时间服从正态分布,那么新系统是否减少了现行系统试通每个程序的平均时间($\alpha=0.05$)?

4. 某个手机生产厂家在宣传广告中声称其生产的某种品牌手机的待机时间平均值至少为 71.5 h. 质检部门检查了该厂生产的这种品牌手机 6 部,得到的待机时间(单位:h)为 69,68,72,70,66,75. 设这种品牌手机的待机时间服从正态分布,由这些数据能否说明该厂广告有欺骗消费者的嫌疑($\alpha=0.05$)?

5. 长期以来,某厂生产的某种型号电池的使用寿命服从方差为 $\sigma^2=5000 \text{ h}^2$ 的正态分布. 现有一批这种型号的电池,从生产情况来看,其使用寿命的波动性有所改变. 从这批电池中随机取 26 节进行测试,得到其使用寿命的样本方差为 $s^2=9200 \text{ h}^2$. 根据这一数据,推断这批电池使用寿命的波动性较以往有无显著变化($\alpha=0.02$).

§7.3 两个正态总体参数的假设检验

本节讨论有关两个正态总体参数(均值与方差)的假设检验问题.

第七章 假设检验

一、两个正态总体均值差的假设检验

设 $X_1, X_2, \cdots, X_{n_1}$ 是来自正态总体 $X \sim N(\mu_1, \sigma_1^2)$ 的样本，$Y_1, Y_2, \cdots, Y_{n_2}$ 是来自正态总体 $Y \sim N(\mu_2, \sigma_2^2)$ 的样本，且这两个样本相互独立，又分别记它们的样本均值为 $\overline{X}, \overline{Y}$，样本方差为 S_1^2, S_2^2。假设 μ_1, μ_2 均未知。

1. 方差 σ_1^2, σ_2^2 已知时均值差 $\mu_1 - \mu_2$ 的假设检验

我们考虑下述三种假设检验问题：

(1) $H_0: \mu_1 - \mu_2 = \delta$, $H_1: \mu_1 - \mu_2 \neq \delta$;

(2) $H_0: \mu_1 - \mu_2 \leqslant \delta$, $H_1: \mu_1 - \mu_2 > \delta$;

(3) $H_0: \mu_1 - \mu_2 \geqslant \delta$, $H_1: \mu_1 - \mu_2 < \delta$.

这里 δ 是已知常数。当 $\delta = 0$ 时，假设检验问题(1)就是检验两个正态总体的均值是否相等。

先讨论假设检验问题(1)。由于 $\overline{X} \sim N\left(\mu_1, \dfrac{\sigma_1^2}{n_1}\right)$, $\overline{Y} \sim N\left(\mu_2, \dfrac{\sigma_2^2}{n_2}\right)$，所以

$$\overline{X} - \overline{Y} \sim N\left(\mu_1 - \mu_2, \dfrac{\sigma_1^2}{n_1} + \dfrac{\sigma_2^2}{n_2}\right), \quad \text{从而} \quad \dfrac{\overline{X} - \overline{Y} - (\mu_1 - \mu_2)}{\sqrt{\dfrac{\sigma_1^2}{n_1} + \dfrac{\sigma_2^2}{n_2}}} \sim N(0, 1).$$

故当 H_0 为真时，

$$\dfrac{\overline{X} - \overline{Y} - \delta}{\sqrt{\dfrac{\sigma_1^2}{n_1} + \dfrac{\sigma_2^2}{n_2}}} \sim N(0, 1),$$

从而选取如下统计量作为检验统计量：

$$Z = \dfrac{\overline{X} - \overline{Y} - \delta}{\sqrt{\dfrac{\sigma_1^2}{n_1} + \dfrac{\sigma_2^2}{n_2}}}.$$

与单个正态总体的 Z 检验法类似，此假设检验问题的拒绝域形式为

$$|z| = \left|\dfrac{\overline{x} - \overline{y} - \delta}{\sqrt{\dfrac{\sigma_1^2}{n_1} + \dfrac{\sigma_2^2}{n_2}}}\right| \geqslant c,$$

其中 c 为待定的临界点。对于给定的显著性水平 α，由

$$P\{\text{拒绝 } H_0 \mid H_0 \text{ 为真}\} = P\left\{\left|\dfrac{\overline{X} - \overline{Y} - \delta}{\sqrt{\dfrac{\sigma_1^2}{n_1} + \dfrac{\sigma_2^2}{n_2}}}\right| \geqslant c\right\} = \alpha$$

可得 $c = z_{\alpha/2}$，于是拒绝域为

$$|z| = \left|\dfrac{\overline{x} - \overline{y} - \delta}{\sqrt{\dfrac{\sigma_1^2}{n_1} + \dfrac{\sigma_2^2}{n_2}}}\right| \geqslant z_{\alpha/2}.$$

类似地,可得假设检验问题(2),(3)在显著性水平 α 下的拒绝域分别为
$$z \geqslant z_\alpha, \quad z \leqslant -z_\alpha.$$

例1 某银行欲在两个相邻地区之一开设一个新支行. 该银行所关心的因素是这两个地区的家庭年平均收入是否相同. 根据以往的调查资料,这两个地区的家庭年收入都服从正态分布,且标准差都等于500元. 但为了慎重起见,该银行还是在这两个地区各随机抽取200户做调查,得到第一个地区的家庭年平均收入为25 600元,第二个地区的家庭年平均收入为25 490元. 问:在 $\alpha=0.05$ 的显著性水平下,这两个地区的家庭年平均收入是否有显著差异?

解 设第一、第二个地区的家庭年收入分别为随机变量 X,Y,它们分别服从正态分布 $N(\mu_1,\sigma_1^2), N(\mu_2,\sigma_2^2)$. 根据题意即要检验假设:
$$H_0: \mu_1 = \mu_2, \quad H_1: \mu_1 \neq \mu_2.$$
这是方差已知时两个正态总体均值差的检验问题,且 $\delta=0$.

取检验统计量
$$Z = \frac{\overline{X}-\overline{Y}}{\sqrt{\frac{\sigma_1^2}{n_1}+\frac{\sigma_2^2}{n_2}}}.$$

由 $\alpha=0.05$ 及 $z_{\alpha/2}=z_{0.025}=1.96$ 知拒绝域为 $|z| \geqslant 1.96$.

由已知有 $n_1=n_2=200, \bar{x}=25\ 600$ 元, $\bar{y}=25\ 490$ 元, $\sigma_1=\sigma_2=\sigma=500$ 元,于是检验统计量的绝对值为
$$|z| = \left|\frac{\bar{x}-\bar{y}}{\sigma\sqrt{\frac{1}{n_1}+\frac{1}{n_2}}}\right| = \left|\frac{25\ 600-25\ 490}{500\sqrt{\frac{1}{200}+\frac{1}{200}}}\right| = \frac{110}{50} = 2.2 > 1.96,$$

所以拒绝 H_0,即认为这两个地区的家庭年平均收入有显著差异.

2. 方差 $\sigma_1^2=\sigma_2^2=\sigma^2$ 未知时均值差 $\mu_1-\mu_2$ 的假设检验

同样考虑假设检验问题(1),(2),(3).

对于检验假设问题(1),当 H_0 为真时,
$$\frac{\overline{X}-\overline{Y}-\delta}{S_w\sqrt{\frac{1}{n_1}+\frac{1}{n_2}}} \sim t(n_1+n_2-2).$$

其中 $S_w^2 = \frac{(n_1-1)S_1^2+(n_2-1)S_2^2}{n_1+n_2-2}, S_w = \sqrt{S_w^2}$. 因此,选用下述统计量作为检验统计量:
$$T = \frac{\overline{X}-\overline{Y}-\delta}{S_w\sqrt{\frac{1}{n_1}+\frac{1}{n_2}}}.$$

与单个正态总体的 t 检验法类似,该假设检验问题的拒绝域形式为

第七章　假设检验

$$|t| = \left|\frac{\overline{x}-\overline{y}-\delta}{s_w\sqrt{\frac{1}{n_1}+\frac{1}{n_2}}}\right| \geqslant c,$$

其中 c 为待定的临界点. 对于给定的显著性水平 α, 由

$$P\{拒绝\ H_0 \mid H_0\ 为真\} = P\left\{\left|\frac{\overline{X}-\overline{Y}-\delta}{S_w\sqrt{\frac{1}{n_1}+\frac{1}{n_2}}}\right| \geqslant c\right\} = \alpha$$

可得 $c = t_{\alpha/2}(n_1+n_2-2)$, 于是拒绝域为

$$|t| = \frac{|\overline{x}-\overline{y}-\delta|}{s_w\sqrt{\frac{1}{n_1}+\frac{1}{n_2}}} \geqslant t_{\alpha/2}(n_1+n_2-2).$$

类似地, 可得假设检验问题(2), (3)在显著性水平 α 下的拒绝域分别为

$$t = \frac{\overline{x}-\overline{y}-\delta}{s_w\sqrt{\frac{1}{n_1}+\frac{1}{n_2}}} \geqslant t_{\alpha}(n_1+n_2-2),$$

$$t = \frac{\overline{x}-\overline{y}-\delta}{s_w\sqrt{\frac{1}{n_1}+\frac{1}{n_2}}} \leqslant -t_{\alpha}(n_1+n_2-2).$$

例 2 设某卷烟厂生产甲、乙两种香烟. 现分别对这两种香烟中尼古丁的含量做 6 次测量, 结果如表 1 所示. 若这两种香烟中尼古丁的含量服从正态分布, 且方差相等, 问: 这两种香烟中尼古丁的含量是否有显著差异($\alpha=0.05$)?

表　1　　　　　　　　　　　　　　　　　　　　（单位：mg）

甲香烟	25	28	23	26	29	22
乙香烟	28	23	30	35	21	27

解 按照题意可设甲香烟中尼古丁的含量 $X \sim N(\mu_1, \sigma^2)$, 乙香烟中尼古丁的含量 $Y \sim N(\mu_2, \sigma^2)$. 本例需在显著性水平 $\alpha=0.05$ 下检验假设

$$H_0: \mu_1 = \mu_2, \quad H_1: \mu_1 \neq \mu_2.$$

这是方差未知但相等时两个正态总体均值差的假设检验问题, 且 $\delta=0$.

取检验统计量

$$T = \frac{\overline{X}-\overline{Y}}{S_w\sqrt{\frac{1}{n_1}+\frac{1}{n_2}}},$$

则拒绝域为

$$|t| \geqslant t_{\alpha/2}(n_1+n_2-2) = t_{0.025}(6+6-2) = 2.2281.$$

已知 $n_1 = n_2 = 6$, 由测量数据计算得

§7.3 两个正态总体参数的假设检验

$\bar{x} = 25.5\,\mathrm{mg}$, $\bar{y} \approx 27.3\,\mathrm{mg}$, $(n_1-1)s_1^2 \approx 37.5\,\mathrm{mg}^2$, $(n_2-1)s_2^2 \approx 125.3\,\mathrm{mg}^2$,

$$s_w = \sqrt{\frac{(n_1-1)s_1^2 + (n_2-1)s_2^2}{n_1+n_2-2}} \approx \sqrt{\frac{37.5+125.3}{6+6-2}} \approx 4.0348\,\mathrm{mg},$$

代入可得检验统计量的绝对值为

$$|t| = \left|\frac{25.5-27.3}{4.0348\sqrt{\frac{1}{6}+\frac{1}{6}}}\right| \approx 0.7727 < 2.2281,$$

故接受 H_0,即认为甲、乙两种香烟中尼古丁的含量无显著差异.

对于 σ_1^2, σ_2^2 均未知,但样本容量 n_1, n_2 都较大(大于 50)的情形,一般可利用非正态总体参数的假设检验中介绍的大样本检验法进行检验,感兴趣的读者可参阅相关的书籍.

二、基于成对数据的假设检验

有时为了比较两种产品、仪器、方法等的差异,我们常常在相同条件下做对比试验,得到一批成对的观察数据,然后分析观察数据,做出推断.这种方法通常称为**逐对比较法**.

在上面讨论的两个正态总体均值差的假设检验中,我们均假定来自这两个正态总体的样本是相互独立的.但是,在实际中,有时候情况不是这样的,可能这两个正态总体的样本是成对出现且相关的.请看下面的例子.

例 3 以 10 位失眠患者为试验对象,比较两种安眠药 A 和 B 的疗效.以 X 表示服用安眠药 A 后延长的睡眠时间,以 Y 表示服用安眠药 B 后延长的睡眠时间.对每位患者服用安眠药 A 和 B 分别做一次试验,得到的数据如表 2 所示.在给定的显著性水平 $\alpha=0.01$ 下,问:这两种安眠药的疗效有无显著差异?

表 2 (单位:h)

患者序号	1	2	3	4	5	6	7	8	9	10
X	1.9	0.8	1.1	0.1	−0.1	4.4	5.5	1.6	4.6	3.4
Y	0.7	−1.6	−0.2	−1.2	−0.1	3.4	3.7	0.8	0	2.0
$D=X-Y$	1.2	2.4	1.3	1.3	0	1.0	1.8	0.8	4.6	1.4

分析 不妨用 $X_i, Y_i (i=1,2,\cdots,10)$ 分别表示第 i 位患者服用安眠药 A 和 B 后延长的睡眠时间,则第 i 位患者分别服用安眠药 A 和 B 后延长的睡眠时间可表示为 (X_i, Y_i). X_i 与 $Y_i(i=1,2,\cdots,10)$ 是有关系的,不会相互独立.另外,$X_1, X_2, \cdots, X_{10}$ 是这 10 位患者服用安眠药 A 后延长的睡眠时间,由于各位患者的体质等诸方面条件的差异,它们也不能看成来自同一正态总体的样本,对于 $Y_1, Y_2, \cdots, Y_{10}$ 也一样.对 (X_i, Y_i) 的观察得到的数据称为**成对数据**.对于这样的数据,前面所讨论的检验方法就不适用了.但是,因为 X_i 和 Y_i 是在同一位患者身上观察到的延长睡眠时间,所以 $X_i - Y_i$ 就消除了各人体质等诸方面条件的差异,仅剩下

服用安眠药 A 和 B 后延长的睡眠时间的差异,从而我们可以把 $D_i = X_i - Y_i (i=1,2,\cdots,10)$ 看成来自正态总体 $N(\mu_D, \sigma_D^2)$ 的样本,其中 μ_D 就是服用安眠药 A 和 B 后延长的睡眠时间的均值差. 于是,这两种安眠药的疗效是否有显著差异,就归结为检验如下假设:

$$H_0: \mu_D = 0, \quad H_1: \mu_D \neq 0.$$

一般地,设有 n 对相互独立的观察结果 $(X_1, Y_1), (X_2, Y_2), \cdots, (X_n, Y_n)$,令 $D_1 = X_1 - Y_1, D_2 = X_2 - Y_2, \cdots, D_n = X_n - Y_n$,则 $D_1, D_2, \cdots, D_n$ 相互独立. 若 $D_1, D_2, \cdots, D_n$ 是由同一因素引起的,则可认为它们服从同一分布. 现假设 $D_i \sim N(\mu_D, \sigma_D^2)(i=1,2,\cdots,n)$. 这就是说,$D_1, D_2, \cdots, D_n$ 构成正态总体 $N(\mu_D, \sigma_D^2)$ 的一个样本,其中 μ_D, σ_D^2 未知. 我们需要基于这一样本检验如下三种假设:

(1) $H_0: \mu_D = 0, H_1: \mu_D \neq 0$;

(2) $H_0: \mu_D \leq 0, H_1: \mu_D > 0$;

(3) $H_0: \mu_D \geq 0, H_1: \mu_D < 0$.

分别记 $D_1, D_2, \cdots, D_n$ 的样本均值和样本方差的观察值为 $\overline{d}, s_D^2$. 按照关于单个正态总体均值的 t 检验法,选取 $T = \dfrac{\overline{D}}{S_D/\sqrt{n}}$ 作为检验统计量. 于是,对于显著性水平 α,假设检验问题 (1),(2),(3) 的拒绝域分别为

$$|t| = \left|\frac{\overline{d}}{s_D/\sqrt{n}}\right| \geq t_{\alpha/2}(n-1),$$

$$t = \frac{\overline{d}}{s_D/\sqrt{n}} \geq t_\alpha(n-1),$$

$$t = \frac{\overline{d}}{s_D/\sqrt{n}} \leq -t_\alpha(n-1).$$

现在回过头来讨论本例的假设检验问题. 先求出同一患者分别服用安眠药 A 和 B 后延长的睡眠时间之差 $D = X - Y$,列于表 1 的第三行. 按照题意需检验假设

$$H_0: \mu_D = 0, \quad H_1: \mu_D \neq 0.$$

这里 $n=10, t_{\alpha/2}(n-1) = t_{0.005}(9) = 3.25$,可知拒绝域为

$$|t| = \left|\frac{\overline{d}}{s_D/\sqrt{n}}\right| \geq 3.25.$$

由观察值求得 $\overline{d} = 1.58$ h, $s_D \approx 1.23$ h, $|t| \approx \left|\dfrac{1.58}{1.23/\sqrt{10}}\right| \approx 4.06 > 3.25$,所以拒绝 H_0,即认为这两种安眠药的疗效有显著差异.

三、两个正态总体方差相比较的假设检验

设 $X_1, X_2, \cdots, X_{n_1}$ 是来自正态总体 $X \sim N(\mu_1, \sigma_1^2)$ 的样本,$Y_1, Y_2, \cdots, Y_{n_2}$ 是来自正态总

§7.3 两个正态总体参数的假设检验

体 $Y \sim N(\mu_2, \sigma_2^2)$ 的样本,且两个样本相互独立,其样本方差分别为 S_1^2, S_2^2. 假设 $\mu_1, \mu_2, \sigma_1^2, \sigma_2^2$ 均未知. 考虑下述三种假设检验问题:

(1) $H_0: \sigma_1^2 = \sigma_2^2$, $H_1: \sigma_1^2 \neq \sigma_2^2$;

(2) $H_0: \sigma_1^2 \leqslant \sigma_2^2$, $H_1: \sigma_1^2 > \sigma_2^2$;

(3) $H_0: \sigma_1^2 \geqslant \sigma_2^2$, $H_1: \sigma_1^2 < \sigma_2^2$.

先考虑假设检验问题(2). 当 H_1 为真时,$E(S_1^2) = \sigma_1^2 > \sigma_2^2 = E(S_2^2)$,观察值 $\dfrac{s_1^2}{s_2^2}$ 有偏大的趋势,故拒绝域具有形式

$$\frac{s_1^2}{s_2^2} \geqslant c,$$

其中 c 为待定的临界点.

当 H_0 为真时,$\sigma_1^2 \leqslant \sigma_2^2$,$\left\{\dfrac{S_1^2}{S_2^2} \geqslant c\right\} \subset \left\{\dfrac{S_1^2/S_2^2}{\sigma_1^2/\sigma_2^2} \geqslant c\right\}$,故

$$P\{拒绝\ H_0 \mid H_0\ 为真\} = P\left\{\frac{S_1^2}{S_2^2} \geqslant c\right\} \leqslant P\left\{\frac{S_1^2/S_2^2}{\sigma_1^2/\sigma_2^2} \geqslant c\right\}.$$

于是,对于给定的显著性水平 α,欲使 $P\{拒绝\ H_0 \mid H_0\ 为真\} \leqslant \alpha$,只需令

$$P\left\{\frac{S_1^2/S_2^2}{\sigma_1^2/\sigma_2^2} \geqslant c\right\} = \alpha.$$

因 $\dfrac{S_1^2/S_2^2}{\sigma_1^2/\sigma_2^2} \sim F(n_1-1, n_2-1)$,故 $c = F_\alpha(n_1-1, n_2-1)$. 于是,假设检验问题(2)的拒绝域为

$$F = \frac{s_1^2}{s_2^2} \geqslant F_\alpha(n_1-1, n_2-1).$$

类似地,在显著性水平 α 下,可得假设检验问题(1)的拒绝域为

$$F = \frac{s_1^2}{s_2^2} \geqslant F_{\alpha/2}(n_1-1, n_2-1) \quad 或 \quad F = \frac{s_1^2}{s_2^2} \leqslant F_{1-\alpha/2}(n_1-1, n_2-1),$$

而假设检验问题(3)的拒绝域为

$$F = \frac{s_1^2}{s_2^2} \leqslant F_{1-\alpha}(n_1-1, n_2-1).$$

在这些假设检验问题中,我们都是用统计量 $F = \dfrac{S_1^2}{S_2^2}$ 来确定拒绝域的. 通常称这种检验方法为 F **检验法**.

例4 设用新、旧两种不同方法冶炼某重金属材料. 现分别抽样测定这两种方法冶炼的金属材料杂质含量,测得旧冶炼方法的 13 个数据,计算得样本方差 $s_1^2 = 5.411$ 单位;测得新冶炼方法的 9 个数据,计算得样本方差 $s_2^2 = 1.459$ 单位. 设这两种方法冶炼的金属材料杂质含量均服从正态分布,问: 这两种方法冶炼的金属材料杂质含量的方差是否有显著差异($\alpha = 0.05$)?

第七章 假设检验

解 设旧、新方法冶炼的金属材料杂质含量分别服从正态分布 $N(\mu_1,\sigma_1^2), N(\mu_2,\sigma_2^2)$. 依题意即要检验假设

$$H_0: \sigma_1^2 = \sigma_2^2, \quad H_1: \sigma_1^2 \neq \sigma_2^2.$$

这里 $n_1=13, n_2=9, \alpha=0.05, F_{\alpha/2}(n_1-1, n_2-1) = F_{0.025}(12,8) = 4.2, F_{1-\alpha/2}(n_1-1, n_2-1)$
$= \dfrac{1}{F_{\alpha/2}(n_2-1, n_1-1)} = \dfrac{1}{F_{0.025}(8,12)} = \dfrac{1}{3.51} \approx 0.28$, 从而拒绝域为

$$F = \frac{s_1^2}{s_2^2} \geq 4.2 \quad \text{或} \quad F = \frac{s_1^2}{s_2^2} \leq 0.28.$$

由观察值 $s_1^2 = 5.411$ 单位, $s_2^2 = 1.459$ 单位知, 检验统计量的值满足

$$0.28 < F = \frac{s_1^2}{s_2^2} = \frac{5.411}{1.459} = 3.71 < 4.2,$$

故接受 H_0, 即认为这两种方法冶炼的金属材料杂质含量的方差无显著差异.

两个总体方差相等称作两个总体具有**方差齐性**. 在实际问题中, 方差齐性的检验是很重要的. 我们知道, 对于两个正态总体均值的差异, 当两个正态总体中的 σ_1^2, σ_2^2 都已知时, 可用 Z 检验法来检验; 当 σ_1^2, σ_2^2 虽未知但相等时, 可用 t 检验法来检验. 可是, 在 σ_1^2, σ_2^2 均未知, 又不知是否相等时, 如何检验均值的差异呢? 在这种情况下, 我们应先用 F 检验法来检验两个正态总体的方差齐性, 在方差齐性的条件下, 再用两个正态总体的 t 检验法来检验均值的差异.

习 题 7.3

1. 甲、乙两台机床加工同一种零件, 设这两台机床加工的零件外径都服从正态分布, 标准差分别为 $\sigma_1 = 0.20 \text{ cm}^2, \sigma_2 = 0.40 \text{ cm}^2$. 现从这两台机床加工的零件中分别随机抽取 8 件和 7 件, 测得其外径如表 3 所示. 在显著性水平 $\alpha = 0.05$ 下, 检验这两台机床加工的零件外径有无显著差异.

表 3 (单位: cm)

甲机床	20.5	19.8	19.7	20.4	20.1	20.0	19.0	19.9
乙机床	19.7	20.8	20.5	19.8	19.4	20.6	19.2	

2. 为了研究学生身高与性别的关系, 现从某学院学生中随机抽查了 30 名男生和 24 名女生, 得到身高的平均值分别为 172.5 cm 和 164.2 cm. 假定该学院男生和女生的身高分别服从标准差为 5.4 cm 和 4.8 cm 的正态分布, 问: 由上述数据可否认为男生身高高于女生身高($\alpha = 0.05$)?

3. 对两种不同热处理方法加工的某金属材料做抗拉强度试验, 得到试验数据如表 4 所示. 设这两种热处理方法加工的金属材料抗拉强度均服从正态分布, 且方差相等. 在显著性水平 $\alpha = 0.05$ 下, 问: 这两种热处理方法加工的金属材料抗拉强度有无显著差异?

表 4 (单位：kg/m)

第一种方法	32	34	31	29	32	26	34	38	35	29	30	31
第二种方法	29	24	26	30	28	32	29	31	26	28	32	29

4. 在20世纪70年代后期，人们发现酿造啤酒时，在麦芽干燥过程中形成一种致癌物质亚硝基二甲胺(NDMA). 到了20世纪80年代初期，人们开发了一种新的麦芽干燥过程. 表5给出了新、旧两种过程中形成的NDMA含量的抽样数据(以10亿份中的份数记). 设新、旧两种过程中形成的NDMA含量服从正态分布，且方差相等，分别以μ_x, μ_y记新、旧过程的总体均值. 在显著性水平$\alpha=0.05$下，检验假设

$$H_0: \mu_y-\mu_x \leqslant 2, \quad H_1: \mu_y-\mu_x > 2.$$

表 5

旧过程	6	4	5	5	6	5	5	6	4	6	7	4
新过程	2	1	2	2	1	0	3	2	1	0	1	3

5. 设甲、乙两人对同样的试验进行分析，所得结果如表6所示. 若试验分析的结果服从正态分布，问：甲、乙两人的试验分析之间有无显著差异($\alpha=0.05$)？

表 6

试验序号	1	2	3	4	5	6	7	8
甲	4.3	3.2	3.8	3.5	3.5	4.8	3.3	3.9
乙	3.7	4.1	3.8	3.8	4.6	3.9	2.8	4.4

6. 随机选取8人，分别测量他们在早晨起床时和晚上就寝时的身高，得到表7所示的数据. 设$D_i=X_i-Y_i(i=1,2,\cdots,8)$是来自正态总体$N(\mu_D,\sigma_D^2)$的样本，其中$\mu_D,\sigma_D^2$均未知，问：是否可以认为早晨的身高高于晚上的身高($\alpha=0.05$)？

表 7

序号 i	1	2	3	4	5	6	7	8
早上身高 X_i/cm	172	168	180	181	160	163	165	177
晚上身高 Y_i/cm	172	167	177	179	159	161	166	175

7. 设有两个来自不同正态总体的样本，样本容量、样本均值、样本方差分别为$n_1=4$，$n_2=5$；$\overline{x}_1=0.60, \overline{x}_2=2.25$；$s_1^2=15.07, s_2^2=10.81$. 在显著性水平$\alpha=0.05$下，检验这两个样本是否来自具有相同方差的正态总体.

总练习题七

1. 如果一个矩形的宽度w与长度l之比为$\dfrac{w}{l}=\dfrac{1}{2}(\sqrt{5}-1)\approx 0.618$，则称这样的矩形为

第七章 假设检验

黄金矩形. 这种尺寸的矩形使人们看上去有良好的感觉. 现代的建筑构件(如窗架)、工艺品(如图片镜框)甚至司机的驾照、商业的信用卡等常常都是采用黄金矩形. 某工艺品工厂随机抽取其生产的 20 个矩形框,得到如下宽度与长度的比值:

0.693, 0.749, 0.654, 0.670, 0.662, 0.672, 0.615, 0.606, 0.690, 0.628,
0.668, 0.611, 0.606, 0.609, 0.601, 0.553, 0.570, 0.844, 0.576, 0.933.

设这一工厂生产的矩形框宽度与长度的比值服从正态分布 $N(\mu, \sigma^2)$,其中 μ, σ^2 均未知,试检验假设 $H_0: \mu = 0.618, H_1: \mu \neq 0.618 (\alpha = 0.05)$.

2. 为了比较用来做鞋子后跟的两种材料的质量,选取了 15 个男子(他们的生活条件各不相同),每人穿一双鞋,其中一只以材料 A 做后跟,另一只以材料 B 做后跟,其厚度均为 10 mm. 一个月后再测量厚度,得到数据如表 1 所示. 设 $D_i = X_i - Y_i (i = 1, 2, \cdots, 15)$ 是来自正态总体 $N(\mu_D, \sigma_D^2)$ 的样本,其中 μ_D, σ_D^2 均未知,问:是否可以认为材料 A 制成的后跟比材料 B 制成的后跟耐穿 $(\alpha = 0.05)$?

表 1 (单位:mm)

男子 i	1	2	3	4	5	6	7	8
X_i(材料 A)	6.6	7.0	8.3	8.2	5.2	9.3	7.9	8.5
Y_i(材料 B)	7.4	5.4	8.8	8.0	6.8	9.1	6.3	7.5
男子 i	9	10	11	12	13	14	15	
X_i(材料 A)	7.8	7.5	6.1	8.9	6.1	9.4	9.1	
Y_i(材料 B)	7.0	6.5	4.4	7.7	4.2	9.4	9.1	

3. 设冶炼某种金属有甲、乙两种方法. 为了检验这两种方法冶炼的金属中杂质含量(单位:‰)的波动是否有明显差异,各取一个样本,得如下数据:

甲:29.6, 22.8, 25.7, 23.0, 22.3, 24.2, 26.1, 26.4, 27.2, 30.2, 24.5, 29.5, 25.1;
乙:22.6, 22.5, 20.6, 23.5, 24.3, 21.9, 20.6, 23.2, 23.4.

从经验知道,这种金属的杂质含量服从正态分布. 问:在显著性水平 $\alpha = 0.05$ 下,甲、乙两种方法冶炼的金属中杂质含量的波动是否有显著差异?

4. 某市质量技术监督局接到投诉后,对某金店进行质量调查. 现从该店出售的标志 18 K 的项链中抽取 9 件进行检测,检测结果(单位:K)如下:

17.3, 16.6, 17.9, 18.2, 17.4, 16.3, 18.5, 17.2, 18.1.

已知检测标准为:均值为 18 K,且标准差不超过 0.3 K. 假定这种项链的含金量服从正态分布,试问:检测结果能否认定此金店出售的产品存在质量问题 $(\alpha = 0.05)$?

5. 设 A,B 两台机床生产相同型号的滚珠. 现从 A 机床生产的滚珠中任取 8 个,从 B 机床生产的滚珠中任取 9 个,测量其直径,得如下数据(单位:mm):

A 机床:15.0, 14.5, 15.5, 15.2, 14.8, 15.2, 15.1, 14.8;
B 机床:15.2, 14.8, 15.0, 15.2, 15.0, 14.8, 15.0, 15.1, 14.8.

假设这种型号滚珠的直径服从正态分布,问:在显著性水平 $\alpha=0.05$ 下,是否可以认为这两台机床生产的滚珠直径服从同一分布?

6. 假设 A 厂生产的灯泡的使用寿命 $X \sim N(\mu_1, 95^2)$,B 厂生产的灯泡的使用寿命 $Y \sim N(\mu_2, 120^2)$. 现从这两个厂生产的灯泡中分别随机抽取了 100 个和 75 个,测得灯泡的平均使用寿命分别为 1180 h 和 1220 h. 问:在显著性水平 $\alpha=0.05$ 下,这两个厂生产的灯泡平均使用寿命有无显著差异?

第八章 方差分析与回归分析

在科学研究和生产实践中,试验指标往往受到许多因素的影响,因此需要知道哪几个因素对试验指标有显著影响,并且还需要知道这些因素在什么水平时所起的作用大. 方差分析就是解决此类问题的一种常用数理统计方法. 此外,在工程技术和数量经济领域中还存在另一类问题,这类问题中某些变量与其余变量之间存在一定的关系,但又是非确定性的函数关系,需要从一些变量的取值预测另一些变量的取值. 回归分析就是研究此类问题的一种有效工具. 本章主要介绍方差分析和回归分析的基本原理和方法.

§8.1 单因素方差分析

一、问题的提出

在试验中,把要考查的指标称为**试验指标**,而把影响试验指标的条件称为**因素**. 因素可分为两类:一类是可以控制的因素(可控因素),如溶液浓度、焊接温度等是可控因素;另一类是不可控因素,如测量误差、气象条件等一般是不可控因素. 本节所讨论的因素都是指可控因素. 通常称因素所处的状态为因素的**水平**. 如果在试验中只有一个因素在改变,则称试验为**单因素试验**;如果试验中变化的因素多于一个,则称试验为**多因素试验**. 鉴于两个以上的多因素方差分析较为复杂,其处理的思想、方法与双因素方差分析类似,本书只考虑试验指标仅受一个因素和两个因素影响的单因素方差分析和双因素方差分析.

例 1 假设某校五年级有三个班级. 为了了解这三个班级学生的学习情况,在每个班级中随机抽取 6 名学生,进行一次数学考试,得到如表 1 所示的成绩. 这里,试验指标是班级平均分数,因素为班级,不同的班级就是这个因素的三个不同的水平. 这是一个单因素、三水平的试验,试验的目的是为了考查班级这一因素对班级平均分数有无显著影响. 表 1 中的数据可视为来自三个不同总体(班级五(Ⅰ)、班级五(Ⅱ)和班级五(Ⅲ))的样本值,将各总体的均值依次记为 μ_1, μ_2, μ_3,则问题归结为检

验假设

$$H_0: \mu_1 = \mu_2 = \mu_3, \quad H_1: \mu_1, \mu_2, \mu_3 \text{ 不全相等}.$$

表 1 （单位：分）

班级	数学成绩						平均分数
五（Ⅰ）	85	75	82	76	71	85	79
五（Ⅱ）	71	75	73	74	69	82	74
五（Ⅲ）	59	64	62	69	75	67	66

第七章讨论的两个正态总体均值的比较,实际上就是单因素、两水平的试验结果分析,在那里我们建立了 t 检验法. 而单因素、多水平的试验结果分析就是对多个总体均值的比较,即差异显著性检验. 对于这一类检验,在总体服从正态分布且方差均相等的基本假设下,我们将建立基于方差分析的 F 检验法——方差分析法. 它是处理这一类检验问题的有效统计方法.

例 2 某厂为了考查工人的日产量情况,随机抽取三名工人操作机器 B_1, B_2, B_3, B_4 各一天,其日产量如表 2 所示. 这里,试验指标是日产量,因素是工人和机器,其中工人有三个水平,机器有四个水平. 这是一个双因素试验,试验目的在于考查工人和机器这两个因素对日产量是否有显著影响.

表 2 （单位：件）

工人 A	机器 B			
	B_1	B_2	B_3	B_4
A_1	49	61	50	58
A_2	58	62	65	60
A_3	48	53	47	52

二、单因素方差分析模型

设试验指标为 X,对其有影响的因素记为 A,又设因素 A 有 s 个水平 $A_1, A_2, \cdots, A_s$. 在水平 $A_j (j=1,2,\cdots,s)$ 下进行 $n_j (j=1,2,\cdots,s)$ 次独立重复试验,得到如表 3 所示的结果.

表 3

因素水平	A_1	A_2	$\cdots$	A_s
观察结果	X_{11}	X_{12}	$\cdots$	X_{1s}
	X_{21}	X_{22}	$\cdots$	X_{2s}
	$\vdots$	$\vdots$		$\vdots$
	$X_{n_1 1}$	$X_{n_2 2}$	$\cdots$	$X_{n_s s}$

在单因素试验中,通常每个水平下考查的指标可以看成一个总体. 现有 s 个水平,故有 s

个总体. 假定:

(1) 每个总体均服从正态分布;

(2) 每个总体的方差相同;

(3) 从每个总体中抽取的样本相互独立.

我们要比较各总体的均值是否一致,就是要检验各总体的均值是否相等. 设第 i 个总体的均值为 μ_i,那么就要检验如下假设:

$$H_0: \mu_1 = \mu_2 = \cdots = \mu_s, \quad H_1: \mu_1, \mu_2, \cdots, \mu_s \text{ 不全相等}.$$

H_1 有时省略不写.

当原假设 H_0 为真时,因素 A 的 s 个水平的均值相等,这时称**因素 A 的各水平之间无显著差异**(简称**因素 A 不显著**);反之,当原假设 H_0 不真时,因素 A 的 s 个水平的均值不全相等,这时称**因素 A 的各水平之间有显著差异**(简称**因素 A 显著**).

设在各水平 $A_j(j=1,2,\cdots,s)$ 下的样本 $X_{1j}, X_{2j}, \cdots, X_{n_j j}$ 来自具有相同方差 σ^2,均值分别为 $\mu_j(j=1,2,\cdots,s)$ 的正态总体 $N(\mu_j, \sigma^2)$,其中 μ_j, σ^2 均未知,且设不同水平 A_j 下的样本之间相互独立.

记 $\varepsilon_{ij} = X_{ij} - \mu_j$,称之为**随机误差**. 由 $X_{ij} \sim N(\mu_j, \sigma^2)$ 知随机误差 $\varepsilon_{ij} \sim N(0, \sigma^2)$,则 X_{ij} 可写成

$$\begin{cases} X_{ij} = \mu_j + \varepsilon_{ij}, \\ \varepsilon_{ij} \sim N(0, \sigma^2), \text{且各 } \varepsilon_{ij} \text{ 相互独立} \end{cases} (i=1,2,\cdots,n_j; j=1,2,\cdots,s), \quad ①$$

其中 $\mu_j(j=1,2,\cdots,s), \sigma^2$ 均为未知参数. 式①称为**单因素方差分析模型**.

对于单因素方差分析模型①,主要任务是:

(1) 检验 s 个总体 $N(\mu_1, \sigma^2), N(\mu_2, \sigma^2), \cdots, N(\mu_s, \sigma^2)$ 的均值是否相等,即检验假设

$$H_0: \mu_1 = \mu_2 = \cdots = \mu_s, \quad H_1: \mu_1, \mu_2, \cdots, \mu_s \text{ 不全相等}. \quad ②$$

(2) 对未知参数 $\mu_1, \mu_2, \cdots, \mu_s, \sigma^2$ 做出估计.

为了便于讨论,记 $n = \sum_{j=1}^{s} n_j, \mu = \frac{1}{n}\sum_{j=1}^{s} n_j \mu_j$,并称 μ 为**总平均**;记 $\delta_j = \mu_j - \mu (j=1, 2, \cdots, s)$,并称 δ_j 为水平 A_j 的**效应**. 于是有 $\sum_{j=1}^{s} n_j \delta_j = 0$. 利用这些记号,单因素方差分析模型①可改写为

$$\begin{cases} X_{ij} = \mu + \delta_j + \varepsilon_{ij}, \\ \varepsilon_{ij} \sim N(0, \sigma^2), \text{且各 } \varepsilon_{ij} \text{ 相互独立} \\ \sum_{j=1}^{s} n_j \delta_j = 0, \end{cases} (i=1,2,\cdots,n_j; j=1,2,\cdots,s), \quad ③$$

而假设②等价于

$$H_0: \delta_1 = \delta_2 = \cdots = \delta_s = 0, \quad H_1: \delta_1, \delta_2, \cdots, \delta_s \text{ 不全为零}. \quad ④$$

三、平方和分解式

为了检验试验因素不同水平的影响是否有显著差异，需要对试验数据的差异进行分析. 下面我们从平方和的分解着手，导出假设检验问题④的检验统计量.

记 $\overline{X} = \dfrac{1}{n} \sum\limits_{j=1}^{s} \sum\limits_{i=1}^{n_j} X_{ij}$，称之为**样本总平均**；记 $S_T = \sum\limits_{j=1}^{s} \sum\limits_{i=1}^{n_j} (X_{ij} - \overline{X})^2$，称之为**总偏差平方和**，它反映了对试验指标的总影响，又称为**总变差**；记 $\overline{X}_{\cdot j} = \dfrac{1}{n_j} \sum\limits_{i=1}^{n_j} X_{ij}$，称之为水平 A_j 下的**样本平均值**. 于是，S_T 可分解为

$$S_T = \sum_{j=1}^{s} \sum_{i=1}^{n_j} [(X_{ij} - \overline{X}_{\cdot j}) + (\overline{X}_{\cdot j} - \overline{X})]^2$$

$$= \sum_{j=1}^{s} \sum_{i=1}^{n_j} (X_{ij} - \overline{X}_{\cdot j})^2 + \sum_{j=1}^{s} \sum_{i=1}^{n_j} (\overline{X}_{\cdot j} - \overline{X})^2 + 2 \sum_{j=1}^{s} \sum_{i=1}^{n_j} (X_{ij} - \overline{X}_{\cdot j})(\overline{X}_{\cdot j} - \overline{X}).$$

经计算可知，上式右端第三项（即交叉项）为零，即

$$2 \sum_{j=1}^{s} \sum_{i=1}^{n_j} (X_{ij} - \overline{X}_{\cdot j})(\overline{X}_{\cdot j} - \overline{X}) = 2 \sum_{j=1}^{s} (\overline{X}_{\cdot j} - \overline{X}) \left(\sum_{i=1}^{n_j} X_{ij} - n_j \overline{X}_{\cdot j} \right) = 0,$$

于是可将 S_T 分解成

$$S_T = S_E + S_A, \qquad ⑤$$

其中

$$S_E = \sum_{j=1}^{s} \sum_{i=1}^{n_j} (X_{ij} - \overline{X}_{\cdot j})^2,$$

$$S_A = \sum_{j=1}^{s} \sum_{i=1}^{n_j} (\overline{X}_{\cdot j} - \overline{X})^2 = \sum_{j=1}^{s} n_j (\overline{X}_{\cdot j} - \overline{X})^2 = \sum_{j=1}^{s} n_j \overline{X}_{\cdot j}^2 - n \overline{X}^2.$$

S_E 的各项 $(X_{ij} - \overline{X}_{\cdot j})^2$ 表示水平 A_j 下样本值与样本均值的差异，这是由随机误差所引起的. 我们把 S_E 叫作**误差平方和**或**组内偏差平方和**. S_A 的各项 $n_j (\overline{X}_{\cdot j} - \overline{X})^2$ 表示水平 A_j 下样本均值与样本总平均的差异，这是由水平 A_j 的效应差异及随机误差引起的. 通常称 S_A 为因素 A 的**效应平方和**或**组间偏差平方和**. 式⑤就是我们所需要的假设检验问题④的平方和分解式.

四、检验统计量及拒绝域

可以证明，S_A 与 S_E 相互独立，$\dfrac{S_E}{\sigma^2} \sim \chi^2(n-s)$，且当假设检验问题④中的原假设 H_0 为真时，

$$\frac{S_A}{\sigma^2} \sim \chi^2(s-1).$$

下面我们来确定假设检验问题④的拒绝域.

当 H_0 不真时,各组之间差异较大,组间偏差平方和明显大于组内偏差平方和;反之,若 H_0 为真,则组间差异也是由于随机误差引起的,组间偏差平方和与组内偏差平方和差别不大.因此,我们可以用组间偏差平方和与组内偏差平方和的比值来检验 H_0 是否为真.

根据上述分析,对于假设检验问题④,当原假设 H_0 为真时,$\mathrm{E}\left(\dfrac{S_A}{s-1}\right)=\sigma^2$ 与 $\mathrm{E}\left(\dfrac{S_E}{n-s}\right)=\sigma^2$ 同时成立,于是可选用 $F=\dfrac{S_A/(s-1)}{S_E/(n-s)}$ 作为检验统计量.由于当 H_0 不真时,检验统计量分子的取值有偏大的趋势,故拒绝域具有形式

$$F=\dfrac{S_A/(s-1)}{S_E(n-s)}\geqslant k,$$

其中 k 由预先给定的显著性水平 α 确定.又当 H_0 为真时,

$$\dfrac{S_A/(s-1)}{S_E(n-s)}=\dfrac{S_A/\sigma^2}{(s-1)}\bigg/\dfrac{S_E/\sigma^2}{(n-s)}\sim F(s-1,n-s),$$

故假设检验问题④的拒绝域为

$$F=\dfrac{S_A/(s-1)}{S_E(n-s)}\geqslant F_\alpha(s-1,n-s).$$

上述结果可排成表 4 的形式,称之为**方差分析表**.表 4 中的 $\overline{S}_A=\dfrac{S_A}{s-1},\overline{S}_E=\dfrac{S_E}{n-s}$ 分别称为 S_A,S_E 的**均方**.

表 4

方差来源	平方和	自由度	均方	F 值
因素 A(组间)	S_A	$s-1$	$\overline{S}_A=\dfrac{S_A}{s-1}$	$F=\dfrac{\overline{S}_A}{\overline{S}_E}$
误差(组内)	S_E	$n-s$	$\overline{S}_E=\dfrac{S_E}{n-s}$	
总和	S_T	$n-1$		

在实际计算时,可按照以下简便公式计算 S_T, S_A, S_E:

$$\left.\begin{aligned}S_T &= \sum_{j=1}^{s}\sum_{i=1}^{n_j}X_{ij}^2 - n\overline{X}^2 = \sum_{j=1}^{s}\sum_{i=1}^{n_j}X_{ij}^2 - \dfrac{T_{..}^2}{n},\\ S_A &= \sum_{j=1}^{s}n_j\overline{X}_{.j}^2 - n\overline{X}^2 = \sum_{j=1}^{s}\dfrac{T_{.j}^2}{n_j} - \dfrac{T_{..}^2}{n},\\ S_E &= S_T - S_A,\end{aligned}\right\} \quad ⑥$$

其中 $T_{.j}=\sum\limits_{i=1}^{n_j}X_{ij}(j=1,2,\cdots,s),\quad T_{..}=\sum\limits_{j=1}^{s}\sum\limits_{i=1}^{n_j}X_{ij}.$

§ 8.1 单因素方差分析

在进行方差分析的相关计算时,往往要做大量的计算.如果笔算,为了简化计算和减少误差,常常将 X_{ij} 的观察值加上或减去一个常数(这个数接近于样本总平均 $\overline{X}$ 的值),有时还要再乘以一个常数,使得变换后的数据比较简单,便于计算.

五、未知参数的估计

上面已提到,不论原假设 H_0 是否为真,$\hat{\sigma}^2 = \dfrac{S_E}{n-s}$ 均是 σ^2 的无偏估计量.又由于

$$E(\overline{X}) = \mu, \quad E(\overline{X}_{\cdot j}) = \frac{1}{n_j}\sum_{i=1}^{n_j} E(X_{ij}) = \mu_j \ (j=1,2,\cdots,s),$$

故 $\hat{\mu} = \overline{X}, \hat{\mu}_j = \overline{X}_{\cdot j}$ 分别是 μ, μ_j 的无偏估计量.此外,若拒绝 H_0,则 $\delta_1, \delta_2, \cdots, \delta_s$ 不全为零.由 $\delta_j = \mu_j - \mu \ (j=1,2,\cdots,s)$ 知,$\hat{\delta}_j = \overline{X}_{\cdot j} - \overline{X}$ 是 δ_j 的无偏估计量,此时还有关系式

$$\sum_{j=1}^{s} n_j \hat{\delta}_j = \sum_{j=1}^{s} n_j \overline{X}_{\cdot j} - n\overline{X} = 0.$$

当拒绝 H_0 时,常常需要做出两个总体 $N(\mu_j, \sigma^2)$ 和 $N(\mu_k, \sigma^2)$ $(j \ne k)$ 的均值差 $\mu_j - \mu_k = \delta_j - \delta_k$ 的区间估计.事实上,可以证明

$$\frac{(\overline{X}_{\cdot j} - \overline{X}_{\cdot k}) - (\mu_j - \mu_k)}{\sqrt{S_E\left(\dfrac{1}{n_j} + \dfrac{1}{n_k}\right)}} = \frac{(\overline{X}_{\cdot j} - \overline{X}_{\cdot k}) - (\mu_j - \mu_k)}{\sigma\sqrt{\dfrac{1}{n_j} + \dfrac{1}{n_k}}} \bigg/ \sqrt{\dfrac{S_E}{\sigma^2}\bigg/(n-s)} \sim t(n-s).$$

据此得均值差 $\mu_j - \mu_k = \delta_j - \delta_k$ 的置信度为 $1 - \alpha$ 的一个置信区间为

$$\left(\overline{X}_{\cdot j} - \overline{X}_{\cdot k} \pm t_{\alpha/2}(n-s)\sqrt{S_E\left(\frac{1}{n_j} + \frac{1}{n_k}\right)}\right).$$

根据上面的分析,得到如下进行单因素方差分析的一般步骤:

(1) 计算各水平下数据和 $T_{\cdot j}(j=1,2,\cdots,s)$ 及总和 $T_{\cdot\cdot}$;

(2) 计算各类平方和:$\sum\limits_{j=1}^{s}\sum\limits_{i=1}^{n_j} X_{ij}^2, \sum\limits_{j=1}^{s}\dfrac{T_{\cdot j}^2}{n_j}, \dfrac{T_{\cdot\cdot}^2}{n}$;

(3) 按公式⑥计算 S_T, S_A 和 S_E;

(4) 填写方差分析表;

(5) 对于给定的显著性水平 α,查 F 分布表得 $F_\alpha(s-1, n-s)$,并与 F 值比较大小,然后做出是否拒绝原假设 H_0 的结论.

例3 设在例1中各班级成绩服从正态分布,且方差相等.在显著性水平 $\alpha = 0.05$ 下,检验假设

$$H_0: \mu_1 = \mu_2 = \mu_3, \quad H_1: \mu_1, \mu_2, \mu_3 \text{ 不全相等}.$$

解 依题意,$s=3, n_1=n_2=n_3=6, n=18$,计算得

$$T_{\cdot 1} = \sum_{i=1}^{n_1} X_{i1} = 474, \quad T_{\cdot 2} = \sum_{i=1}^{n_2} X_{i2} = 444, \quad T_{\cdot 3} = \sum_{i=1}^{n_3} X_{i3} = 396,$$

$$T_{..} = \sum_{j=1}^{s}\sum_{i=1}^{n_j} X_{ij} = 1314, \quad \sum_{j=1}^{s}\sum_{i=1}^{n_j} X_{ij}^2 = 96\,868,$$

$$S_T = \sum_{j=1}^{s}\sum_{i=1}^{n_j} X_{ij}^2 - \frac{T_{..}^2}{n} = 96\,868 - \frac{1314^2}{18} = 946,$$

$$S_A = \sum_{j=1}^{s} \frac{T_{\cdot j}^2}{n_j} - \frac{T_{..}^2}{n} = 96\,438 - \frac{1314^2}{18} = 516,$$

$$S_E = S_T - S_A = 946 - 516 = 430.$$

将上述计算结果列成方差分析表,见表 5.

表 5

方差来源	平方和	自由度	均方	F 值
因素(组间)	516	2	258.00	9.00
误差(组内)	430	15	28.67	
总和	946	17		

对于 $\alpha = 0.05$,查 F 分布表得 $F_{0.05}(2,15) = 3.68$. 由于 $F = 9.00 > 3.68$,所以否定 H_0,即认为这三个班级的平均分数有显著差异.

例 4 求例 3 中的未知参数 $\sigma^2, \mu_j, \delta_j (j=1,2,3)$ 的点估计及均值差的置信度为 0.95 的置信区间.

解 $\hat{\sigma}^2 = \dfrac{S_E}{n-s} \approx 28.67,\quad \hat{\mu}_1 = \overline{X}_{\cdot 1} = 79,\quad \hat{\mu}_2 = \overline{X}_{\cdot 2} = 74,\quad \hat{\mu}_3 = \overline{X}_{\cdot 3} = 66,$

$\hat{\mu} = \overline{X} = 73,\quad \hat{\delta}_1 = \overline{X}_{\cdot 1} - \overline{X} = 6,\quad \hat{\delta}_2 = \overline{X}_{\cdot 2} - \overline{X} = 1,\quad \hat{\delta}_3 = \overline{X}_{\cdot 3} - \overline{X} = -7.$

由 $1 - \alpha = 0.95$ 知 $\alpha = 0.05$,再由 $t_{\alpha/2}(n-s) = t_{0.025}(15) = 2.1315$ 得

$$t_{\alpha/2}(n-s)\sqrt{S_E\left(\frac{1}{n_j} + \frac{1}{n_k}\right)} = 2.1315\sqrt{28.67\left(\frac{1}{6} + \frac{1}{6}\right)} \approx 6.589,$$

故 $\mu_1 - \mu_2, \mu_1 - \mu_3, \mu_2 - \mu_3$ 的置信度为 0.95 的置信区间分别为

$(79 - 74 \pm 6.589) = (-1.589, 11.589),\quad (79 - 66 \pm 6.589) = (6.411, 19.589),$

$(74 - 66 \pm 6.589) = (1.411, 14.589).$

习题 8.1

1. 某市质量技术监督局对该市某超市销售的某种型号电池进行抽查,随机抽取了来自 A,B,C 三个工厂的这种型号电池各 5 节,经试验得其使用寿命如表 6 所示.假定这三个工厂生产的电池使用寿命均服从正态分布,且方差相等.在显著性水平 $\alpha = 0.05$ 下,检验 A,B,C 三个工厂生产的这种型号电池的平均使用寿命 μ_A, μ_B, μ_C 有无显著差异.若差异显著,求均值差 $\mu_A - \mu_B, \mu_A - \mu_C, \mu_B - \mu_C$ 的置信度为 95% 的置信区间.

表 6 (单位:h)

工厂A					工厂B					工厂C				
40	42	48	45	38	26	28	34	32	30	39	50	40	50	43

2. 为了考查三种交通管制措施对交通违章数量的影响,经调查得某市在某月的交通违章数据如表 7 所示.根据历史资料,各种交通管制措施下交通违章次数呈相同方差的正态分布.问:这三种措施对于控制交通违章的效果有无显著差异($\alpha=0.05$)?

表 7 (单位:次)

措施 1	65	60	69	79	38	68	54	67	68	43
措施 2	74	71	58	49	58	49	48	68	56	47
措施 3	22	34	24	21	20	36	36	31	28	33

3. 某灯泡厂用四种不同的金属材料 A_1,A_2,A_3,A_4 做灯丝,检验灯丝材料对灯泡使用寿命的影响,得试验数据如表 8 所示.由生产经验知,灯泡的使用寿命服从正态分布,不同种灯丝的灯泡使用寿命的方差相等.问:灯泡的使用寿命是否因灯丝材料不同而有显著差异($\alpha=0.05$)?

表 8

灯丝材料	灯泡的使用寿命/h						
A_1	1600	1610	1650	1680	1700	1720	1800
A_2	1580	1640	1640	1700	1750		
A_3	1460	1550	1600	1620	1640	1660	1740	1820
A_4	1510	1520	1530	1570	1600	1680		

§8.2 双因素方差分析

在一个试验中,若影响试验指标的因素有两个,则该试验就是双因素试验.本节介绍双因素试验的方差分析,即双因素方差分析.

先介绍一个重要的概念——因素之间的交互作用.在同时考虑多个因素对试验指标的影响时,不仅每个因素单独地对试验指标起影响作用,而且有时因素联合起来对试验指标起影响作用,这后一种作用就叫作因素之间的**交互作用**.

进行双因素方差分析,是为了检验两个因素对试验指标是否有影响,需要对两个因素的不同水平的组合都进行一组试验,以便分析两个因素的影响.如果这两个因素之间存在交互作用,则对于这两个因素的不同水平的组合,可进行相同次数的重复试验,相应的方差分析称为**双因素等重复试验的方差分析**.如果这两个因素之间不存在交互作用,则对于这两个因素不同水平的组合,只需进行一次试验,相应的方差分析称为**双因素无重复试验的方差分析**.双因素方差分析的思想与单因素方差分析的思想相似,关键在于如何将总偏差平方和进行分解,从而利用试验数据对两个因素的影响做出合理的检验推断.

一、双因素方差分析模型

设有两个因素 A,B 作用于试验指标,其中因素 A 有 r 个水平 $A_1, A_2, \cdots, A_r$,因素 B 有 s 个水平 $B_1, B_2, \cdots, B_s$.现对因素 A,B 的每个水平组合 (A_i, B_j) $(i=1,2,\cdots,r; j=1,2,\cdots,s)$ 都做 t 次相同的独立试验,得到如表 1 所示的结果.

表 1

因素 A	因素 B			
	B_1	B_2	$\cdots$	B_s
A_1	$X_{111}, X_{112}, \cdots, X_{11t}$	$X_{121}, X_{122}, \cdots, X_{12t}$	$\cdots$	$X_{1s1}, X_{1s2}, \cdots, X_{1st}$
A_2	$X_{211}, X_{212}, \cdots, X_{21t}$	$X_{221}, X_{222}, \cdots, X_{22t}$	$\cdots$	$X_{2s1}, X_{2s2}, \cdots, X_{2st}$
$\vdots$	$\vdots$	$\vdots$	$\vdots$	$\vdots$
A_r	$X_{r11}, X_{r12}, \cdots, X_{r1t}$	$X_{r21}, X_{r22}, \cdots, X_{r2t}$	$\cdots$	$X_{rs1}, X_{rs2}, \cdots, X_{rst}$

假定 $X_{ijk} \sim N(\mu_{ij}, \sigma^2)$ $(i=1,2,\cdots,r; j=1,2,\cdots,s; k=1,2,\cdots,t)$,且各 X_{ijk} 相互独立.令 $\varepsilon_{ijk} = X_{ijk} - \mu_{ij}$,则 $\varepsilon_{ijk} \sim N(0, \sigma^2)$,从而得到**双因素方差分析模型**:

$$\begin{cases} X_{ijk} = \mu_{ij} + \varepsilon_{ijk}, \\ \varepsilon_{ijk} \sim N(0, \sigma^2), 且各 \varepsilon_{ijk} 相互独立 \\ (i=1,2,\cdots,r; j=1,2,\cdots,s; k=1,2,\cdots,t), \end{cases}$$

其中 $\mu_{ij}(i=1,2,\cdots,r; j=1,2,\cdots,s)$,$\sigma^2$ 均为未知参数.

引入如下记号:

$$\mu = \frac{1}{rs} \sum_{i=1}^{r} \sum_{j=1}^{s} \mu_{ij}, \quad \mu_{i\cdot} = \frac{1}{s} \sum_{j=1}^{s} \mu_{ij} (i=1,2,\cdots,r), \quad \mu_{\cdot j} = \frac{1}{r} \sum_{i=1}^{r} \mu_{ij} (j=1,2,\cdots,s),$$

$$\alpha_i = \mu_{i\cdot} - \mu \ (i=1,2,\cdots,r), \quad \beta_j = \mu_{\cdot j} - \mu \ (j=1,2,\cdots,s).$$

称 μ 为试验指标的**总平均**;称 $\alpha_i(i=1,2,\cdots,r)$ 为因素 A 在水平 A_i 上的**效应**,它是因素 A 对试验指标的影响在水平 A_i 上的反映;称 $\beta_j(j=1,2,\cdots,s)$ 为因素 B 在水平 B_j 上的**效应**,它是因素 B 对试验指标的影响在水平 B_j 上的反映.容易验证 $\sum_{i=1}^{r} \alpha_i = 0, \sum_{j=1}^{s} \beta_j = 0$,并且有

$$\mu_{ij} = \mu + \alpha_i + \beta_j + (\mu_{ij} - \mu_{i\cdot} - \mu_{\cdot j} + \mu) \quad (i=1,2,\cdots,r; j=1,2,\cdots,s).$$

记 $\gamma_{ij} = \mu_{ij} - \mu_{i\cdot} - \mu_{\cdot j} + \mu (i=1,2,\cdots,r; j=1,2,\cdots,s)$,显然有

$$\mu_{ij} = \mu + \alpha_i + \beta_j + \gamma_{ij}. \qquad ①$$

称 $\gamma_{ij}(i=1,2,\cdots,r; j=1,2,\cdots,s)$ 为水平 A_i 和水平 B_j 的**交互效应**,它是因素 A 与 B 之间的交互作用对试验指标的影响在水平组合 (A_i, B_j) 上的反映.容易验证

$$\sum_{i=1}^{r} \gamma_{ij} = 0 \ (j=1,2,\cdots,s), \quad \sum_{j=1}^{s} \gamma_{ij} = 0 \ (i=1,2,\cdots,r).$$

于是,双因素试验方差分析模型为

$$\begin{cases} X_{ijk} = \mu + \alpha_i + \beta_j + \gamma_{ij} + \varepsilon_{ijk}, & (i=1,2,\cdots,r;j=1,2,\cdots,s,k=1,2,\cdots,t), \\ \varepsilon_{ijk} \sim N(0,\sigma^2), \text{且各 } \varepsilon_{ijk} \text{ 相互独立} \\ \sum_{i=1}^{r} \alpha_i = 0, \sum_{j=1}^{s} \beta_j = 0, \sum_{i=1}^{r} \gamma_{ij} = 0, \sum_{j=1}^{s} \gamma_{ij} = 0, \end{cases}$$

其中 $\mu, \alpha_i, \beta_j, \gamma_{ij} (i=1,2,\cdots,r;j=1,2,\cdots,s), \sigma^2$ 都是未知参数.

要判断因素 A,B 及其交互作用对试验指标的影响,相当于要检验以下三个假设:

(1) $H_{01}: \alpha_1 = \alpha_2 = \cdots = \alpha_r = 0$, $H_{11}: \alpha_1, \alpha_2, \cdots, \alpha_r$ 不全为零.

(2) $H_{02}: \beta_1 = \beta_2 = \cdots = \beta_s = 0$, $H_{12}: \beta_1, \beta_2, \cdots, \beta_s$ 不全为零.

(3) $H_{03}: \gamma_{11} = \gamma_{12} = \cdots = \gamma_{rs} = 0$, $H_{13}: \gamma_{11}, \gamma_{12}, \cdots, \gamma_{rs}$ 不全为零.

若原假设 H_{01} 成立,则由式①知单独改变因素 A 的水平时,不影响 μ_{ij} 的值.因此,如果接受原假设 H_{01},那么表明因素 A 对试验指标无显著影响;如果拒绝原假设 H_{01},那么表明因素 A 对试验指标有显著影响.同样,如果接受原假设 H_{02},那么表明因素 B 对试验指标无显著影响;如果拒绝原假设 H_{02},那么表明因素 B 对试验指标有显著影响.类似地,如果接受原假设 H_{03},那么表明因素 A 与 B 之间的交互作用不显著;如果拒绝原假设 H_{03},那么表明因素 A 与 B 之间的交互作用显著.

下面分别讨论双因素无重复试验和双因素等重复试验的方差分析.

二、双因素无重复试验的方差分析

在处理实际问题时,如果我们已经知道因素 A,B 之间不存在交互作用,或已知交互作用对试验指标的影响很小,则可以不考虑交互作用,从而所有的交互效应 γ_{ij} 均等于零,于是只需检验假设 H_{01} 和 H_{02} 是否成立.此时,可以做无重复的试验,即对两个因素的每个水平组合 $(A_i, B_j)(i=1,2,\cdots,r;j=1,2,\cdots,s)$ 只做一次试验,假设所得结果如表 2 所示.

表 2

因素 A	因素 B			
	B_1	B_2	$\cdots$	B_s
A_1	X_{11}	X_{12}	$\cdots$	X_{1s}
A_2	X_{21}	X_{22}	$\cdots$	X_{2s}
$\vdots$	$\vdots$	$\vdots$	$\vdots$	$\vdots$
A_r	X_{r1}	X_{r2}	$\cdots$	X_{rs}

由式①有

$$\mu_{ij} = \mu + \alpha_i + \beta_j \quad (i=1,2,\cdots,r;j=1,2,\cdots,s).$$

记

$$\overline{X} = \frac{1}{rs}\sum_{i=1}^{r}\sum_{j=1}^{s}X_{ij}, \quad \overline{X}_{i\cdot} = \frac{1}{s}\sum_{j=1}^{s}X_{ij}(i=1,2,\cdots,r), \quad \overline{X}_{\cdot j} = \frac{1}{r}\sum_{i=1}^{r}X_{ij}(j=1,2,\cdots,s),$$

则有

$$\overline{X} = \frac{1}{r}\sum_{i=1}^{r}\overline{X}_{i\cdot} = \frac{1}{s}\sum_{j=1}^{s}\overline{X}_{\cdot j}.$$

再引入总偏差平方和(也称为总变差):

$$S_T = \sum_{i=1}^{r}\sum_{j=1}^{s}(X_{ij}-\overline{X})^2.$$

将 S_T 进行分解,得到平方和分解式

$$S_T = S_E + S_A + S_B,$$

其中
$$S_E = \sum_{i=1}^{r}\sum_{j=1}^{s}(X_{ij}-\overline{X}_{i\cdot}-\overline{X}_{\cdot j}+\overline{X})^2,$$

$$S_A = \sum_{i=1}^{r}\sum_{j=1}^{s}(\overline{X}_{i\cdot}-\overline{X})^2 = s\sum_{i=1}^{r}(\overline{X}_{i\cdot}-\overline{X})^2, \quad S_B = \sum_{i=1}^{r}\sum_{j=1}^{s}(\overline{X}_{\cdot j}-\overline{X})^2 = r\sum_{j=1}^{s}(\overline{X}_{\cdot j}-\overline{X})^2.$$

这里 S_E 称为**误差平方和**,它反映了随机误差对试验指标总的影响程度;S_A,S_B 分别称为因素 A,B 的**效应平方和**,它们分别反映了因素 A,B 水平的改变对试验指标的影响程度.

如果原假设 H_{01},H_{02} 为真,可以分别证明

$$F_A = \frac{S_A/(r-1)}{S_E/[(r-1)(s-1)]} \sim F(r-1,(r-1)(s-1)),$$

$$F_B = \frac{S_B/(s-1)}{S_E/[(r-1)(s-1)]} \sim F(s-1,(r-1)(s-1)).$$

所以 F_A,F_B 可以分别作为假设 H_{01},H_{02} 的检验统计量. 取显著性水平为 α,得假设 H_{01},H_{02} 的拒绝域分别为

$$F_A = \frac{S_A/(r-1)}{S_E/[(r-1)(s-1)]} \geqslant F_\alpha(r-1,(r-1)(s-1)),$$

$$F_B = \frac{S_B/(s-1)}{S_E/[(r-1)(s-1)]} \geqslant F_\alpha(s-1,(r-1)(s-1)).$$

上述结果可列成表 3 所示的方差分析表.

表 3

方差来源	平方和	自由度	均方	F 值
因素 A	S_A	$r-1$	$\overline{S}_A = \dfrac{S_A}{r-1}$	$F_A = \dfrac{\overline{S}_A}{\overline{S}_E}$
因素 B	S_B	$s-1$	$\overline{S}_B = \dfrac{S_B}{s-1}$	$F_B = \dfrac{\overline{S}_B}{\overline{S}_E}$
误差	S_E	$(r-1)(s-1)$	$\overline{S}_E = \dfrac{S_E}{(r-1)(s-1)}$	
总和	S_T	$rs-1$		

§8.2 双因素方差分析

在实际计算中，表 3 中的平方和可按下述式子来计算：

$$S_A = \frac{1}{s}\sum_{i=1}^{r} T_{i\cdot}^2 - \frac{T_{\cdot\cdot}^2}{rs}, \quad S_B = \frac{1}{r}\sum_{j=1}^{s} T_{\cdot j}^2 - \frac{T_{\cdot\cdot}^2}{rs},$$

$$S_T = \sum_{i=1}^{r}\sum_{j=1}^{s} X_{ij}^2 - \frac{T_{\cdot\cdot}^2}{rs}, \quad S_E = S_T - S_A - S_B,$$

其中 $T_{\cdot\cdot} = \sum_{i=1}^{r}\sum_{j=1}^{s} X_{ij}, \quad T_{i\cdot} = \sum_{j=1}^{s} X_{ij}\,(i=1,2,\cdots,r), \quad T_{\cdot j} = \sum_{i=1}^{r} X_{ij}\,(j=1,2,\cdots,s).$

例 1 在 §8.1 的例 2 中，假定符合双因素方差分析模型所需的条件，问：不同工人或不同机器对日产量是否有显著影响（$\alpha=0.05$）？

解 依题意，需检验假设

$$H_{01}: \alpha_1 = \alpha_2 = \alpha_3 = 0, \quad H_{11}: \alpha_1, \alpha_2, \alpha_3 \text{ 不全为零}$$

和

$$H_{02}: \beta_1 = \beta_2 = \beta_3 = \beta_4 = 0, \quad H_{12}: \beta_1, \beta_2, \beta_3, \beta_4 \text{ 不全为零}.$$

这里 $r=3, s=4$，计算得

$$T_{\cdot\cdot} = 663, \quad T_{1\cdot} = 218, \quad T_{2\cdot} = 245, \quad T_{3\cdot} = 200,$$

$$T_{\cdot 1} = 155, \quad T_{\cdot 2} = 176, \quad T_{\cdot 3} = 162, \quad T_{\cdot 4} = 170,$$

$$\sum_{i=1}^{r}\sum_{j=1}^{s} X_{ij}^2 = 37\,045, \quad \sum_{i=1}^{r} T_{i\cdot}^2 = 147\,549, \quad \sum_{j=1}^{s} T_{\cdot j}^2 = 110\,145,$$

于是

$$S_T = \sum_{i=1}^{r}\sum_{j=1}^{s} X_{ij}^2 - \frac{T_{\cdot\cdot}^2}{rs} = 37\,045 - \frac{663^2}{3\times 4} = 414.25,$$

$$S_A = \frac{1}{s}\sum_{i=1}^{r} T_{i\cdot}^2 - \frac{T_{\cdot\cdot}^2}{rs} = \frac{1}{4}\times 147\,549 - \frac{663^2}{3\times 4} = 256.5,$$

$$S_B = \frac{1}{r}\sum_{j=1}^{s} T_{\cdot j}^2 - \frac{T_{\cdot\cdot}^2}{rs} = \frac{1}{3}\times 110\,145 - \frac{663^2}{3\times 4} = 84.25,$$

$$S_E = S_T - S_A - S_B = 73.5.$$

把上述计算结果列成方差分析表，见表 4.

表 4

方差来源	平方和	自由度	均方	F 值
工人（A）	256.5	2	128.25	10.47
机器（B）	84.25	3	28.08	2.29
误差	73.5	6	12.25	
总和	414.25	11		

查 F 分布表得 $F_{0.05}(2,6)=5.14, F_{0.05}(3,6)=4.76$.

由于 $F_A=10.47>F_{0.05}(2,6)=5.14$，故拒绝 H_{01}，即认为不同工人对日产量有显著影响.

由于 $F_B=2.29<F_{0.05}(3,6)=4.76$，故接受 H_{02}，即认为不同机器对日产量无显著影响.

三、双因素等重复试验的方差分析

在需要考虑因素之间交互作用的影响时，为了检验交互作用对试验指标的影响是否显著，必须进行重复试验. 下面我们讨论在两个因素的每个水平组合上进行相同次数独立重复试验的情形，即讨论双因素等重复试验的方差分析. 根据前面的分析，即要检验假设 H_{01}，H_{02}，H_{03} 是否成立.

引入以下记号：

$$\overline{X} = \frac{1}{rst}\sum_{i=1}^{r}\sum_{j=1}^{s}\sum_{k=1}^{t}X_{ijk}, \quad \overline{X}_{ij.} = \frac{1}{t}\sum_{k=1}^{t}X_{ijk}(i=1,2,\cdots,r;j=1,2,\cdots,s),$$

$$\overline{X}_{i..} = \frac{1}{st}\sum_{j=1}^{s}\sum_{k=1}^{t}X_{ijk}(i=1,2,\cdots,r), \quad \overline{X}_{.j.} = \frac{1}{rt}\sum_{i=1}^{r}\sum_{k=1}^{t}X_{ijk}(j=1,2,\cdots,s).$$

再引入**总偏差平方和**（也称为**总变差**）

$$S_T = \sum_{i=1}^{r}\sum_{j=1}^{s}\sum_{k=1}^{t}(X_{ijk}-\overline{X})^2.$$

平方和 S_T 可以分解为

$$S_T = S_E + S_A + S_B + S_{A\times B},$$

其中

$$S_E = \sum_{i=1}^{r}\sum_{j=1}^{s}\sum_{k=1}^{t}(X_{ijk}-\overline{X}_{ij.})^2$$

$$S_A = st\sum_{i=1}^{r}(\overline{X}_{i..}-\overline{X})^2, \quad S_B = rt\sum_{j=1}^{s}(\overline{X}_{.j.}-\overline{X})^2,$$

$$S_{A\times B} = t\sum_{i=1}^{r}\sum_{j=1}^{s}(\overline{X}_{ij.}-\overline{X}_{i..}-\overline{X}_{.j.}+\overline{X})^2.$$

将 S_E 称为**误差平方和**，S_A，S_B 分别称为因素 A，B 的**效应平方和**，$S_{A\times B}$ 称为因素 A 与 B 的**交互效应平方和**.

当原假设 H_{01}，H_{02}，H_{03} 为真时，可以分别证明

$$F_A = \frac{S_A/(r-1)}{S_E/[rs(t-1)]} \sim F(r-1, rs(t-1)),$$

$$F_B = \frac{S_B/(s-1)}{S_E/[rs(t-1)]} \sim F(s-1, rs(t-1)),$$

$$F_{A\times B} = \frac{S_{A\times B}/[(r-1)(s-1)]}{S_E/[rs(t-1)]} \sim F((r-1)(s-1), rs(t-1)),$$

于是分别取 $F_A, F_B, F_{A\times B}$ 作为假设 H_{01}, H_{02}, H_{03} 的检验统计量. 对于给定的显著性水平 α, 得假设 H_{01}, H_{02}, H_{03} 的拒绝域分别为

$$F_A = \frac{S_A/(r-1)}{S_E/[rs(t-1)]} \geqslant F_\alpha(r-1, rs(t-1)),$$

$$F_B = \frac{S_B/(s-1)}{S_E/[rs(t-1)]} \geqslant F_\alpha(s-1, rs(t-1)),$$

$$F_{A\times B} = \frac{S_{A\times B}/[(r-1)(s-1)]}{S_E/[rs(t-1)]} \geqslant F_\alpha((r-1)(s-1), rs(t-1)).$$

上述结果可汇总成如表 5 所示的方差分析表.

表 5

方差来源	平方和	自由度	均方	F 值
因素 A	S_A	$r-1$	$\overline{S}_A = \dfrac{S_A}{s-1}$	$F_A = \dfrac{\overline{S}_A}{\overline{S}_E}$
因素 B	S_B	$s-1$	$\overline{S}_B = \dfrac{S_B}{s-1}$	$F_B = \dfrac{\overline{S}_B}{\overline{S}_E}$
交互作用	$S_{A\times B}$	$(r-1)(s-1)$	$\overline{S}_{A\times B} = \dfrac{S_{A\times B}}{(r-1)(s-1)}$	$F_{A\times B} = \dfrac{\overline{S}_{A\times B}}{\overline{S}_E}$
误差	S_E	$rs(t-1)$	$\overline{S}_E = \dfrac{S_E}{rs(t-1)}$	
总和	S_T	$rst-1$		

若记

$$T_{\cdots} = \sum_{i=1}^{r}\sum_{j=1}^{s}\sum_{k=1}^{t} X_{ijk}, \quad T_{ij\cdot} = \sum_{k=1}^{t} X_{ijk}\,(i=1,2,\cdots,r; j=1,2,\cdots,s),$$

$$T_{i\cdot\cdot} = \sum_{j=1}^{s}\sum_{k=1}^{t} X_{ijk}\,(i=1,2,\cdots,r), \quad T_{\cdot j\cdot} = \sum_{i=1}^{r}\sum_{k=1}^{t} X_{ijk}\,(j=1,2,\cdots,s),$$

则我们可以按照下述式子来计算表 5 中的各平方和:

$$S_A = \frac{1}{st}\sum_{i=1}^{r} T_{i\cdot\cdot}^2 - \frac{T_{\cdots}^2}{rst}, \quad S_B = \frac{1}{rt}\sum_{j=1}^{s} T_{\cdot j\cdot}^2 - \frac{T_{\cdots}^2}{rst},$$

$$S_{A\times B} = \left(\frac{1}{t}\sum_{i=1}^{r}\sum_{j=1}^{s} T_{ij\cdot}^2 - \frac{T_{\cdots}^2}{rst}\right) - S_A - S_B,$$

$$S_T = \sum_{i=1}^{r}\sum_{j=1}^{s}\sum_{k=1}^{t} X_{ijk}^2 - \frac{T_{\cdots}^2}{rst}, \quad S_E = S_T - S_A - S_B - S_{A\times B}.$$

例 2 某农科站对三种大麦种子 A_1, A_2, A_3 和四种化肥 B_1, B_2, B_3, B_4 在相同的试验田里做试验,得大麦的亩产量如表 6 所示. 问: 大麦种子和化肥及它们的交互作用对大麦产量是否有显著影响($\alpha = 0.01$)?

第八章 方差分析与回归分析

表 6 (单位：kg)

大麦种子	农肥			
	B_1	B_2	B_3	B_4
A_1	173 172	174 176	177 179	172 173
A_2	175 173	178 177	174 175	170 171
A_3	177 175	174 174	174 173	169 169

解 为了简化计算,将表 6 的数据都减去 170,得表 7. 在这种变换下,所有的平方和的值保持不变. 表 7 中括弧内的数是 $T_{ij\cdot}$.

表 7

A	B				$T_{i\cdot\cdot}$
	B_1	B_2	B_3	B_4	
A_1	3 2 (5)	4 6 (10)	7 9 (16)	2 3 (5)	36
A_2	5 3 (8)	8 7 (15)	4 5 (9)	0 1 (1)	33
A_3	7 5 (12)	4 4 (8)	4 3 (7)	−1 −1 (−2)	25
$T_{\cdot j\cdot}$	25	33	32	4	94

这里 $r=3, s=4, t=2$,故有

$$\sum_{i=1}^{r}\sum_{j=1}^{s}\sum_{k=1}^{t} X_{ijk}^2 = 530, \quad S_T = 530 - \frac{94^2}{24} \approx 161.83,$$

$$S_A = \frac{1}{8}(36^2 + 33^2 + 25^2) - \frac{94^2}{24} \approx 8.08,$$

$$S_B = \frac{1}{6}(25^2 + 33^2 + 32^2 + 4^2) - \frac{94^2}{24} \approx 90.83,$$

$$S_{A\times B} = \frac{1}{t}\sum_{i=1}^{r}\sum_{j=1}^{s} T_{ij\cdot}^2 - \frac{T_{\cdots}^2}{rst} - S_A - S_B,$$

$$= \frac{1038}{2} - \frac{94^2}{24} - 8.08 - 90.83 \approx 51.92,$$

$$S_E = S_T - S_A - S_B - S_{A\times B} \approx 11.00,$$

于是得到如表 8 所示的方差分析表.

表 8

方差来源	平方和	自由度	均方	F 值
A	8.08	2	4.04	4.39
B	90.83	3	30.28	32.91
A×B	51.92	6	8.65	9.40
误差	11.00	12	0.92	
总和	161.83	23		

由于

$$F_{0.01}(2,12) = 6.93 > 4.39,$$
$$F_{0.01}(3,12) = 5.95 < 32.91,$$
$$F_{0.01}(6,12) = 4.82 < 9.40,$$

故接受 H_{01},而拒绝 H_{02} 和 H_{03}.这表明,在此试验中,大麦种子对大麦产量的影响不显著,而化肥和化肥与大麦种子的交互作用对大麦产量的影响是显著的.

习 题 8.2

1. 某消防队要考查四种不同型号的冒烟报警器在五种不同种类的烟道中的反应时间,共做了 40 次试验,得数据如表 9 所示.假定在冒烟报警器与烟道的不同组合下冒烟报警器的反应时间服从方差相等的正态分布,问:不同型号的冒烟报警器对反应时间是否有显著性影响? 不同种类的烟道对反应时间是否有显著性影响($\alpha=0.05$)?

表 9 (单位:s)

冒烟报警器	烟道				
	B_1	B_2	B_3	B_4	B_5
A_1	5.1 5.3	6.4 6.2	5.0 4.8	3.1 3.3	6.7 6.9
A_2	7.5 7.3	8.0 8.2	5.7 6.0	6.4 6.6	5.0 4.8
A_3	1.0 3.8	6.5 6.3	7.8 8.0	9.1 9.3	4.2 4.0
A_4	12.2 12.4	9.5 9.3	7.7 7.9	10.7 10.9	8.6 8.1

2. 为了解三种不同配比的饲料对仔猪成长效用是否有差异,对三种不同品种的仔猪各选三头进行试验,分别测得其三个月内质量的增长量如表 10 所示.假定在饲料与仔猪品种的不同组合下仔猪质量的增长量服从正态分布,且方差相等,试分析不同配比的饲料与不同品种的仔猪对仔猪质量的增长有无显著影响($\alpha=0.05$)?

表 10 (单位:kg)

饲料	仔猪品种		
	B_1	B_2	B_3
A_1	51	56	45
A_2	53	57	49
A_3	52	58	47

3. 在某种金属材料的生产过程中,对热处理温度与时间各取两个水平,在每个水平组合下做 2 次相同的独立试验,所产出金属材料的抗拉强度的测定结果如表 11 所示.假定各水平组合下金属材料的抗拉强度服从正态分布,且方差相等,问:热处理温度、时间以及两者的交互作用对这种金属材料的抗拉强度是否有显著影响($\alpha=0.05$)?

表 11　　　　　　　　　　　　　　　（单位：MPa）

时间	热处理温度	
	B_1	B_2
A_1	38.0　38.6	47.0　44.8
A_2	45.0　43.8	42.4　40.8

§8.3　一元线性回归

在客观世界中普遍存在着变量之间的关系.一般来说,变量之间的关系可分为确定性关系与非确定性关系.确定性关系是指变量之间的关系可以用函数关系来表示.例如,正方形的面积 S 与边长 x 之间的关系为 $S=x^2$,这就是一种确定性关系.另一种非确定性关系即所谓的相关关系,它不是确定的函数关系,但彼此之间却又存在着相互影响、相互制约的内在联系.例如,正常人的身高和体重的关系就是这种关系,虽然一个人的身高并不能确定体重,但一般说来,身材高的人体重也重些,可它们之间却不能用确定的函数关系表示出来.这是因为,这时所涉及的变量中含有随机变量,变量关系是非确定性的.回归分析是研究相关关系的一种数学工具,它能帮助我们从一个变量的取值去估计另一个相关变量的取值.研究两个变量之间相关关系的回归分析称为**一元回归分析**,研究多个变量之间相关关系的回归分析称为**多元回归分析**.对于一元回归分析,两个变量之间呈线性关系,则称之为**一元线性回归分析**;若两个变量之间不具有线性关系,则称之为**一元非线性回归分析**.这里仅讨论一元线性回归分析.

一、一元线性回归模型

设随机变量 Y 与 x 之间存在着某种相关关系,这里 x 是可以控制或可以精确观测的变量,如试验时的温度、压力、反应时间等.对于 x 的每个固定的值,Y 有它的分布.若 Y 的数学期望存在,则可以表示为 x 的函数,通常记为 $\mu(x)$.我们将 $\mu(x)$ 称为 Y 关于 x 的**回归函数**.这样,我们就将讨论 Y 与 x 的相关关系转换为讨论 $E(Y)=\mu(x)$ 与 x 的函数关系.

为了对一元线性回归模型有一个直观的了解,先看下面的例子.

例1　随机抽查某地 10 名成年男性的身高 x 与体重 Y,得到如表 1 所示的数据,试分析这些数据中所隐藏的规律性.

表　1

身高 x/m	1.78	1.69	1.80	1.75	1.84	1.65	1.73	1.70	1.78	1.85
体重 Y/kg	65	58	74	70	73	54	61	64	75	82

为了更直观地表现身高 x 与体重 Y 的关系,可在直角坐标系中描出每对观察值 (x_i,y_i) 的相应点.这些点构成的图称为**散点图**(图1).散点图可以帮助我们粗略地看出 $\mu(x)$ 的形式.

由图 1 可见,这些点的分布大致呈一直线,但各点不完全在一条直线上.这是由于 Y 还受到其他一些随机因素的影响.这样,Y 可以看成由两部分叠加而成,一部分是 x 的线性函数 $a+bx$,另一部分是随机因素引起的误差 ε,即 $Y=a+bx+\varepsilon$.这就是所谓的一元线性回归模型.

一般地,假设 Y 与 x 之间的相关关系可表示为
$$Y = a + bx + \varepsilon, \qquad ①$$
其中 a,b 为未知参数,ε 为随机误差,且 $\varepsilon \sim N(0,\sigma^2)$,但 σ^2 为未知参数.Y 与 x 的这种关系称为**一元线性回归模型**,其中 b 称为**回归系数**.这时,回归函数为 $\mu(x)=a+bx$.

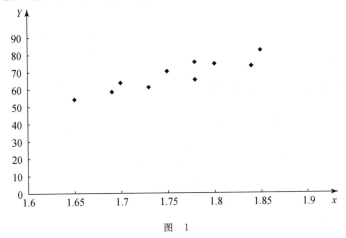

图　1

一元线性回归分析主要解决下列问题:
(1) 利用样本对未知参数 a,b,σ^2 进行估计;
(2) 对一元线性回归模型做显著性检验;
(3) 当 $x=x_0$ 时,对 Y 的取值做预测,即对 Y 做区间估计.

二、一元线性回归模型参数的估计

1. 参数 a,b 的估计

取 x 的 n 个不全相同的值 $x_1,x_2,\cdots,x_n$ 做独立试验,得到样本 $(x_1,Y_1),(x_2,Y_2),\cdots,(x_n,Y_n)$,相应地有 n 组独立的观察值 $(x_1,y_1),(x_2,y_2),\cdots,(x_n,y_n)$.

对参数 a,b 进行估计,实际上就是在平面直角坐标系中"估计"一条直线
$$\hat{y} = \hat{a} + \hat{b}x, \qquad ②$$
使得它尽可能地接近回归函数 $\mu(x)=a+bx$ 的图形.一种自然的想法就是使每组观察值 (x_i,y_i) 与估计直线上相应的点 $(x_i,\hat{y}_i)$ 尽可能地接近.也就是说,要求直线②,使得以下平方和达到最小值:

$$Q(a,b) = \sum_{i=1}^{n}(y_i - a - bx_i)^2. \qquad ③$$

求 Q 分别关于 a,b 的偏导数,并令它们等于零,得方程组

$$\begin{cases} \dfrac{\partial Q}{\partial a} = -2\sum_{i=1}^{n}(y_i - a - bx_i) = 0, \\ \dfrac{\partial Q}{\partial b} = -2\sum_{i=1}^{n}(y_i - a - bx_i)x_i = 0, \end{cases} 即 \begin{cases} na + \left(\sum_{i=1}^{n}x_i\right)b = \sum_{i=1}^{n}y_i, \\ \left(\sum_{i=1}^{n}x_i\right)a + \left(\sum_{i=1}^{n}x_i^2\right)b = \sum_{i=1}^{n}x_iy_i. \end{cases}$$

此方程组称为**正规方程组**. 由于 x_i 不全相同,正规方程组的系数行列式

$$\begin{vmatrix} n & \sum_{i=1}^{n}x_i \\ \sum_{i=1}^{n}x_i & \sum_{i=1}^{n}x_i^2 \end{vmatrix} = n\sum_{i=1}^{n}x_i^2 - \left(\sum_{i=1}^{n}x_i\right)^2 = n\sum_{i=1}^{n}(x_i - \bar{x})^2 \neq 0,$$

故它有唯一的一组解. 解正规方程组,得

$$\begin{cases} \hat{b} = \dfrac{n\sum_{i=1}^{n}x_iy_i - \left(\sum_{i=1}^{n}x_i\right)\left(\sum_{i=1}^{n}y_i\right)}{n\sum_{i=1}^{n}x_i^2 - \left(\sum_{i=1}^{n}x_i\right)^2} = \dfrac{\sum_{i=1}^{n}(x_i-\bar{x})(y_i-\bar{y})}{\sum_{i=1}^{n}(x_i-\bar{x})^2}, \\ \hat{a} = \dfrac{1}{n}\sum_{i=1}^{n}y_i - \dfrac{\hat{b}}{n}\sum_{i=1}^{n}x_i = \bar{y} - \hat{b}\bar{x}, \end{cases} \qquad ④$$

其中

$$\bar{x} = \frac{1}{n}\sum_{i=1}^{n}x_i, \quad \bar{y} = \frac{1}{n}\sum_{i=1}^{n}y_i.$$

容易验证,这样得到的 $\hat{a},\hat{b}$ 的确是式③定义的二元函数 Q 的最小值点. 我们称 $\hat{a},\hat{b}$ 为 a,b 的**最小二乘估计**.

在得到 a,b 的估计 $\hat{a},\hat{b}$ 后,对于任意给定的 x,我们就取 $\hat{a} + \hat{b}x$ 作为回归函数 $\mu(x) = E(Y) = a + bx$ 的估计,即 $\hat{\mu}(x) = \hat{a} + \hat{b}x$,称之为 Y 关于 x 的**经验回归函数**. 同时,称式②为 Y 关于 x 的**经验线性回归方程**(简称**线性回归方程**),并称其图形为**回归直线**.

将式④中 $\hat{a}$ 的表达式代入式②,则线性回归方程可写成

$$\hat{y} = \bar{y} + \hat{b}(x - \bar{x}). \qquad ⑤$$

上式表明,对于样本值 $(x_1, y_1), (x_2, y_2), \cdots, (x_n, y_n)$,回归直线通过散点图的几何中心 $(\bar{x}, \bar{y})$.

为了计算上的方便,我们引入下述记号:

$$S_{xx} = \sum_{i=1}^{n}(x_i - \bar{x})^2 = \sum_{i=1}^{n}x_i^2 - \frac{1}{n}\left(\sum_{i=1}^{n}x_i\right)^2,$$

$$S_{yy} = \sum_{i=1}^{n}(y_i - \bar{y})^2 = \sum_{i=1}^{n}y_i^2 - \frac{1}{n}\left(\sum_{i=1}^{n}y_i\right)^2,$$

$$S_{xy} = \sum_{i=1}^{n}(x_i - \overline{x})(y_i - \overline{y}) = \sum_{i=1}^{n} x_i y_i - \frac{1}{n}\sum_{i=1}^{n} x_i \sum_{i=1}^{n} y_i.$$

这样,a,b 的估计值可写成

$$\hat{b} = \frac{S_{xy}}{S_{xx}}, \quad \hat{a} = \frac{1}{n}\sum_{i=1}^{n} y_i - \left(\frac{1}{n}\sum_{i=1}^{n} x_i\right)\hat{b}. \qquad ⑥$$

对于估计量 $\hat{a},\hat{b}$ 的分布,不加证明地给出如下定理:

定理 1 设 $\hat{a},\hat{b}$ 分别是一元线性回归模型①的参数 a,b 的最小二乘估计量,则

$$\hat{a} \sim N\left(a, \left(\frac{1}{n} + \frac{\overline{x}^2}{S_{xx}}\right)\sigma^2\right), \quad \hat{b} \sim N\left(b, \frac{\sigma^2}{S_{xx}}\right).$$

例 2 在例 1 中,随机变量 Y 符合一元线性回归模型①所述的条件,求 Y 关于 x 的线性回归方程.

解 这里 $n=10$,所需计算结果见表 2.

表 2

序号	身高 x/m	体重 Y/kg	x_i^2	y_i^2	$x_i y_i$
1	1.78	65	3.1684	4225	115.70
2	1.69	58	2.8561	3364	98.02
3	1.80	74	3.2400	5476	133.20
4	1.75	70	3.0625	4900	122.50
5	1.84	73	3.3856	5329	134.32
6	1.65	54	2.7225	2916	89.10
7	1.73	61	2.9929	3721	105.53
8	1.70	64	2.8900	4096	108.80
9	1.78	75	3.1684	5625	133.50
10	1.85	82	3.4225	6724	151.70
总和	17.57	676	30.9089	46 376	1192.37

计算得

$$S_{xx} = \sum_{i=1}^{10} x_i^2 - \frac{1}{10}\left(\sum_{i=1}^{10} x_i\right)^2 = 30.9089 - \frac{1}{10} \times 17.57^2 \approx 0.0384,$$

$$S_{xy} = \sum_{i=1}^{10} x_i y_i - \frac{1}{10}\sum_{i=1}^{10} x_i \sum_{i=1}^{10} y_i = 1192.37 - \frac{1}{10} \times 17.57 \times 676 = 4.638,$$

从而

$$\hat{b} = \frac{S_{xy}}{S_{xx}} \approx \frac{4.638}{0.0384} = 120.7813,$$

$$\hat{a} = \frac{1}{10}\sum_{i=1}^{10} y_i - \left(\frac{1}{10}\sum_{i=1}^{10} x_i\right)\hat{b} \approx \frac{1}{10} \times 676 - \frac{1}{10} \times 17.57 \times 120.7813 \approx -144.6127,$$

第八章 方差分析与回归分析

于是所求的线性回归方程为
$$\hat{y} = -144.6127 + 120.7813x.$$

2. 参数 σ^2 的估计

先引入残差平方和的概念.

记 $\hat{y}_i = \hat{y}\big|_{x=x_i} = \hat{a} + \hat{b}x_i$, 称 $y_i - \hat{y}_i$ 为 x_i 处的**残差**, 并称

$$Q_e = \sum_{i=1}^n (y_i - \hat{y}_i)^2 = \sum_{i=1}^n (y_i - \hat{a} - \hat{b}x_i)^2$$

为**残差平方和**, 它是经验回归函数在各点 x_i 处的函数值 $\hat{\mu}(x_i) = \hat{a} + \hat{b}x_i$ 与观察值 y_i 的偏差的平方和.

关于残差平方和 Q_e, 可以证明如下结论成立:

定理 2 设 a, b, σ^2 是一元线性回归模型①中的参数, $\hat{a}, \hat{b}$ 分别是 a, b 的最小二乘估计量, Q_e 是相应的残差平方和, 则 Q_e 与 $\hat{b}$ 相互独立, 且

$$\frac{Q_e}{\sigma^2} \sim \chi^2(n-2).$$

由 $\hat{b} = \dfrac{S_{xy}}{S_{xx}}$ 可得 Q_e 的一个分解式

$$Q_e = S_{yy} - \hat{b}S_{xy}. \qquad ⑦$$

由式④知, b, a 的估计量分别为

$$\hat{b} = \frac{\sum\limits_{i=1}^n (x_i - \bar{x})(Y_i - \bar{Y})}{\sum\limits_{i=1}^n (x_i - \bar{x})^2} = \frac{\sum\limits_{i=1}^n (x_i - \bar{x})Y_i}{\sum\limits_{i=1}^n (x_i - \bar{x})^2},$$

$$\hat{a} = \frac{1}{n}\sum_{i=1}^n Y_i - \frac{\hat{b}}{n}\sum_{i=1}^n x_i = \bar{Y} - \hat{b}\bar{x},$$

其中 $\bar{Y} = \dfrac{1}{n}\sum\limits_{i=1}^n Y_i, \bar{x} = \dfrac{1}{n}\sum\limits_{i=1}^n x_i$. 在 S_{yy}, S_{xy} 的表达式中, 将 y_i 改为 $Y_i (i=1,2,\cdots,n)$, 并把它们分别记为 S_{YY}, S_{xY}, 即 $S_{YY} = \sum\limits_{i=1}^n (Y_i - \bar{Y})^2, S_{xY} = \sum\limits_{i=1}^n (x_i - \bar{x})(Y_i - \bar{Y})$, 则残差平方和 Q_e 的相应统计量(仍记为 Q_e)为 $Q_e = S_{YY} - \hat{b}S_{xY}$. 由定理 2 知 $E(Q_e/\sigma^2) = n-2$, 于是得到 σ^2 的无偏估计量及相应的估计值:

$$\hat{\sigma}^2 = \frac{Q_e}{n-2} = \frac{1}{n-2}(S_{YY} - \hat{b}S_{xY}), \quad \hat{\sigma}^2 = \frac{1}{n-2}(S_{yy} - \hat{b}S_{xy}).$$

例 3 在例 1 的条件下, 利用例 2 的结果求相应的一元线性回归模型中 σ^2 的无偏估计.

解 由表 2 得

$$S_{yy} = 46\ 376 - \frac{1}{10} \times 676^2 = 678.4,$$

从而 σ^2 的无偏估计为

$$\hat{\sigma}^2 = \frac{1}{10-2}(S_{yy} - \hat{b} S_{xy}) \approx \frac{1}{8}(678.4 - 120.7813 \times 4.638) \approx 14.7770.$$

三、线性假设的显著性检验

在以上的讨论中,我们假定 Y 与 x 之间存在线性关系. 但是,在实际问题中,事先我们并不能断定 Y 与 x 之间存在线性关系, $Y = a + bx + \varepsilon$ 只是一种假设. 当然,这种假设不是没有根据的,我们可以通过专业知识和散点图来直观判断. 而这仅仅是粗略的判断,因此在求出经验回归方程后,还需根据实际观察得到的数据,运用假设检验的方法来判断. 这就是说,求得的线性回归方程是否具有实用价值,需要经过假设检验才能确定. 如果一元线性回归模型 ① 符合实际,那么 b 不应为零,因为若 $b=0$,则 $Y = a + \varepsilon$,意味着 Y 与 x 无关. 所以,$Y = a + bx$ 是否合理,归结为检验假设

$$H_0: b = 0, \quad H_1: b \neq 0. \tag{⑧}$$

对于假设检验问题 ⑧,下面介绍一种常用的检验方法——t 检验法.

由定理 1 知 $\hat{b} \sim N\left(b, \dfrac{\sigma^2}{S_{xx}}\right)$,故

$$\frac{\hat{b} - b}{\sigma / \sqrt{S_{xx}}} \sim N(0,1).$$

又由定理 2 知 $\dfrac{(n-2)\hat{\sigma}^2}{\sigma^2} = \dfrac{Q_e}{\sigma^2} \sim \chi^2(n-2)$,且 $\hat{b}$ 与 Q_e 相互独立,故有

$$T = \frac{\hat{b} - b}{\sigma / \sqrt{S_{xx}}} \bigg/ \sqrt{\frac{(n-2)\hat{\sigma}^2}{\sigma^2} \bigg/ (n-2)} = \frac{\hat{b} - b}{\hat{\sigma}} \sqrt{S_{xx}} \sim t(n-2). \tag{⑨}$$

这里

$$\hat{\sigma}^2 = \frac{Q_e}{n-2} = \frac{1}{n-2}(S_{YY} - \hat{b} S_{xY}).$$

当 H_0 为真时,$b = 0$,此时

$$T = \frac{\hat{b}}{\hat{\sigma}} \sqrt{S_{xx}} \sim t(n-2),$$

且 $E(\hat{b}) = b = 0$. 于是,对于给定的显著性水平 α,假设检验问题 ⑧ 的拒绝域为

$$|t| = \frac{|\hat{b}|}{\hat{\sigma}} \sqrt{S_{xx}} \geq t_{\alpha/2}(n-2).$$

当 H_0 被拒绝时,就认为 Y 与 x 之间存在线性关系,即线性回归方程显著;反之,则认为 Y 与 x 的关系不能用一元线性回归模型 ① 来描述,即线性回归方程不显著. 线性回归方程不显著的原因可能有如下几种:

(1) x 对 Y 没有显著影响;

(2) x 对 Y 有显著影响,但这种影响不能用线性关系来描述;

(3) 除了 x 及随机误差 ε 外,还有其他不可忽略的因素影响 Y 的取值.

因此,在接受 H_0 的同时,需要进一步查明原因,分别处理,此时专业知识往往起着重要作用.

例 4 在显著性水平 $\alpha=0.05$ 下,利用例 2 的计算结果检验例 1 中体重 Y 与身高 x 之间是否存在显著的线性相关关系.

解 提出假设:$H_0:b=0, H_1:b\neq 0$.

(1) 当 H_0 为真时,检验统计量 $T=\dfrac{\hat{b}}{\hat{\sigma}}\sqrt{S_{xx}} \sim t(n-2)=t(8)$.

(2) 求出拒绝域:$|t| \geqslant t_{\alpha/2}(n-2) = t_{0.025}(8) = 2.3060$.

(3) 计算检验统计量的值:$|t| \approx \dfrac{120.7813\sqrt{0.0384}}{\sqrt{14.7770}} \approx 6.1570$.

因为 $|t| \approx 6.1570 > 2.3060$,所以拒绝 H_0,即认为体重 Y 与身高 x 之间存在显著的线性相关关系.

四、回归系数的置信区间

当一元线性回归模型①显著时,我们常常需要对回归系数 b 做区间估计.事实上,可由式⑨得到 b 的置信度为 $1-\alpha$ 的置信区间

$$\left(\hat{b} \pm t_{\alpha/2}(n-2)\dfrac{\hat{\sigma}}{\sqrt{S_{xx}}}\right).$$

五、回归函数值的点估计和区间估计

设 x_0 是变量 x 的某一指定值,则可用经验回归函数 $\hat{y}=\hat{\mu}(x)=\hat{a}+\hat{b}x$ 在点 x_0 处的函数值 $\hat{y}_0=\hat{\mu}(x_0)=\hat{a}+\hat{b}x_0$ 作为 $\mu(x_0)=a+bx_0$ 的点估计,即

$$\hat{y}_0 = \hat{\mu}(x_0) = \hat{a}+\hat{b}x_0.$$

对于相应的估计量为 $\hat{Y}_0=\hat{a}+\hat{b}x_0$,易知 $E(\hat{Y}_0)=a+bx_0$,因此这一估计量是无偏的,且可以求得 $\mu(x_0)=a+bx_0$ 的置信度为 $1-\alpha$ 的置信区间

$$\left(\hat{Y}_0 \pm t_{\alpha/2}(n-2)\hat{\sigma}\sqrt{\dfrac{1}{n}+\dfrac{(x_0-\overline{x})^2}{S_{xx}}}\right), \quad \text{即} \quad \left(\hat{a}+\hat{b}x_0 \pm t_{\alpha/2}(n-2)\hat{\sigma}\sqrt{\dfrac{1}{n}+\dfrac{(x_0-\overline{x})^2}{S_{xx}}}\right).$$

这一置信区间的长度是 x_0 的函数,它随 $|x_0-\overline{x}|$ 的增加而增加,当 $x_0=\overline{x}$ 时最短.

六、观察值的点预测和区间预测

线性回归方程一经求得并通过检验,就可用来反映变量之间的联系,还可用来对随机变量 Y 的新观察值进行点预测和区间预测.

§8.3 一元线性回归

若 Y_0 是在 $x=x_0$ 处对 Y 的观察值(注意,这个观察值具有随机性,故用大写的 Y_0 表示),我们就用 x_0 处的经验回归函数值 $\hat{y}_0=\hat{\mu}(x_0)=\hat{a}+\hat{b}x_0$ 作为 Y_0 的点预测.但是,这样的预测是不能令人满意的,因为无法知道这个预测的精确度.所以,我们希望对于一定的置信度 $1-\alpha$,寻找一个小区间,使得观察值 Y_0 落在该小区间内的概率等于 $1-\alpha$.这个小区间称为**预测区间**.在一元线性回归模型①下,可以证明

$$\frac{\hat{Y}_0 - Y_0}{\hat{\sigma}\sqrt{1+\dfrac{1}{n}+\dfrac{(x_0-\overline{x})^2}{S_{xx}}}} \sim t(n-2).$$

这样,对于给定的置信度 $1-\alpha$,可得到 Y_0 的预测区间

$$\left(\hat{Y}_0 \pm t_{\alpha/2}(n-2)\hat{\sigma}\sqrt{1+\dfrac{1}{n}+\dfrac{(x_0-\overline{x})^2}{S_{xx}}}\right), \quad 即 \quad \left(\hat{a}+\hat{b}x_0 \pm t_{\alpha/2}(n-2)\hat{\sigma}\sqrt{1+\dfrac{1}{n}+\dfrac{(x_0-\overline{x})^2}{S_{xx}}}\right).$$

显然,$\hat{\sigma}$ 的值越小,则由线性回归方程②预测 Y_0 的值就越精确.所以,通常用 $\hat{\sigma}$ 的大小来衡量预测的精确度.

当 n 很大且 x_0 位于 $\overline{x}$ 附近时,有

$$t_{\alpha/2}(n-1) \approx z_{\alpha/2}, \quad \sqrt{1+\dfrac{1}{n}+\dfrac{(x_0-\overline{x})^2}{S_{xx}}} \approx 1,$$

于是 Y_0 的置信度为 $1-\alpha$ 的一个预测区间近似为 $(\hat{Y}_0 \pm z_{\alpha/2}\hat{\sigma})$.

例 5 在例 1 的条件下,利用例 2 和例 3 的计算结果求:

(1) 回归函数 $\mu(x)$ 在 $x=1.70$ 处的值 $\mu(1.70)$ 的置信度为 0.95 的置信区间;

(2) Y 在 $x=1.70$ 处的观察值 Y_1 的置信度为 0.95 的预测区间;

(3) Y 在 $x=x_0$ 处的观察值 Y_0 的置信度为 0.95 的预测区间.

解 由例 2 和例 3 知 $\hat{b}\approx 120.7813, \hat{a}\approx -144.6127, \hat{\sigma}^2\approx 14.7770, \overline{x}=1.757$,又查 t 分布表得 $t_{0.05/2}(8)=2.3060$,于是

$$\hat{\mu}(x)\Big|_{x=1.70} \approx (-144.6127+120.7813x)\Big|_{x=1.70} \approx 60.7155,$$

$$t_{\alpha/2}(n-2)\hat{\sigma}\sqrt{\dfrac{1}{n}+\dfrac{(x_0-\overline{x})^2}{S_{xx}}} \approx 2.3060\sqrt{14.7770}\sqrt{\dfrac{1}{10}+\dfrac{(1.70-1.757)^2}{0.0384}} \approx 3.8083,$$

$$t_{\alpha/2}(n-2)\hat{\sigma}\sqrt{1+\dfrac{1}{n}+\dfrac{(x_0-\overline{x})^2}{S_{xx}}} \approx 2.3060\sqrt{14.7770}\sqrt{1+\dfrac{1}{10}+\dfrac{(1.70-1.757)^2}{0.0384}} \approx 9.6471.$$

(1) 回归函数 $\mu(x)$ 在 $x=1.70$ 处的值 $\mu(1.70)$ 的置信度为 0.95 的一个置信区间为

$$(60.7155 \pm 3.8083).$$

(2) Y 在 $x=1.70$ 处的观察值 Y_1 的置信度为 0.95 的一个预测区间为

$$(60.7155 \pm 9.6471).$$

(3) Y 在 $x=x_0$ 处的观察值 Y_0 的置信度为 0.95 的一个预测区间为

$$\left(\hat{\mu}(x)\Big|_{x=x_0} \pm t_{0.025}(8)\sqrt{1+\frac{1}{10}+\frac{(x_0-1.757)^2}{0.0384}}\right).$$

习 题 8.3

1. 某工业部门为了分析某种产品的产量 x 与生产费用 Y 之间的关系,随机抽查了 10 个企业,得到如表 3 所示的数据.

表 3

x/千件	40	42	48	55	65	79	88	100	120	140
Y/千元	150	140	160	170	150	162	185	165	190	185

(1) 做出 x 与 Y 的散点图,并观察它们之间是否具有线性关系;

(2) 假定 x 与 Y 之间存在线性关系,求 Y 关于 x 的线性回归方程 $\hat{y}=\hat{a}+\hat{b}x$.

2. 某城市去年调查的人均月收入与支出的部分数据如表 4 所示.求该城市人均月支出关于人均月收入的线性回归函数,并判断人均月收入对人均月支出是否有显著影响($\alpha=0.05$).

表 4

月份	1	2	3	4	5	6
人均月收入 x/元	2271	2436	2315	2296	2149	2354
人均月支出 Y/元	1569	1834	1638	1712	1695	1773

3. 在钢线碳含量对于电阻效应的研究中,得到如表 5 所示的数据.设电阻 Y 与碳含量 x 之间具有如下形式的关系:

$$Y=a+bx+\varepsilon,$$

其中 a,b 为未知参数,$\varepsilon \sim N(0,\sigma^2)$,$\sigma^2$ 也是未知参数.

表 5

碳含量 x/%	0.10	0.30	0.40	0.55	0.70	0.80	0.95
电阻 Y/$\mu\Omega$	15	18	19	21	22.6	23.8	26

(1) 画出 x 与 Y 的散点图;

(2) 求 Y 关于 x 的线性回归方程 $\hat{y}=\hat{a}+\hat{b}x$;

(3) 求方差 σ^2 的无偏估计;

(4) 检验假设 $H_0:b=0,H_1:b\neq 0$;

(5) 若线性回归方程显著,求 b 的置信度为 0.95 的置信区间;

(6) 求 $\mu(x)$ 在 $x=0.50$ 处的置信度为 0.95 的置信区间;

(7) 求 Y 在 $x=0.50$ 处的观察值 Y_0 的置信度为 0.95 的预测区间.

总练习题八

1. 将抗生素注入人体时会产生抗生素与血浆蛋白质结合的现象,以致减少药效.表1列出五种常用的抗生素注入牛的体内时抗生素与血浆蛋白质结合的百分比.假定不同抗生素与血浆蛋白质结合的百分比服从方差相等的正态分布.在显著性水平 $\alpha=0.05$ 下,检验这些百分比的均值有无显著差异.

表 1 (单位:%)

青霉素	四环素	链霉素	红霉素	氯霉素
29.6	27.3	5.8	21.6	29.2
24.3	32.6	6.2	17.4	32.8
28.5	30.8	11.0	18.3	25.0
32.0	34.8	8.3	19.0	24.2

2. 为了研究金属管的防腐蚀功能,考虑四种不同涂料的涂层.将金属管埋设在三种不同性质的土壤中,经过一定时间后,测得金属管腐蚀的最大深度如表2所示.设涂层与土壤这两个因素没有交互作用,并假定在涂层与土壤的不同组合下金属管腐蚀的最大深度服从方差相等的正态分布.取显著性水平 $\alpha=0.05$,检验在不同涂层下腐蚀最大深度的均值有无显著差异,在不同土壤下腐蚀最大深度的均值有无显著差异.

表 2 (单位:mm)

涂层	土壤		
	B_1	B_2	B_3
A_1	1.63	1.35	1.27
A_2	1.34	1.30	1.22
A_3	1.19	1.14	1.27
A_4	1.30	1.09	1.32

3. 在某橡胶产品的配方中,考虑三种不同促进剂,四种不同分量的氧化锌.同样的配方重复一次试验,测得300%定强指标如表3所示.假设在促进剂和氧化锌的不同组合下橡胶产品的定强指标服从正态分布,且方差相等,问:氧化锌分量、促进剂以及它们的交互作用对定强指标有无显著影响?

表 3

促进剂	氧化锌			
	B_1	B_2	B_3	B_4
A_1	31 33	34 36	35 36	39 38
A_2	33 34	36 37	37 39	38 41
A_3	35 37	37 38	39 40	42 44

4. 表 4 给出某种化工过程在三种浓度、四种温度水平组合下得率的试验数据(每个水平组合做 2 次相同的独立试验). 设在不同水平组合下得率服从正态分布, 且方差相等, 试在显著性水平 $\alpha=0.05$ 下检验:

(1) 在不同浓度下得率是否有显著差异;

(2) 在不同温度下得率是否有显著差异;

(3) 浓度与温度的交互作用是否显著.

表 4

浓度/%	温度/℃			
	10	24	38	52
2	14 10	11 11	13 9	10 12
4	9 7	10 8	7 11	6 10
6	5 11	13 14	12 13	14 10

5. 某种合金钢的抗拉强度 Y 与合金钢中含碳量 x 有一定关系, 它们的试验数据如表 5 所示.

表 5

x/%	0.05	0.07	0.08	0.09	0.10	0.11	0.12
Y/MPa	408	417	419	428	420	436	448
x/%	0.13	0.14	0.16	0.18	0.20	0.21	0.23
Y/MPa	456	451	489	500	550	548	600

(1) 求 Y 关于 x 的线性回归方程;

(2) 对 Y 与 x 的线性相关性进行检验($\alpha=0.05$);

(3) 求当 $x=0.15$ 时, Y 的观察值 Y_0 的置信度为 95% 的预测区间.

6. 为了研究商品的价格与销售总额之间的关系, 通过市场调查, 获得某种商品在一个地区 25 个时段内的价格 x 和销售总额 Y 的数据如表 6 所示.

表 6

序号	x/(元/单位)	Y/万元	序号	x/(元/单位)	Y/万元	序号	x/(元/单位)	Y/万元
1	36.3	10.98	10	57.5	9.14	19	70.0	6.83
2	29.7	11.13	11	46.4	8.24	20	74.5	8.88
3	30.8	12.51	12	28.9	12.19	21	72.1	7.68
4	58.8	8.40	13	28.1	11.88	22	58.1	8.47
5	61.4	9.27	14	39.1	9.57	23	44.6	8.86
6	71.3	8.73	15	46.8	10.94	24	33.4	10.36
7	74.4	6.36	16	48.5	9.58	25	28.6	11.08
8	76.7	8.5	17	59.3	10.09			
9	70.7	7.82	18	70.0	8.11			

(1) 画出 x 与 y 的散点图;

(2) 建立 Y 关于 x 的线性回归方程 $\hat{y} = \hat{a} + \hat{b}x$;

(3) 求随机误差的方差的无偏估计;

(4) 检验回归方程的显著性($\alpha = 0.05$);

(5) 若线性回归方程显著,求回归系数 b 的置信度为 95% 的置信区间;

(6) 求商品的价格定在 $x_0 = 28.6$ 元/单位时,该商品在单位时间段内的销售总额 Y_0 的预测值和置信度为 95% 的预测区间.

部分习题答案与提示

习题 1.1

1. (1) $\Omega=\{2,3,\cdots,12\}$; (2) $\Omega=\{1,2,3,\cdots\}$; (3) $\Omega=\{4,5,6,\cdots,10\}$; (4) $\Omega=\{d:d\geqslant 0\}$.
2. (1) $\{1,6,7,8,9,10\}$; (2) $\{2,3,4,5\}$; (3) $\{2,3,4,5\}$; (4) $\{2,3,4\}$.
3. $A+\overline{A}B+\overline{A}\,\overline{B}C$ 或 $A\bigcup(B-A)\bigcup(C-A-B)$.

习题 1.2

1. $0.4, 0.7, 0.1$. **2.** 0.3. **3.** 0.6. **4.** $5/8$. **5.** 0.4.

习题 1.3

1. $1/8$. **2.** $1/12$. **3.** 0.25. **4.** 有放回抽样:0.288;无放回抽样:0.289.
5. (1) 0.06048; (2) 0.2097; (3) 0.1240.
6. (1) $\dfrac{n!}{N^n}$; (2) $\dfrac{C_N^n \cdot n!}{N^n}$; (3) $\dfrac{C_N^m(N-1)^{n-m}}{N^n}$. **7.** $\dfrac{11}{36}$. **8.** $\dfrac{1}{4}+\dfrac{1}{2}\ln 2$.

习题 1.4

1. $\dfrac{1}{4}$. **2.** $\dfrac{1}{3}$. **3.** 0.00835. **4.** $\dfrac{t+a}{r+t+3a}\cdot\dfrac{t}{r+t+2a}\cdot\dfrac{r+a}{r+t+a}\cdot\dfrac{r}{r+t}$.
5. 0.865. **6.** (1) 0.218; (2) 0.5.

习题 1.5

1. $0.35, 0.15, 0.7$. **2.** 0.5. **3.** $5/6, 1/3$. **4.** 0.832.
5. (1) $P(\overline{A_1}\,\overline{A_2}\cdots\overline{A_n})=\prod_{i=1}^{n}(1-p_i)$; (2) $P(\overline{A_1}\bigcup\overline{A_2}\bigcup\cdots\bigcup\overline{A_n})=1-p_1p_2\cdots p_n$;
(3) $P(A_1\overline{A_2}\,\overline{A_3}\cdots\overline{A_n}\bigcup\overline{A_1}A_2\overline{A_3}\cdots\overline{A_n}\bigcup\cdots\bigcup\overline{A_1}\,\overline{A_2}\cdots\overline{A_{n-1}}A_n)=\sum_{i=1}^{n}\left[p_i\prod_{\substack{j=1\\j\neq i}}^{n}(1-p_j)\right]$.
6. 0.998.

总练习题一

1. $A_1\bigcup(A_2-A_1)\bigcup(A_3-A_1-A_2)\bigcup\cdots\bigcup(A_n-A_1-A_2-\cdots-A_{n-1})$.
2. (1) 若 $P(A\bigcup B)=P(B)=0.7$,则 $P(AB)$ 取到最大值,最大值为 0.6;
(2) 若 $P(A\bigcup B)=P(\Omega)=1$,则 $P(AB)$ 取到最小值,最小值为 0.3.

部分习题答案与提示

3. 利用德·摩根对偶律、概率的性质和加法公式.   4. 2/9.   5. 3/4.
6. $\dfrac{13}{21}$.   7. $1-\dfrac{C_{n-m}^k}{C_n^k}$;   8. $\dfrac{17}{25}$;   9. $\dfrac{9}{64}$;   10. $\dfrac{20}{21}$.   11. (1) $\dfrac{528}{5915}$; (2) $\dfrac{9}{22}$.
12. 3/5.   13. (1) 0.36; (2) 0.91.   14. 0.92,0.275.   15. 7/12.
16. 0.51,0.475.   17. 5/3 或 4/3;   19. 4/5.   20. 0.458.

习 题 2.1

1. (1) $\{0 \leqslant X < 30\}$; (2) $\{60 \leqslant X \leqslant 100\}$; (3) $\{X > 200\}$.
2. (1) 是; (2) 不是.   3. (1) 1/6; (2) 1/3; (3) 1/6; (4) 5/12; (5) 1/2.
4. $F(x)=\begin{cases}0, & x<a,\\ \dfrac{x-a}{b-a}, & a\leqslant x<b,\\ 1, & x\geqslant b.\end{cases}$ 5. (1) $A=\dfrac{1}{2}, B=\dfrac{1}{\pi}$; (2) $\dfrac{1}{\pi}\arctan 2$.

习 题 2.2

1. $F(x)=\begin{cases}0, & x<0,\\ 1-p, & 0\leqslant x<1,\\ 1, & x\geqslant 1.\end{cases}$ 2. $F(x)=\begin{cases}0, & x<1,\\ 1/4, & 1\leqslant x<2,\\ 3/4, & 2\leqslant x<3,\\ 7/8, & 3\leqslant x<4,\\ 1, & x\geqslant 4.\end{cases}$

3.

X	0	1	2	3
P	7/10	7/30	7/120	1/120

4. (1)

X	0	1	2	3
P	1/30	9/30	15/30	5/30

(2) $\dfrac{2}{3}$.

5. (1) $P\{X=k\}=(1-p)^{k-1}p\ (k=1,2,\cdots)$; (2) $P\{Y=k\}=C_{k-1}^{r-1}p^r q^{k-r}\ (k=r,r+1,\cdots)$.
6. $P\{X=k\}=0.55^{k-1}\times 0.45\ (k=1,2,\cdots)$; 11/31.
7.

X	0	1	2	3
P	27/125	54/125	36/125	8/125

$F(x)=\begin{cases}0, & x<0,\\ 27/125, & 0\leqslant x<1,\\ 81/125, & 1\leqslant x<2,\\ 117/125, & 2\leqslant x<3,\\ 1, & x\geqslant 3.\end{cases}$

8. (1) 0.0729; (2) 0.0086; (3) 0.9995.   9. 19/27.   10. (1) 5,0.1756; (2) 0.9596.
11. $k=\begin{cases}\lambda-1,\lambda, & \lambda\text{ 是整数},\\ [\lambda], & \lambda\text{ 不是整数}.\end{cases}$

12. 0.9197.　　**13.** 8.

14. (1) $\dfrac{(\lambda p)^k}{k!}e^{-\lambda p}\ (k=0,1,2,\cdots)$;　　(2) $\dfrac{[\lambda(1-p)]^{n-k}e^{-\lambda(1-p)}}{(n-k)!}\ (k=0,1,2,\cdots;n\geqslant k)$.

15.

X	-1	1	3
P	0.4	0.4	0.2

习　题　2.3

1. $F(x)=\begin{cases}0, & x<0,\\ x^2, & 0\leqslant x<\dfrac{1}{2},\\ 6x-3x^2-2, & \dfrac{1}{2}\leqslant x<1,\\ 1, & x\geqslant 1.\end{cases}$

2. (1) $\dfrac{6}{31}$;　(2) $F(x)=\begin{cases}0, & x<0,\\ \dfrac{2}{31}x^3, & 0\leqslant x<2,\\ \dfrac{3}{31}x^2+\dfrac{4}{31}, & 2\leqslant x<3,\\ 1, & x\geqslant 3;\end{cases}$　(3) $\dfrac{83}{124}$.

3. (1) 1;　(2) $f(x)=\begin{cases}2x, & 0<x\leqslant 1,\\ 0, & \text{其他};\end{cases}$　(3) 0.4.

4. (1) $A=\dfrac{1}{2}, B=\dfrac{1}{\pi}$;　(2) $\dfrac{2}{3}$;　(3) $f(x)=\begin{cases}1/(\pi\sqrt{a^2-x^2}), & -a<x<a,\\ 0, & \text{其他}.\end{cases}$

5. (1) $\left(\dfrac{2}{3}\right)^5$;　(2) 0.4609.　　**6.** $\dfrac{3}{7}$.　　**7.** $\dfrac{4}{5}$.　　**8.** 0.9999.　　**9.** $\dfrac{1}{16}$.

10. (1) 0.9861;　(2) 0.6954;　(3) 0.8788;　(4) 0.0124.

11. (1) 0.5987;　(2) 0.7143;　(3) 0.3721.

12. 2.　　**13.** 至少为 184 cm.　　**14.** 20/27.　　**15.** 3.

习　题　2.4

1. (1) $a=\dfrac{1}{\pi^2}, b=\dfrac{\pi}{2}, c=\dfrac{\pi}{2}$;　(2) $F_X(x)=\dfrac{1}{2}+\dfrac{1}{\pi}\arctan\dfrac{x}{2}, F_Y(y)=\dfrac{1}{2}+\dfrac{1}{\pi}\arctan\dfrac{y}{2}$;　(3) $\dfrac{1}{4}$.

2. 0.0907.　　**3.** 不能.

4. (1) $F(b,y)-F(a-0,y)$;　(2) $F(a,y-0)-F(a-0,y-0)$;
(3) $F(b-0,d)-F(a-0,d)-F(b-0,c)+F(a-0,c)$.

5. (1) $a=b=1$;　(2) 0.

6.

Y	X				$p_{\cdot j}$
	1	2	3	4	
0	0	0	0	5/42	5/42
1	0	0	10/21	0	10/21
2	0	5/14	0	0	5/14
3	1/21	0	0	0	1/21
$p_{i\cdot}$	1/21	5/14	10/21	5/42	1

7.

Y	X				$p_{\cdot j}$
	1	2	3	4	
1	0	3/8	3/8	0	3/4
3	1/8	0	0	1/8	1/4
$p_{i\cdot}$	1/8	3/8	3/8	1/8	

8.

Y	X			
	1	2	3	4
1	1/4	1/8	1/12	1/16
2	0	1/8	1/12	1/16
3	0	0	1/12	1/16
4	0	0	0	1/16

9. $-h(x,y) \leqslant f_1(x)f_2(y)$; $\int_{-\infty}^{+\infty}\int_{-\infty}^{+\infty} h(x,y)\mathrm{d}x\mathrm{d}y = 0$.

10. (1) $\dfrac{3}{\pi R^3}$；(2) $\dfrac{3r^2}{R^2}\left(1-\dfrac{2r}{3R}\right)$.

11. $f_X(x) = \begin{cases} 1, & 0 \leqslant x \leqslant 1, \\ 0, & 其他, \end{cases}$ $f_Y(y) = \begin{cases} 1, & 0 \leqslant y \leqslant 1, \\ 0, & 其他. \end{cases}$

12. (1) $f_X(x) = \begin{cases} 3x^2, & 0 \leqslant x \leqslant 1, \\ 0, & 其他, \end{cases}$ $f_Y(y) = \begin{cases} 3(1-y^2)/4, & -1 < y < 1, \\ 0, & 其他; \end{cases}$ (2) $\dfrac{27}{32}$.

13. $f(x,y) = \begin{cases} 6, & x^2 \leqslant y \leqslant x, \\ 0, & 其他, \end{cases}$ $f_X(x) = \begin{cases} 6(x-x^2), & 0 \leqslant x \leqslant 1, \\ 0, & 其他, \end{cases}$ $f_Y(y) = \begin{cases} 6(\sqrt{y}-y), & 0 \leqslant y \leqslant 1, \\ 0, & 其他. \end{cases}$

14. (1) $f(x,y) = \begin{cases} 2, & 0 \leqslant y \leqslant x, 0 \leqslant x \leqslant 1, \\ 0, & 其他; \end{cases}$ (2) $\dfrac{1}{3}$；(3) 0.09.

习 题 2.5

1. (1)

Y	1	2	3
$P\{Y=y_j \mid X=1\}$	1/6	1/2	1/3

(2)

X	1	2
$P\{X=x_i \mid Y=1\}$	6/7	1/7

2. (1) $f_{X|Y}(x|y) = \begin{cases} \dfrac{1}{y}, & 0 < x < y, \\ 0, & 其他, \end{cases}$ $f_{Y|X}(y|x) = \begin{cases} \mathrm{e}^{x-y}, & 0 < x < y, \\ 0, & 其他; \end{cases}$

(2) $f_{X|Y}(x|1) = \begin{cases} 1, & 0 < x < 1, \\ 0, & 其他, \end{cases}$ $f_{Y|X}(y|1) = \begin{cases} \mathrm{e}^{1-y}, & 1 < y < +\infty, \\ 0, & 其他; \end{cases}$ (3) $\dfrac{\mathrm{e}^{-2}-3\mathrm{e}^{-4}}{1-5\mathrm{e}^{-4}}$.

3. (1) 0.5；(2) 7/15.

4. $f(x,y) = \begin{cases} \dfrac{1}{1-x}, & 0 < x < y < 1, \\ 0, & 其他, \end{cases}$ $f_Y(y) = \begin{cases} -\ln(1-y), & 0 < y < 1, \\ 0, & 其他. \end{cases}$

部分习题答案与提示

5. $a=2/9$, $b=1/9$.

6.

Y	X		
	1	2	3
0	0.16	0.08	0.01
1	0.32	0.16	0.02
2	0.16	0.08	0.01

7. 不相互独立,相互独立.

8. (1)

Y	X			$p_i._$
	3	4	5	
1	1/10	2/10	3/10	6/10
2	0	1/10	2/10	3/10
3	0	0	1/10	1/10
$p._j$	1/10	3/10	6/10	

(2) 不相互独立.

9. (1) 相互独立; (2) 不相互独立.

10. (1) $f_X(x)=\begin{cases} 2x, & 0<x<1, \\ 0, & \text{其他}, \end{cases}$ $f_Y(y)=\begin{cases} 1-|y|, & |y|<1, \\ 0, & \text{其他}; \end{cases}$ (2) 不相互独立.

11. (1) 相互独立; (2) $e^{-0.1}$.

12.

Z	0	1
P	$\dfrac{\mu}{\lambda+\mu}$	$\dfrac{\lambda}{\lambda+\mu}$

13. 17/25.

习 题 2.6

1.

Y_1	-3	-1	1	3
P	1/8	1/8	1/4	1/2

Y_2	0	1	4
P	1/8	3/8	1/2

2. $P\{Y=k\}=\dfrac{\lambda^{(k-1)/2}}{[(k-1)/2]!}e^{-\lambda}$ $(k=1,3,5,\cdots)$.

3. $f_Y(y)=\begin{cases} 2(y-1)/9, & 1<y<4, \\ 0, & \text{其他}. \end{cases}$

4. $f_Y(y)=\dfrac{1}{\pi(1+y^2)}$ $(-\infty<y<+\infty)$.

5. $f_Y(y)=\begin{cases} \dfrac{1}{\sqrt{2\pi}\sigma y}\exp\left\{-\dfrac{(\ln y-\mu)^2}{2\sigma^2}\right\}, & y>0, \\ 0, & y\leqslant 0. \end{cases}$

6. $f_Y(y)=\begin{cases} \dfrac{2}{\pi\sqrt{1-y^2}}, & 0<y<1, \\ 0, & \text{其他}. \end{cases}$

7. (1)

Z_1	-2	0	1	3	4
P	5/20	2/20	9/20	1/20	3/20

(2)

Z_2	-2	-1	1	2	4
P	9/20	2/20	5/20	1/20	3/20

(3)

Z_3	-1	1	2
P	5/20	2/20	13/20

8. $P\{Z=n\}=\dfrac{(\lambda_1+\lambda_2)^n}{n!}\mathrm{e}^{-(\lambda_1+\lambda_2)}\ (n=0,1,2,\cdots)$.

9. $f_Z(z)=\begin{cases}1-\mathrm{e}^{-z}, & 0\leqslant z\leqslant 1,\\ (\mathrm{e}-1)\mathrm{e}^{-z}, & z>1,\\ 0, & \text{其他}.\end{cases}$

10. $f_Z(z)=\begin{cases}\dfrac{1}{2}z^2, & 0\leqslant z<1,\\ -z^2+3z-\dfrac{3}{2}, & 1\leqslant z<2,\\ \dfrac{1}{2}z^2-3z+\dfrac{9}{2}, & 2\leqslant z<3,\\ 0, & \text{其他}.\end{cases}$

11. $f_Z(z)=\begin{cases}\dfrac{1}{2}z^2\mathrm{e}^{-z}, & z\geqslant 0,\\ 0, & \text{其他}.\end{cases}$

12. $f_{Z_1}(z)=\begin{cases}\dfrac{z}{2}\mathrm{e}^{-z^2/8}(1-\mathrm{e}^{-z^2/8}), & z\geqslant 0,\\ 0, & z<0,\end{cases}$ $f_{Z_2}(z)=\begin{cases}\dfrac{z}{2}\mathrm{e}^{-z^2/4}, & z\geqslant 0,\\ 0, & z<0.\end{cases}$

13. 0.000 63.

总练习题二

1. $F(x)=\begin{cases}0, & x<-1,\\ \dfrac{5}{16}(x+1)+\dfrac{1}{8}, & -1\leqslant x<1,\\ 1, & x\geqslant 1.\end{cases}$ **2.** $1\leqslant k\leqslant 3$.   **3.** $\sigma_1<\sigma_2$.

4. $F_T(t)=\begin{cases}1-\mathrm{e}^{-\lambda t}, & t\geqslant 0,\\ 0, & t<0.\end{cases}$ **5.** (1) $\alpha=0.0642$;   (2) $\beta\approx 0.009$.

6. $F(x,y)=\begin{cases}0, & x<0 \text{ 或 } y<0,\\ (\sin x+\sin y-\sin(x+y))/2, & 0\leqslant x\leqslant\pi/2, 0\leqslant y\leqslant\pi/2,\\ (\sin x+1-\cos x)/2, & 0\leqslant x\leqslant\pi/2, y>\pi/2,\\ (1+\sin y-\cos y)/2, & x>\pi/2, 0\leqslant y\leqslant\pi/2,\\ 1, & x>\pi/2, y>\pi/2.\end{cases}$

7.

X_1	X_2	
	0	1
0	$1-\mathrm{e}^{-1}$	0
1	$\mathrm{e}^{-1}-\mathrm{e}^{-2}$	e^{-2}

部分习题答案与提示

8. (1) $P\{Y=m|X=n\}=C_n^m p^m(1-p)^{n-m}$, $0\leqslant m\leqslant n, n=0,1,2,\cdots$;

   (2) $P\{X=n,Y=m\}=C_n^m p^m(1-p)^{n-m}\dfrac{e^{-\lambda}}{n!}\lambda^n$, $0\leqslant m\leqslant n, n=0,1,2,\cdots$.

9. (1) $P\{X=m,Y=n\}=p^2q^{n-2}$, $q=1-p, n=2,3,\cdots, m=1,2,\cdots,n-1$;

   (2) 当 $n=2,3,\cdots$ 时,$P\{X=m|Y=n\}=\dfrac{1}{n-1}$, $m=1,2,\cdots,n-1$;

   当 $m=1,2,\cdots$ 时,$P\{Y=n|X=m\}=pq^{n-m-1}$, $n=m+1,m+2,\cdots$.

10. (1)

Y	X		
	-1	0	1
0	1/4	0	1/4
1	0	1/2	0

   (2) 不相互独立.

14. (1) $f(x,y)=\begin{cases}\dfrac{1}{2}e^{-\frac{y}{2}}, & 0<x<1, y>0, \\ 0, & 其他;\end{cases}$ (2) 0.1445.

15.

Y	-1	0	1
P	$\dfrac{pq^3}{1-q^4}$	$\dfrac{p}{1-q^2}$	$\dfrac{pq}{1-q^4}$

16. $f_Y(y)=\dfrac{3}{\pi}\cdot\dfrac{(1-y)^2}{1+(1-y)^6}$.

18. $f_X(x)=\begin{cases}0, & z<0, \\ (1-e^{-z})/2, & 0\leqslant z\leqslant 2, \\ (e^2-1)e^{-z}/2, & z>2.\end{cases}$

19. $f_Z(z)=\begin{cases}\dfrac{z}{\sigma^2}e^{-\frac{z^2}{2\sigma^2}}, & z\geqslant 0, \\ 0, & z<0.\end{cases}$

20. $f_Z(z)=0.3f_Y(z-1)+0.7f_Y(z-2)$.

习 题 3.1

1. 1.06. 2. 13.4. 3. 0. 4. $\alpha, \alpha(1+2\alpha)$. 5. $1/2, 1/\pi, 0$.

6. $\dfrac{n+2}{3}$. 7. $E(X^n)=\begin{cases}0, & n 是奇数, \\ \sigma^n(n-1)!!, & n 是偶数.\end{cases}$ 8. (1) 2; (2) $\dfrac{1}{3}$.

习 题 3.2

1. 2.76, 27.6. 2. 2, 4/3. 3. 2. 4. 0, 1/2, 1/2. 5. 12, -12, 3. 6. 1/2.

习 题 3.3

1. 2, 0, -1/15, 5. 2. 4/5, 3/5, 1/2, 16/15. 3. $a/3, a^2/18$.

4. 2/3, 1/18. 5. $\pi/2-1, \pi-3, \pi/2-1, \pi-3$.

习 题 3.4

1. (1) 0,0； (2) 不相关,不相互独立.　　3. 0,0,不相关.　　4. 0.
5. $7/6, 7/6, -1/36, -1/11, 5/9$.　　6. 48,1.　　7. 3/5.

习 题 3.5

1. $C = (c_{ij})_{n \times n}$，其中 $c_{ij} = E((X_i - E(X_i))(X_j - E(X_j)))$.
2. $C = \begin{bmatrix} \sigma_1^2 & \rho\sigma_1\sigma_2 \\ \rho\sigma_1\sigma_2 & \sigma_2^2 \end{bmatrix}$.

总练习题三

1. (1) $\dfrac{n+1}{2}, \dfrac{n^2-1}{12}$；(2) $n, n(n-1)$.　　2. $20 - 2\pi^2$.　　3. $\dfrac{\ln 2}{\pi} + \dfrac{1}{2}$.
4. (1) 不相互独立,相关；(2) $\dfrac{1}{6}, \dfrac{5}{36}$.　　5. $1 - \dfrac{2}{\pi}$.　　6. $12, -12, 3$.
7. 提示：两边展开验证.　　9. 1,3.　　10. 49.

习 题 4.2

1. 0.49, 0.2.　　2. $b = 3, \varepsilon = 2$.　　3. 18 750.

习 题 4.3

1. $Z_n \sim N\left(\dfrac{1}{3}, \dfrac{4}{45n}\right)$.　　2. 0.348.　　3. 117.　　4. 26.

总练习题四

2. $P\{|\overline{X} - \mu| \geq \varepsilon\} \leq \dfrac{8}{n\varepsilon^2}, 1 - \dfrac{1}{2n}$.　　3. 250, 68.　　4. 0.927.　　5. 0.9156.
6. (1) 0.8968； (2) 0.7498.　　7. (1) 0.1802； (2) 443.
8. 9612.　　9. (1) 0.1257； (2) 0.9938.　　10. 7400.

习 题 5.1

1. $P\{X_1 = x_1, X_2 = x_2, \cdots, X_n = x_n\} = \left(\dfrac{M}{N}\right)^{\sum\limits_{i=1}^{n} x_i} \left(1 - \dfrac{M}{N}\right)^{n - \sum\limits_{i=1}^{n} x_i}$.
2. $f(x_1, x_2, \cdots, x_n) = \begin{cases} 1/(b-a)^n, & a < x_k < b, k = 1, 2, \cdots, n, \\ 0, & \text{其他.} \end{cases}$

3. (1) 0.2923; (2) 0.4215.   **4.** $F_8(x)=\begin{cases} 0, & x<1, \\ 1/4, & 1\leqslant x<2, \\ 5/8, & 2\leqslant x<3, \\ 7/8, & 3\leqslant x<4, \\ 1, & x\geqslant 4. \end{cases}$

习 题 5.2

1. $a=1/20, b=1/100, n=2$.

习 题 5.3

1. 0.8293.   **2.** 167.   **4.** $0.99, \dfrac{2\sigma^4}{15}$.

总练习题五

1. (1) 0.2628;   (2) 16.   **2.** 0.6744.   **3.** 27.   **4.** σ^2.
5. $t(n-1)$.   **6.** 0.004.   **7.** (1) 0.8904;   (2) 0.90.
9. (1) $a=\dfrac{1}{m}, b=\dfrac{1}{n-m}, Y\sim\chi^2(2)$;   (2) $c=\sqrt{n-m}, d=\sqrt{m}, Z\sim t(n-m)$.   **10.** $2(n-1)\sigma^2$.

习 题 6.1

1. $\hat{p}=\overline{X}$.   **2.** $\hat{p}=1-\dfrac{B_2}{\overline{X}}, \hat{N}=\dfrac{\overline{X}^2}{\overline{X}-B_2}$.   **3.** $\hat{\theta}=\dfrac{A_1}{1-A_1}=\dfrac{\overline{X}}{1-\overline{X}}$.

习 题 6.2

1. $\hat{p}=\overline{X}$.   **2.** $\hat{\theta}=-\dfrac{n}{\sum\limits_{i=1}^{n}\ln X_i}$.   **3.** $\hat{\theta}=\min\{x_1,x_2,\cdots,x_n\}$.

习 题 6.4

1. (1498,1502).   **2.** 123.   **3.** 0.9954.

习 题 6.5

1. 1065.
2. (1) (21.4 ± 0.098);   (2) (21.4 ± 0.1386);   (3) $(0.0139, 0.0976)$;   (4) $(0.0148, 0.1193)$.
3. $(-4.15, 0.11)$.

习 题 6.6

1. $(0.332, 0.468)$.   **2.** 52.

部分习题答案与提示

总练习题六

1. 矩估计值：$\frac{1}{4}$；最大似然估计值：$\frac{7-\sqrt{13}}{12}$. 2. 矩估计量与最大似然估计量均为 $\overline{X}$.

3. 矩估计量与最大然估计值均为 $\frac{1}{\overline{X}}$.

4. 矩估计量与最大似然估计量：$\hat{\sigma}^2 = \frac{1}{n}\sum_{i=1}^{n}X_i^2$；是无偏估计量.

5. 最大似然估计量：$\hat{\lambda} = n \Big/ \sum_{i=1}^{n}X_i^\alpha$.

6. $\hat{\mu} = \min\{X_1, X_2, \cdots, X_n\}$, $\hat{\theta} = \overline{X} - \min\{X_1, X_2, \cdots, X_n\}$.

7. $c = \dfrac{1}{2(n-1)}$. 8. $\dfrac{4}{n}(t_{\alpha/2}(n-1))^2 \sigma^2$.

9. μ 的置信区间：$(1485.7, 1514.3)$；σ^2 的置信区间：$(189.47, 1333.33)$.

10. $(-0.899, 0.019)$.

习 题 7.1

1. 第二类(取伪)错误；第一类(弃真)错误. 2. (1) 0.049； (2) 不可以出厂.
3. 这批电子元件的使用寿命与要求有显著差异.

习 题 7.2

1. 商店经理的观点不正确.
2. 新方法生产的推进器燃烧率较以往生产的推进器燃烧率有显著提高.
3. 新系统减少了现行系统试通一个程序的时间.
4. 不能说明该厂广告有欺骗消费者的嫌疑. 5. 这批电池使用寿命的波动性较以往有显著变化.

习 题 7.3

1. 这两台机床加工的零件外径无显著差异. 2. 可以认为男生的身高高于女生的身高.
3. 这两种热处理方法加工的金属材料抗拉强度有显著差异.
4. 拒绝 H_0，接受 H_1，即认为 $\mu_y - \mu_x > 2$. 5. 甲、乙两人的试验分析之间无显著差异.
6. 可以认为早晨的身高高于晚上的身高. 7. 这两个样本是来自具有相同方差的正态总体.

总练习题七

1. 接受 H_0. 2. 可以认为以材料 A 制成的后跟比材料 B 制成的后跟耐穿.
3. 甲、乙两种方法生产的产品中杂质含量的波动有显著差异.
4. 先后检验假设 $H_0: \mu = 18$ 和 $H_0': \sigma^2 \leqslant 0.3^2$. 经过检验，$H_0$ 成立，而 H_0' 不成立，故认为此金店出售的产

品存在质量问题.

5. 这两台机床生产的滚珠直径服从同一分布.

6. 这两个厂生产的灯泡平均使用寿命有显著差异.

习 题 8.1

1. 各总体均值之间有显著差异；$(6.75,18.45),(-7.65,4.05),(-20.25,-8.55)$.

2. 这三种措施对于控制交通违章的效果有显著差异.

3. 灯丝材料对灯泡的使用寿命无显著影响.

习 题 8.2

1. 不同型号的冒烟报警器对反应时间有显著影响,不同种类的烟道对反应时间有显著影响.

2. 不同配比的饲料对仔猪质量的增长无显著影响,不同品种的仔猪对仔猪质量的增长有显著影响.

3. 时间对抗拉强度的影响不显著,而温度对抗拉强度的影响显著,且交互作用影响显著.

习 题 8.3

1. (1) 散点图略,有线性关系； (2) $\hat{y}=134.78+0.398x$.

2. $\hat{y}=359.994+0.568x$,人均月收入对人均月支出没有显著影响.

3. (2) $\hat{y}=13.9584+12.5503x$； (3) $\hat{\sigma}^2=0.0432$； (4) 接受 H_1；
(5) $(11.82,13.28)$； (6) $(20.03,20.44)$； (7) $(19.66,20.81)$.

总练习题八

1. 这些百分比的均值有显著差异.

2. 涂层和土壤对腐蚀最大深度的均值的影响均不显著.

3. 促进剂种类和氧化锌含量对定强指标都有显著的影响,而它们没有交互作用.

4. (1) 在不同浓度下得率有显著差异； (2) 在不同温度下得率无显著差异；
(3) 浓度与温度的交互作用不显著.

5. (1) $\hat{y}=330.9357+1035.5536x$； (2) $|r|=0.9632>0.661=r_{0.01}$,显著； (3) $(453.55,519.0)$.

6. (2) $\hat{y}=13.6345-0.08x$； (3) $\hat{\sigma}^2=0.7938$； (4) 线性回归方程显著；
(5) $(-0.1018,-0.0582)$； (6) $\hat{y}_0=11.3469,(9.4605,13.2333)$.

附表 1 标准正态分布表

$$\Phi(x) = \int_{-\infty}^{x} \frac{1}{\sqrt{2\pi}} e^{-\frac{t^2}{2}} dt = P\{Z \leqslant x\}$$

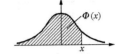

x	0	1	2	3	4	5	6	7	8	9
0.0	0.5000	0.5040	0.5080	0.5120	0.5160	0.5199	0.5239	0.5279	0.5319	0.5359
0.1	0.5398	0.5438	0.5478	0.5517	0.5557	0.5596	0.5636	0.5675	0.5714	0.5753
0.2	0.5793	0.5832	0.5871	0.5910	0.5948	0.5987	0.6026	0.6064	0.6103	0.6141
0.3	0.6179	0.6217	0.6255	0.6293	0.6331	0.6368	0.6406	0.6443	0.6480	0.6517
0.4	0.6554	0.6591	0.6628	0.6664	0.6700	0.6736	0.6772	0.6808	0.6844	0.6879
0.5	0.6915	0.6950	0.6985	0.7019	0.7054	0.7088	0.7123	0.7157	0.7190	0.7224
0.6	0.7257	0.7291	0.7324	0.7357	0.7389	0.7422	0.7454	0.7486	0.7517	0.7549
0.7	0.7580	0.7611	0.7642	0.7673	0.7703	0.7734	0.7764	0.7794	0.7823	0.7852
0.8	0.7881	0.7910	0.7939	0.7967	0.7995	0.8023	0.8051	0.8078	0.8106	0.8133
0.9	0.8159	0.8186	0.8212	0.8238	0.8264	0.8289	0.8315	0.8340	0.8365	0.8389
1.0	0.8413	0.8438	0.8461	0.8485	0.8508	0.8531	0.8554	0.8577	0.8599	0.8621
1.1	0.8643	0.8665	0.8686	0.8708	0.8729	0.8749	0.8770	0.8790	0.8810	0.8830
1.2	0.8849	0.8869	0.8888	0.8907	0.8925	0.8944	0.8962	0.8980	0.8997	0.9015
1.3	0.9032	0.9049	0.9066	0.9082	0.9099	0.9115	0.9131	0.9147	0.9162	0.9177
1.4	0.9192	0.9207	0.9222	0.9236	0.9251	0.9265	0.9278	0.9292	0.9306	0.9319
1.5	0.9332	0.9345	0.9357	0.9370	0.9382	0.9394	0.9406	0.9418	0.9430	0.9441
1.6	0.9452	0.9463	0.9474	0.9484	0.9495	0.9505	0.9515	0.9525	0.9535	0.9545
1.7	0.9554	0.9564	0.9573	0.9582	0.9591	0.9599	0.9608	0.9616	0.9625	0.9633
1.8	0.9641	0.9648	0.9656	0.9664	0.9671	0.9678	0.9686	0.9693	0.9700	0.9706
1.9	0.9713	0.9719	0.9726	0.9732	0.9738	0.9744	0.9750	0.9756	0.9762	0.9767
2.0	0.9772	0.9778	0.9783	0.9788	0.9793	0.9798	0.9803	0.9808	0.9812	0.9817
2.1	0.9821	0.9826	0.9830	0.9834	0.9838	0.9842	0.9846	0.9850	0.9854	0.9857
2.2	0.9861	0.9864	0.9868	0.9871	0.9874	0.9878	0.9881	0.9884	0.9887	0.9890
2.3	0.9893	0.9896	0.9898	0.9901	0.9904	0.9906	0.9909	0.9911	0.9913	0.9916
2.4	0.9918	0.9920	0.9922	0.9925	0.9927	0.9929	0.9931	0.9932	0.9934	0.9936
2.5	0.9938	0.9940	0.9941	0.9943	0.9945	0.9946	0.9948	0.9949	0.9951	0.9952
2.6	0.9953	0.9955	0.9956	0.9957	0.9959	0.9960	0.9961	0.9962	0.9963	0.9964
2.7	0.9965	0.9966	0.9967	0.9968	0.9969	0.9970	0.9971	0.9972	0.9973	0.9974
2.8	0.9974	0.9975	0.9976	0.9977	0.9977	0.9978	0.9979	0.9979	0.9980	0.9981
2.9	0.9981	0.9982	0.9982	0.9983	0.9984	0.9984	0.9985	0.9985	0.9986	0.9986
3.0	0.9987	0.9990	0.9993	0.9995	0.9997	0.9998	0.9998	0.9999	0.9999	1.0000

注：表中末行是函数值 $\Phi(3.0), \Phi(3.1), \cdots, \Phi(3.9)$.

附表 2 泊松分布表

$$1-F(x-1) = \sum_{r=x}^{\infty} \frac{e^{-\lambda}\lambda^r}{r!} \quad \left(F(x) = \sum_{r=0}^{x} \frac{e^{-\lambda}\lambda^r}{r!}\right)$$

x	$\lambda=0.2$	$\lambda=0.3$	$\lambda=0.4$	$\lambda=0.5$	$\lambda=0.6$
0	1.000 000 0	1.000 000 0	1.000 000 0	1.000 000 0	1.000 000 0
1	0.181 269 2	0.259 181 8	0.329 680 0	0.323 469	0.451 188
2	0.017 523 1	0.036 936 3	0.061 551 9	0.090 204	0.121 901
3	0.001 148 5	0.003 599 5	0.007 926 3	0.014 388	0.023 115
4	0.000 056 8	0.000 265 8	0.000 776 3	0.001 752	0.003 358
5	0.000 002 3	0.000 015 8	0.000 061 2	0.000 172	0.000 394
6	0.000 000 1	0.000 000 8	0.000 004 0	0.000 014	0.000 039
7			0.000 000 2	0.000 001	0.000 003

x	$\lambda=0.7$	$\lambda=0.8$	$\lambda=0.9$	$\lambda=1.0$	$\lambda=1.2$
0	1.000 000	1.000 000	1.000 000	1.000 000	1.000 000
1	0.503 415	0.550 671	0.593 430	0.632 121	0.698 806
2	0.155 805	0.191 208	0.227 518	0.264 241	0.337 373
3	0.034 142	0.047 423	0.062 857	0.080 301	0.120 513
4	0.005 753	0.009 080	0.013 459	0.018 988	0.033 769
5	0.000 786	0.001 411	0.002 344	0.003 660	0.007 746
6	0.000 090	0.000 184	0.000 343	0.000 594	0.001 500
7	0.000 009	0.000 021	0.000 043	0.000 083	0.000 251
8	0.000 001	0.000 002	0.000 005	0.000 010	0.000 037
9				0.000 001	0.000 005
10					0.000 001

x	$\lambda=1.4$	$\lambda=1.6$	$\lambda=1.8$	$\lambda=2.0$	$\lambda=2.2$
0	1.000 000	1.000 000	1.000 000	1.000 000	1.000 000
1	0.753 403	0.798 103	0.834 701	0.864 665	0.889 197
2	0.408 167	0.475 069	0.537 163	0.593 994	0.645 430
3	0.166 502	0.216 642	0.269 379	0.323 324	0.377 286
4	0.053 725	0.078 813	0.108 708	0.142 877	0.180 648
5	0.014 253	0.023 682	0.036 407	0.052 653	0.072 496
6	0.003 201	0.006 040	0.010 378	0.016 564	0.024 910
7	0.000 622	0.001 336	0.002 569	0.004 534	0.007 461
8	0.000 107	0.000 260	0.000 562	0.001 097	0.001 978
9	0.000 016	0.000 045	0.000 110	0.000 237	0.000 470
10	0.000 002	0.000 007	0.000 019	0.000 046	0.000 101
11		0.000 003	0.000 003	0.000 008	0.000 020

x	$\lambda=2.5$	$\lambda=3.0$	$\lambda=3.5$	$\lambda=4.0$	$\lambda=4.5$	$\lambda=5.0$
0	1.000 000	1.000 000	1.000 000	1.000 000	1.000 000	1.000 000
1	0.917 915	0.950 213	0.969 803	0.981 684	0.988 891	0.993 262
2	0.712 703	0.800 852	0.864 112	0.908 422	0.938 901	0.959 572
3	0.456 187	0.576 810	0.679 153	0.761 897	0.826 422	0.875 348
4	0.242 424	0.352 768	0.463 367	0.566 530	0.657 704	0.734 974
5	0.108 822	0.184 737	0.274 555	0.371 163	0.467 896	0.559 507
6	0.042 021	0.083 918	0.142 386	0.214 870	0.297 070	0.384 039
7	0.014 187	0.033 509	0.065 288	0.110 674	0.168 949	0.237 817
8	0.004 247	0.011 905	0.026 739	0.051 134	0.086 586	0.133 372
9	0.001 140	0.003 803	0.009 874	0.021 363	0.040 257	0.068 094
10	0.000 277	0.001 102	0.003 315	0.008 132	0.017 093	0.031 828
11	0.000 062	0.000 292	0.001 019	0.002 840	0.006 669	0.013 695
12	0.000 013	0.000 071	0.000 289	0.000 915	0.002 404	0.005 453
13	0.000 002	0.000 016	0.000 076	0.000 274	0.000 805	0.002 019
14		0.000 003	0.000 019	0.000 076	0.000 252	0.000 698
15		0.000 001	0.000 004	0.000 020	0.000 074	0.000 226
16			0.000 001	0.000 005	0.000 020	0.000 069
17				0.000 001	0.000 005	0.000 020
18					0.000 001	0.000 005
19						0.000 001

附表3 t 分布表

$$P\{t(n) \geqslant t_\alpha(n)\} = \alpha$$

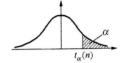

n	α					
	0.25	0.10	0.05	0.025	0.01	0.005
1	1.0000	3.0777	6.3138	12.7062	31.8207	63.6574
2	0.8165	1.8856	2.9200	4.3027	6.9646	9.9248
3	0.7649	1.6377	2.3534	3.1824	4.5407	5.8409
4	0.7407	1.5332	2.1318	2.7764	3.7469	4.6041
5	0.7267	1.4759	2.0150	2.5706	3.3649	4.0322
6	0.7176	1.4398	1.9432	2.4469	3.1427	3.7074
7	0.7111	1.4149	1.8946	2.3646	2.9980	3.4995
8	0.7064	1.3968	1.8595	2.3060	2.8965	3.3554
9	0.7027	1.3830	1.8331	2.2622	2.8214	3.2498
10	0.6998	1.3722	1.8125	2.2281	2.7638	3.1693
11	0.6974	1.3634	1.7959	2.2010	2.7181	3.1058
12	0.6955	1.3562	1.7823	2.1788	2.6810	3.0545
13	0.6938	1.3502	1.7709	2.1604	2.6503	3.0123
14	0.6924	1.3450	1.7613	2.1448	2.6245	2.9768
15	0.6912	1.3406	1.7531	2.1315	2.6025	2.9467
16	0.6901	1.3368	1.7459	2.1199	2.5835	2.9208
17	0.6892	1.3334	1.7396	2.1098	2.5669	2.8982
18	0.6884	1.3304	1.7341	2.1009	2.5524	2.8784
19	0.6876	1.3277	1.7291	2.0930	2.5395	2.8609
20	0.6870	1.3253	1.7247	2.0860	2.5280	2.8453
21	0.6864	1.3232	1.7207	2.0796	2.5177	2.8314
22	0.6858	1.3212	1.7171	2.0739	2.5083	2.8188
23	0.6853	1.3195	1.7139	2.0687	2.4999	2.8073
24	0.6848	1.3178	1.7109	2.0639	2.4922	2.7969
25	0.6844	1.3163	1.7081	2.0595	2.4851	2.7874
26	0.6840	1.3150	1.7056	2.0555	2.4786	2.7787
27	0.6837	1.3137	1.7033	2.0518	2.4727	2.7707
28	0.6834	1.3125	1.7011	2.0484	2.4671	2.7633
29	0.6830	1.3114	1.6991	2.0452	2.4620	2.7564
30	0.6828	1.3104	1.6973	2.0423	2.4573	2.7500
31	0.6825	1.3095	1.6955	2.0395	2.4528	2.7440
32	0.6822	1.3086	1.6939	2.0369	2.4487	2.7385
33	0.6820	1.3077	1.6924	2.0345	2.4448	2.7333
34	0.6818	1.3070	1.6909	2.0322	2.4411	2.7284
35	0.6816	1.3062	1.6896	2.0301	2.4377	2.7238
36	0.6814	1.3055	1.6883	2.0281	2.4345	2.7195
37	0.6812	1.3049	1.6871	2.0262	2.4314	2.7154
38	0.6810	1.3042	1.6860	2.0244	2.4286	2.7116
39	0.6808	1.3036	1.6849	2.0227	2.4258	2.7079
40	0.6807	1.3031	1.6839	2.0211	2.4233	2.7045
41	0.6805	1.3025	1.6829	2.0195	2.4208	2.7012
42	0.6804	1.3020	1.6820	2.0181	2.4185	2.6981
43	0.6802	1.3016	1.6811	2.0167	2.4163	2.6951
44	0.6801	1.3011	1.6802	2.0154	2.4141	2.6923
45	0.6800	1.3006	1.6794	2.0141	2.4121	2.6896

附表 4 χ^2 分布表

$$P\{\chi^2(n) \geqslant \chi^2_\alpha(n)\} = \alpha$$

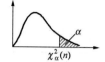

n	α					
	0.995	0.99	0.975	0.95	0.90	0.75
1	—	—	0.001	0.004	0.016	0.102
2	0.010	0.020	0.051	0.103	0.211	0.575
3	0.072	0.115	0.216	0.352	0.584	1.213
4	0.207	0.297	0.484	0.711	1.064	1.923
5	0.412	0.554	0.831	1.145	1.610	2.675
6	0.676	0.872	1.237	1.635	2.204	3.455
7	0.989	1.239	1.690	2.167	2.833	4.255
8	1.344	1.646	2.180	2.733	3.490	5.071
9	1.735	2.088	2.700	3.325	4.168	5.899
10	2.156	2.558	3.247	3.940	4.865	6.737
11	2.603	3.053	3.816	4.575	5.578	7.584
12	3.074	3.571	4.404	5.226	6.304	8.438
13	3.565	4.107	5.009	5.892	7.042	9.299
14	4.075	4.660	5.629	6.571	7.790	10.165
15	4.601	5.229	6.262	7.261	8.547	11.037
16	5.142	5.812	6.908	7.962	9.312	11.912
17	5.697	6.408	7.564	8.672	10.085	12.792
18	6.265	7.015	8.231	9.390	10.865	13.675
19	6.844	7.633	8.907	10.117	11.651	14.562
20	7.434	8.260	9.591	10.851	12.443	15.452
21	8.034	8.897	10.283	11.591	13.240	16.344
22	8.643	9.542	10.982	12.338	14.042	17.240
23	9.260	10.196	11.689	13.091	14.848	18.137
24	9.886	10.856	12.401	13.848	15.659	19.037
25	10.520	11.524	13.120	14.611	16.473	19.939
26	11.160	12.198	13.844	15.379	17.292	20.843
27	11.808	12.879	14.573	16.151	18.114	21.749
28	12.461	13.565	15.308	16.928	18.939	22.657
29	13.121	14.257	16.047	17.708	19.768	23.567
30	13.787	14.954	16.791	18.493	20.599	24.478
31	14.458	15.655	17.539	19.281	21.434	25.390
32	15.134	16.362	18.291	20.072	22.271	26.304
33	15.815	17.074	19.047	20.867	23.110	27.219
34	16.501	17.789	19.806	21.664	23.952	28.136
35	17.192	18.509	20.569	22.465	24.797	29.054
36	17.887	19.233	21.336	23.269	25.643	29.973
37	18.586	19.960	22.106	24.075	26.492	30.893
38	19.289	20.691	22.878	24.884	27.343	31.815
39	19.996	21.426	23.654	25.695	28.196	32.737
40	20.707	22.164	24.433	26.509	29.051	33.660
41	21.421	22.906	25.215	27.326	29.907	34.585
42	22.138	23.650	25.999	28.144	30.765	35.510
43	22.859	24.398	26.785	28.965	31.625	36.436
44	23.584	25.148	27.575	29.787	32.487	37.363
45	24.311	25.901	28.366	30.612	33.350	38.291

附表 4　χ^2 分布表

$$P\{\chi^2(n) \geqslant \chi^2_\alpha(n)\} = \alpha$$

续表

n	α					
	0.25	0.10	0.05	0.025	0.01	0.005
1	1.323	2.706	3.841	5.024	6.635	7.879
2	2.773	4.605	5.991	7.378	9.210	10.597
3	4.108	6.251	7.815	9.348	11.345	12.838
4	5.385	7.779	9.488	11.143	13.277	14.860
5	6.626	9.236	11.071	12.833	15.086	16.750
6	7.841	10.645	12.592	14.449	16.812	18.548
7	9.037	12.017	14.067	16.013	18.475	20.278
8	10.219	13.362	15.507	17.535	20.090	21.955
9	11.389	14.684	16.919	19.023	21.666	23.589
10	12.549	15.987	18.307	20.483	23.209	25.188
11	13.701	17.275	19.675	21.920	24.725	26.757
12	14.845	18.549	21.026	23.337	26.217	28.299
13	15.984	19.812	22.362	24.736	27.688	29.819
14	17.117	21.064	23.685	26.119	29.141	31.319
15	18.245	22.307	24.996	27.488	30.578	32.801
16	19.369	23.542	26.296	28.845	32.000	34.267
17	20.489	24.769	27.587	30.191	33.409	35.718
18	21.605	25.989	28.869	31.526	34.805	37.156
19	22.718	27.204	30.144	32.852	36.191	38.582
20	23.828	28.412	31.410	34.170	37.566	39.997
21	24.935	29.615	32.671	35.479	38.932	41.401
22	26.039	30.813	33.924	36.781	40.289	42.796
23	27.141	32.007	35.172	38.076	41.638	44.181
24	28.241	33.196	36.415	39.364	42.980	45.559
25	29.339	34.382	37.652	40.646	44.314	46.928
26	30.435	35.563	38.885	41.923	45.642	48.290
27	31.528	36.741	40.113	43.194	46.963	49.645
28	32.620	37.916	41.337	44.461	48.278	50.993
29	33.711	39.087	42.557	45.722	49.588	52.336
30	34.800	40.256	43.773	46.979	50.892	53.672
31	35.887	41.422	44.985	48.232	52.191	55.003
32	36.973	42.585	46.194	49.480	53.486	56.328
33	38.058	43.745	47.400	50.725	54.776	57.648
34	39.141	44.903	48.602	51.966	56.061	58.964
35	40.223	46.059	49.802	53.203	57.342	60.275
36	41.304	47.212	50.998	54.437	58.619	61.581
37	42.383	48.363	52.192	55.668	59.892	62.883
38	43.462	49.513	53.384	56.896	61.162	64.181
39	44.539	50.660	54.572	58.120	62.428	65.476
40	45.616	51.805	55.758	59.342	63.691	66.766
41	46.692	52.949	56.942	60.561	64.950	68.053
42	47.766	54.090	58.124	61.777	66.206	69.336
43	48.840	55.230	59.304	62.990	67.459	70.616
44	49.913	56.369	60.481	64.201	68.710	71.893
45	50.985	57.505	61.656	65.410	69.957	73.166

附表5 F分布表

$$P\{F(n_1,n_2) > F_\alpha(n_1,n_2)\} = \alpha$$

$$\alpha = 0.10$$

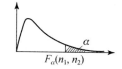

n_2	n_1=1	2	3	4	5	6	7	8	9	10	12	15	20	24	30	40	60	120	∞
1	39.86	49.50	53.59	55.83	57.24	58.20	58.91	59.44	59.86	60.19	60.71	61.22	61.74	62.00	62.26	62.53	62.79	63.00	63.33
2	8.53	9.00	9.16	9.24	9.29	9.33	9.35	9.37	9.38	9.39	9.41	9.42	9.44	9.45	9.46	9.47	9.47	9.48	9.49
3	5.54	5.46	5.39	5.34	5.31	5.28	5.27	5.25	5.24	5.23	5.22	5.20	5.18	5.18	5.17	5.16	5.15	5.14	5.13
4	4.54	4.32	4.19	4.11	4.05	4.01	3.98	3.95	3.94	3.92	3.90	3.87	3.84	3.83	3.82	3.80	3.79	3.78	3.76
5	4.06	3.78	3.62	3.52	3.45	3.40	3.37	3.34	3.32	3.30	3.27	3.24	3.21	3.19	3.17	3.16	3.14	3.12	3.10
6	3.78	3.46	3.29	3.18	3.11	3.05	3.01	2.98	2.96	2.94	2.90	2.87	2.84	2.82	2.80	2.78	2.76	2.74	2.72
7	3.59	3.26	3.07	2.96	2.88	2.83	2.78	2.75	2.72	2.70	2.67	2.63	2.59	2.58	2.56	2.54	2.51	2.49	2.47
8	3.46	3.11	2.92	2.81	2.73	2.67	2.62	2.59	2.56	2.54	2.50	2.46	2.42	2.40	2.38	2.36	2.34	2.32	2.29
9	3.36	3.01	2.81	2.69	2.61	2.55	2.51	2.47	2.44	2.42	2.38	2.34	2.30	2.28	2.25	2.23	2.21	2.18	2.16
10	3.29	2.92	2.73	2.61	2.52	2.46	2.41	2.38	2.35	2.32	2.28	2.24	2.20	2.18	2.16	2.13	2.11	2.08	2.06
11	3.23	2.86	2.66	2.54	2.45	2.39	2.34	2.30	2.27	2.25	2.21	2.17	2.12	2.10	2.08	2.05	2.03	2.00	1.97
12	3.18	2.81	2.61	2.48	2.39	2.33	2.28	2.24	2.21	2.19	2.15	2.10	2.06	2.04	2.01	1.99	1.96	1.93	1.90
13	3.14	2.76	2.56	2.43	2.35	2.28	2.23	2.20	2.16	2.14	2.10	2.05	2.01	1.98	1.96	1.93	1.90	1.88	1.85
14	3.10	2.73	2.52	2.39	2.31	2.24	2.19	2.15	2.12	2.10	2.05	2.01	1.96	1.94	1.91	1.89	1.86	1.83	1.80
15	3.07	2.70	2.49	2.36	2.27	2.21	2.16	2.12	2.09	2.06	2.02	1.97	1.92	1.90	1.87	1.85	1.82	1.79	1.76
16	3.05	2.67	2.46	2.33	2.24	2.18	2.13	2.09	2.06	2.03	1.99	1.94	1.89	1.87	1.84	1.81	1.78	1.75	1.72
17	3.03	2.64	2.44	2.31	2.22	2.15	2.10	2.06	2.03	2.00	1.96	1.91	1.86	1.84	1.81	1.78	1.75	1.72	1.69
18	3.01	2.62	2.42	2.29	2.20	2.13	2.08	2.04	2.00	1.98	1.93	1.89	1.84	1.81	1.78	1.75	1.72	1.69	1.66
19	2.99	2.61	2.40	2.27	2.18	2.11	2.06	2.02	1.98	1.96	1.91	1.86	1.81	1.79	1.76	1.73	1.70	1.67	1.63
20	2.97	2.59	2.38	2.25	2.16	2.09	2.04	2.00	1.96	1.94	1.89	1.84	1.79	1.77	1.74	1.71	1.68	1.64	1.61
21	2.96	2.57	2.36	2.23	2.14	2.08	2.02	1.98	1.95	1.92	1.87	1.83	1.78	1.75	1.72	1.69	1.66	1.62	1.59
22	2.95	2.56	2.35	2.22	2.13	2.06	2.01	1.97	1.93	1.90	1.86	1.81	1.76	1.73	1.70	1.67	1.64	1.60	1.57
23	2.94	2.55	2.34	2.21	2.11	2.05	1.99	1.95	1.92	1.89	1.84	1.80	1.74	1.72	1.69	1.66	1.62	1.59	1.55
24	2.93	2.54	2.33	2.19	2.10	2.04	1.98	1.94	1.91	1.88	1.83	1.78	1.73	1.70	1.67	1.64	1.61	1.57	1.53
25	2.92	2.53	2.32	2.18	2.09	2.02	1.97	1.93	1.89	1.87	1.82	1.77	1.72	1.69	1.66	1.63	1.59	1.56	1.52
26	2.91	2.52	2.31	2.17	2.08	2.01	1.96	1.92	1.88	1.86	1.81	1.76	1.71	1.68	1.65	1.61	1.58	1.54	1.50
27	2.90	2.51	2.30	2.17	2.07	2.00	1.95	1.91	1.87	1.85	1.80	1.75	1.70	1.67	1.64	1.60	1.57	1.53	1.49
28	2.89	2.50	2.29	2.16	2.06	2.00	1.94	1.90	1.87	1.84	1.79	1.74	1.69	1.66	1.63	1.59	1.56	1.52	1.48
29	2.89	2.50	2.28	2.15	2.06	1.99	1.93	1.89	1.86	1.83	1.78	1.73	1.68	1.65	1.62	1.58	1.55	1.51	1.47
30	2.88	2.49	2.28	2.14	2.05	1.98	1.93	1.88	1.85	1.82	1.77	1.72	1.67	1.64	1.61	1.57	1.54	1.50	1.46
40	2.84	2.44	2.23	2.09	2.00	1.93	1.87	1.83	1.79	1.76	1.71	1.66	1.61	1.57	1.54	1.51	1.47	1.42	1.38
60	2.79	2.39	2.18	2.04	1.95	1.87	1.82	1.77	1.74	1.71	1.66	1.60	1.54	1.51	1.48	1.44	1.40	1.35	1.29
120	2.75	2.35	2.13	1.99	1.90	1.82	1.77	1.72	1.68	1.65	1.60	1.55	1.48	1.45	1.41	1.37	1.32	1.26	1.19
∞	2.71	2.30	2.08	1.94	1.85	1.77	1.72	1.67	1.63	1.60	1.55	1.49	1.42	1.38	1.34	1.30	1.24	1.17	1.00

附表 5 F 分布表

$\alpha = 0.05$ 续表

n_2	\multicolumn{16}{c}{n_1}
	1	2	3	4	5	6	7	8	9	10	12	15	20	24	30	40	60	120	∞
1	161.4	199.5	215.7	224.6	230.2	234.0	236.8	238.9	240.5	241.9	243.9	245.9	248.0	249.1	250.1	251.1	252.2	253.3	254.3
2	18.51	19.00	19.16	19.25	19.30	19.33	19.35	19.37	19.38	19.40	19.41	19.43	19.45	19.45	19.46	19.47	19.48	19.49	19.50
3	10.13	9.55	9.28	9.12	9.01	8.94	8.89	8.85	8.81	8.79	8.74	8.70	8.66	8.64	8.62	8.59	8.57	8.55	8.53
4	7.71	6.94	6.59	6.39	6.26	6.16	6.09	6.04	6.00	5.96	5.91	5.86	5.80	5.77	5.75	5.72	5.69	5.66	5.63
5	6.61	5.79	5.41	5.19	5.05	4.95	4.88	4.82	4.77	4.74	4.68	4.62	4.56	4.53	4.50	4.46	4.43	4.40	4.36
6	5.99	5.14	4.76	4.53	4.39	4.28	4.21	4.15	4.10	4.06	4.00	3.94	3.87	3.84	3.81	3.77	3.74	3.70	3.67
7	5.59	4.74	4.35	4.12	3.97	3.87	3.79	3.73	3.68	3.64	3.57	3.51	3.44	3.41	3.38	3.34	3.30	3.27	3.23
8	5.32	4.46	4.07	3.84	3.69	3.58	3.50	3.44	3.39	3.35	3.28	3.22	3.15	3.12	3.08	3.04	3.01	2.97	2.93
9	5.12	4.26	3.86	3.63	3.48	3.37	3.29	3.23	3.18	3.14	3.07	3.01	2.94	2.90	2.86	2.83	2.79	2.75	2.71
10	4.96	4.10	3.71	3.48	3.33	3.22	3.14	3.07	3.02	2.98	2.91	2.85	2.77	2.74	2.70	2.66	2.62	2.58	2.54
11	4.84	3.98	3.59	3.36	3.20	3.09	3.01	2.95	2.90	2.85	2.79	2.72	2.65	2.61	2.57	2.53	2.49	2.45	2.40
12	4.75	3.89	3.49	3.26	3.11	3.00	2.91	2.85	2.80	2.75	2.69	2.62	2.54	2.51	2.47	2.43	2.38	2.34	2.30
13	4.67	3.81	3.41	3.18	3.03	2.92	2.83	2.77	2.71	2.67	2.60	2.53	2.46	2.42	2.38	2.34	2.30	2.25	2.21
14	4.60	3.74	3.34	3.11	2.96	2.85	2.76	2.70	2.65	2.60	2.53	2.46	2.39	2.35	2.31	2.27	2.22	2.18	2.13
15	4.54	3.68	3.29	3.06	2.90	2.79	2.71	2.64	2.59	2.54	2.48	2.40	2.33	2.29	2.25	2.20	2.16	2.11	2.07
16	4.49	3.63	3.24	3.01	2.85	2.74	2.66	2.59	2.54	2.49	2.42	2.35	2.28	2.24	2.19	2.15	2.11	2.06	2.01
17	4.45	3.59	3.20	2.96	2.81	2.70	2.61	2.55	2.49	2.45	2.38	2.31	2.23	2.19	2.15	2.10	2.06	2.01	1.96
18	4.41	3.55	3.16	2.93	2.77	2.66	2.58	2.51	2.46	2.41	2.34	2.27	2.19	2.15	2.11	2.06	2.02	1.97	1.92
19	4.38	3.52	3.13	2.90	2.74	2.63	2.54	2.48	2.42	2.38	2.31	2.23	2.16	2.11	2.07	2.03	1.98	1.93	1.88
20	4.35	3.49	3.10	2.87	2.71	2.60	2.51	2.45	2.39	2.35	2.28	2.20	2.12	2.08	2.04	1.99	1.95	1.90	1.84
21	4.32	3.47	3.07	2.84	2.68	2.57	2.49	2.42	2.37	2.32	2.25	2.18	2.10	2.05	2.01	1.96	1.92	1.87	1.81
22	4.30	3.44	3.05	2.82	2.66	2.55	2.46	2.40	2.34	2.30	2.23	2.15	2.07	2.03	1.98	1.94	1.89	1.84	1.78
23	4.28	3.42	3.03	2.80	2.64	2.53	2.44	2.37	2.32	2.27	2.20	2.13	2.05	2.01	1.96	1.91	1.86	1.81	1.76
24	4.26	3.40	3.01	2.78	2.62	2.51	2.42	2.36	2.30	2.25	2.18	2.11	2.03	1.98	1.94	1.89	1.84	1.79	1.73
25	4.24	3.39	2.99	2.76	2.60	2.49	2.40	2.34	2.28	2.24	2.16	2.09	2.01	1.96	1.92	1.87	1.82	1.77	1.71
26	4.23	3.37	2.98	2.74	2.59	2.47	2.39	2.32	2.27	2.22	2.15	2.07	1.99	1.95	1.90	1.85	1.80	1.75	1.69
27	4.21	3.35	2.96	2.73	2.57	2.46	2.37	2.31	2.25	2.20	2.13	2.06	1.97	1.93	1.88	1.84	1.79	1.73	1.67
28	4.20	3.34	2.95	2.71	2.56	2.45	2.36	2.29	2.24	2.19	2.12	2.04	1.96	1.91	1.87	1.82	1.77	1.71	1.65
29	4.18	3.33	2.93	2.70	2.55	2.43	2.35	2.28	2.22	2.18	2.10	2.03	1.94	1.90	1.85	1.81	1.75	1.70	1.64
30	4.17	3.32	2.92	2.69	2.53	2.42	2.33	2.27	2.21	2.16	2.09	2.01	1.93	1.89	1.84	1.79	1.74	1.68	1.62
40	4.08	3.23	2.84	2.61	2.45	2.34	2.25	2.18	2.12	2.08	2.00	1.92	1.84	1.79	1.74	1.69	1.64	1.58	1.51
60	4.00	3.15	2.76	2.53	2.37	2.25	2.17	2.10	2.04	1.99	1.92	1.84	1.75	1.70	1.65	1.59	1.53	1.47	1.39
120	3.92	3.07	2.68	2.45	2.29	2.17	2.09	2.02	1.96	1.91	1.83	1.75	1.66	1.61	1.55	1.50	1.43	1.35	1.25
∞	3.84	3.00	2.60	2.37	2.21	2.10	2.01	1.94	1.88	1.83	1.75	1.67	1.57	1.52	1.46	1.39	1.32	1.22	1.00

附表5 F 分布表

$$\alpha = 0.025$$

续表

n_2	n_1																	
	1	2	3	4	5	6	7	8	9	10	12	15	20	24	30	40	60	120	∞
1	647.8	799.5	864.2	899.6	921.8	937.1	948.2	956.7	963.3	968.6	976.7	984.9	993.1	997.2	1001	1006	1010	1014	1018
2	38.51	39.00	39.17	39.25	39.30	39.33	39.36	39.37	39.39	39.40	39.41	39.43	39.45	39.46	39.46	39.47	39.48	39.49	39.50
3	17.44	16.04	15.44	15.10	14.88	14.73	14.62	14.54	14.47	14.42	14.34	14.25	14.17	14.12	14.08	14.04	13.99	13.95	13.90
4	12.22	10.65	9.98	9.60	9.36	9.20	9.07	8.98	8.90	8.84	8.75	8.66	8.56	8.51	8.46	8.41	8.36	8.31	8.26
5	10.01	8.43	7.76	7.39	7.15	6.98	6.85	6.76	6.68	6.62	6.52	6.43	6.33	6.28	6.23	6.18	6.12	6.07	6.02
6	8.81	7.26	6.60	6.23	5.99	5.82	5.70	5.60	5.52	5.46	5.37	5.27	5.17	5.12	5.07	5.01	4.96	4.90	4.85
7	8.07	6.54	5.89	5.52	5.29	5.12	4.99	4.90	4.82	4.76	4.67	4.57	4.47	4.42	4.36	4.31	4.25	4.20	4.14
8	7.57	6.06	5.42	5.05	4.82	4.65	4.53	4.43	4.36	4.30	4.20	4.10	4.00	3.95	3.89	3.84	3.78	3.73	3.67
9	7.21	5.71	5.08	4.72	4.48	4.32	4.20	4.10	4.03	3.96	3.87	3.77	3.67	3.61	3.56	3.51	3.45	3.39	3.33
10	6.94	5.46	4.83	4.47	4.24	4.07	3.95	3.85	3.78	3.72	3.62	3.52	3.42	3.37	3.31	3.26	3.20	3.14	3.08
11	6.72	5.26	4.63	4.28	4.04	3.88	3.76	3.66	3.59	3.53	3.43	3.33	3.23	3.17	3.12	3.06	3.00	2.94	2.88
12	6.55	5.10	4.47	4.12	3.89	3.73	3.61	3.51	3.44	3.37	3.28	3.18	3.07	3.02	2.96	2.91	2.85	2.79	2.72
13	6.41	4.97	4.35	4.00	3.77	3.60	3.48	3.39	3.31	3.25	3.15	3.05	2.95	2.89	2.84	2.78	2.72	2.66	2.60
14	6.30	4.86	4.24	3.89	3.66	3.50	3.38	3.29	3.21	3.15	3.05	2.95	2.84	2.79	2.73	2.67	2.61	2.55	2.49
15	6.20	4.77	4.15	3.80	3.58	3.41	3.29	3.20	3.12	3.06	2.96	2.86	2.76	2.70	2.64	2.59	2.52	2.46	2.40
16	6.12	4.69	4.08	3.73	3.50	3.34	3.22	3.12	3.05	2.99	2.89	2.79	2.68	2.63	2.57	2.51	2.45	2.38	2.32
17	6.04	4.62	4.01	3.66	3.44	3.28	3.16	3.06	2.98	2.92	2.82	2.72	2.62	2.56	2.50	2.44	2.38	2.32	2.25
18	5.98	4.56	3.95	3.61	3.38	3.22	3.10	3.01	2.93	2.87	2.77	2.67	2.56	2.50	2.44	2.38	2.32	2.26	2.19
19	5.92	4.51	3.90	3.56	3.33	3.17	3.05	2.96	2.88	2.82	2.72	2.62	2.51	2.45	2.39	2.33	2.27	2.20	2.13
20	5.87	4.46	3.86	3.51	3.29	3.13	3.01	2.91	2.84	2.77	2.68	2.57	2.46	2.41	2.35	2.29	2.22	2.16	2.09
21	5.83	4.42	3.82	3.48	3.25	3.09	2.97	2.87	2.80	2.73	2.64	2.53	2.42	2.37	2.31	2.25	2.18	2.11	2.04
22	5.79	4.38	3.78	3.44	3.22	3.05	2.93	2.84	2.76	2.70	2.60	2.50	2.39	2.33	2.27	2.21	2.14	2.08	2.00
23	5.75	4.35	3.75	3.41	3.18	3.02	2.90	2.81	2.73	2.67	2.57	2.47	2.36	2.30	2.24	2.18	2.11	2.04	1.97
24	5.72	4.32	3.72	3.38	3.15	2.99	2.87	2.78	2.70	2.64	2.54	2.44	2.33	2.27	2.21	2.15	2.08	2.01	1.94
25	5.69	4.29	3.69	3.35	3.13	2.97	2.85	2.75	2.68	2.61	2.51	2.41	2.30	2.24	2.18	2.12	2.05	1.98	1.91
26	5.66	4.27	3.67	3.33	3.10	2.94	2.82	2.73	2.65	2.59	2.49	2.39	2.28	2.22	2.16	2.09	2.03	1.95	1.88
27	5.63	4.24	3.65	3.31	3.08	2.92	2.80	2.71	2.63	2.57	2.47	2.36	2.25	2.19	2.13	2.07	2.00	1.93	1.85
28	5.61	4.22	3.63	3.29	3.06	2.90	2.78	2.69	2.61	2.55	2.45	2.34	2.23	2.17	2.11	2.05	1.98	1.91	1.83
29	5.59	4.20	3.61	3.27	3.04	2.88	2.76	2.67	2.59	2.53	2.43	2.32	2.21	2.15	2.09	2.03	1.96	1.89	1.81
30	5.57	4.18	3.59	3.25	3.03	2.87	2.75	2.65	2.57	2.51	2.41	2.31	2.20	2.14	2.07	2.01	1.94	1.87	1.79
40	5.42	4.05	3.46	3.13	2.90	2.74	2.62	2.53	2.45	2.39	2.29	2.18	2.07	2.01	1.94	1.88	1.80	1.72	1.64
60	5.29	3.93	3.34	3.01	2.79	2.63	2.51	2.41	2.33	2.27	2.17	2.06	1.94	1.88	1.82	1.74	1.67	1.58	1.48
120	5.15	3.80	3.23	2.89	2.67	2.52	2.39	2.30	2.22	2.16	2.05	1.94	1.82	1.76	1.69	1.61	1.53	1.43	1.31
∞	5.02	3.69	3.12	2.79	2.57	2.41	2.29	2.19	2.11	2.05	1.94	1.83	1.71	1.64	1.57	1.48	1.39	1.27	1.00

附表 5　F 分布表

$\alpha = 0.01$　　　续表

n_2	n_1																
	1	2	3	4	5	6	7	8	9	10	12	15	20	24	30	40	60	120	∞
1	4052	4999.5	5403	5625	5764	5859	5928	5981	6022	6056	6106	6157	6209	6235	6261	6287	6313	6339	6366
2	98.50	99.00	99.17	99.25	99.30	99.33	99.36	99.37	99.39	99.40	99.42	99.43	99.45	99.46	99.47	99.47	99.48	99.49	99.50
3	34.12	30.82	29.46	28.71	28.24	27.91	27.67	27.49	27.35	27.23	27.05	26.87	26.69	26.60	26.50	26.41	26.32	26.22	26.13
4	21.20	18.00	16.69	15.98	15.52	15.21	14.98	14.80	14.66	14.55	14.37	14.20	14.02	13.93	13.84	13.75	13.65	13.56	13.46
5	16.26	13.27	12.06	11.39	10.97	10.67	10.46	10.29	10.16	10.05	9.89	9.72	9.55	9.47	9.38	9.29	9.20	9.11	9.02
6	13.75	10.92	9.78	9.15	8.75	8.47	8.26	8.10	7.98	7.87	7.72	7.56	7.40	7.31	7.23	7.14	7.06	6.97	6.88
7	12.25	9.55	8.45	7.85	7.46	7.19	6.99	6.84	6.72	6.62	6.47	6.31	6.16	6.07	5.99	5.91	5.82	5.74	5.65
8	11.26	8.65	7.59	7.01	6.63	6.37	6.18	6.03	5.91	5.81	5.67	5.52	5.36	5.28	5.20	5.12	5.03	4.59	4.86
9	10.56	8.02	6.99	6.42	6.06	5.80	5.61	5.47	5.35	5.26	5.11	4.96	4.81	4.73	4.65	4.57	4.48	4.40	4.31
10	10.04	7.56	6.55	5.99	5.64	5.39	5.20	5.06	4.94	4.85	4.71	4.56	4.41	4.33	4.25	4.17	4.08	4.00	3.91
11	9.65	7.21	6.22	5.67	5.32	5.07	4.89	4.74	4.63	4.54	4.40	4.25	4.10	4.02	3.94	3.86	3.78	3.69	3.60
12	9.33	6.93	5.95	5.41	5.06	4.82	4.64	4.50	4.39	4.30	4.16	4.01	3.86	3.78	3.70	3.62	3.54	3.45	3.36
13	9.07	6.70	5.74	5.21	4.86	4.62	4.44	4.30	4.19	4.10	3.96	3.82	3.66	3.59	3.51	3.43	3.34	3.25	3.17
14	8.86	6.51	5.56	5.04	4.69	4.46	4.28	4.14	4.03	3.94	3.80	3.66	3.51	3.43	3.35	3.27	3.18	3.09	3.00
15	8.68	6.39	5.42	4.89	4.56	4.32	4.14	4.00	3.89	3.80	3.67	3.52	3.37	3.29	3.21	3.13	3.05	2.96	2.87
16	8.53	6.23	5.29	4.77	4.44	4.20	4.03	3.89	3.78	3.69	3.55	3.41	3.26	3.18	3.10	3.02	2.93	2.84	2.75
17	8.40	6.11	5.18	4.67	4.34	4.10	3.93	3.79	3.68	3.59	3.46	3.31	3.16	3.08	3.00	2.92	2.83	2.75	2.65
18	8.29	6.01	5.09	4.58	4.25	4.01	3.84	3.71	3.60	3.51	3.37	3.23	3.08	3.00	2.92	2.84	2.75	2.66	2.57
19	8.18	5.93	5.01	4.50	4.17	3.94	3.77	3.63	3.52	3.43	3.30	3.15	3.00	2.92	2.84	2.76	2.67	2.58	2.49
20	8.10	5.85	4.94	4.43	4.10	3.87	3.70	3.56	3.46	3.37	3.23	3.09	2.94	2.86	2.78	2.69	2.61	2.52	2.42
21	8.02	5.78	4.87	4.37	4.04	3.81	3.64	3.51	3.40	3.31	3.17	3.03	2.88	2.80	2.72	2.64	2.55	2.46	2.36
22	7.95	5.72	4.82	4.31	3.99	3.76	3.59	3.45	3.35	3.26	3.12	2.98	2.83	2.75	2.67	2.58	2.50	2.40	2.31
23	7.88	5.66	4.76	4.26	3.94	3.71	3.54	3.41	3.30	3.21	3.07	2.93	2.78	2.70	2.62	2.54	2.45	2.35	2.26
24	7.82	5.61	4.72	4.22	3.90	3.67	3.50	3.36	3.26	3.17	3.03	2.89	2.74	2.66	2.58	2.49	2.40	2.31	2.21
25	7.77	5.57	4.68	4.18	3.85	3.63	3.46	3.32	3.22	3.13	2.99	2.85	2.70	2.62	2.54	2.45	2.36	2.27	2.17
26	7.72	5.53	4.64	4.14	3.82	3.59	3.42	3.29	3.18	3.09	2.96	2.81	2.66	2.58	2.50	2.42	2.33	2.23	2.13
27	7.68	5.49	4.60	4.11	3.78	3.56	3.39	3.26	3.15	3.06	2.93	2.78	2.63	2.55	2.47	2.38	2.29	2.20	2.10
28	7.64	5.45	4.57	4.07	3.75	3.53	3.36	3.23	3.12	3.03	2.90	2.75	2.60	2.52	2.44	2.35	2.26	2.17	2.06
29	7.60	5.42	4.54	4.04	3.73	3.50	3.33	3.20	3.09	3.00	2.87	2.73	2.57	2.49	2.41	2.33	2.23	2.14	2.03
30	7.56	5.39	4.51	4.02	3.70	3.47	3.30	3.17	3.07	2.98	2.84	2.70	2.55	2.47	2.39	2.30	2.21	2.11	2.01
40	7.31	5.18	4.31	3.83	3.51	3.29	3.12	2.99	2.89	2.80	2.66	2.52	2.37	2.29	2.20	2.11	2.02	1.92	1.80
60	7.08	4.98	4.13	3.65	3.34	3.12	2.95	2.82	2.72	2.63	2.50	2.35	2.20	2.12	2.03	1.94	1.84	1.73	1.60
120	6.85	4.79	4.05	3.48	3.17	2.96	2.79	2.66	2.56	2.47	2.34	2.19	2.03	1.95	1.86	1.76	1.66	1.53	1.38
∞	6.63	4.61	3.78	3.32	3.02	2.80	2.64	2.51	2.41	2.32	2.18	2.04	1.88	1.79	1.70	1.59	1.47	1.32	1.00

附表5 F分布表

$$\alpha = 0.005$$

续表

n_2	n_1																	
	1	2	3	4	5	6	7	8	9	10	12	15	20	24	30	40	60	120	∞
1	16211	20000	21615	22500	23056	23437	23715	23925	24091	24224	24426	24630	24836	24940	25044	25148	25253	25359	25465
2	198.5	199.0	199.2	199.2	199.3	199.3	199.4	199.4	199.4	199.4	199.4	199.4	199.4	199.5	199.5	199.5	199.5	199.5	199.5
3	55.55	49.80	47.47	46.19	15.39	44.84	44.43	44.13	43.88	43.69	43.39	43.08	42.78	42.62	42.47	42.31	42.15	41.99	41.83
4	31.33	26.28	24.26	23.15	22.46	21.97	21.62	21.35	21.14	20.97	20.70	20.44	20.17	20.03	19.89	19.75	19.61	19.47	19.32
5	22.78	18.31	16.53	15.56	14.94	14.51	14.20	13.96	13.77	13.62	13.38	13.15	12.90	12.78	12.66	12.53	12.40	12.27	12.14
6	18.63	14.54	12.92	12.03	11.46	11.07	10.79	10.57	10.39	10.25	10.03	9.81	9.59	9.47	9.36	9.24	9.12	9.00	8.88
7	16.24	12.40	10.88	10.05	9.52	9.16	8.89	8.68	8.51	8.38	8.18	7.97	7.75	7.65	7.53	7.42	7.31	7.19	7.08
8	14.69	11.04	9.60	8.81	8.30	7.95	7.69	7.50	7.34	7.21	7.01	6.81	6.61	6.50	6.40	6.29	6.18	6.06	5.95
9	13.61	10.11	8.72	7.96	7.47	7.13	6.88	6.69	6.54	6.42	6.25	6.03	5.83	5.73	5.62	5.52	5.41	5.30	5.19
10	12.83	9.43	8.08	7.34	6.87	6.54	6.30	6.12	5.97	5.85	5.66	5.47	5.27	5.17	5.07	4.97	4.86	4.75	4.64
11	12.23	8.91	7.60	6.88	6.42	6.10	5.86	5.68	5.54	5.42	5.24	5.05	4.86	4.76	4.65	4.55	4.44	4.34	4.23
12	11.75	8.51	7.23	6.52	6.07	5.76	5.52	5.35	5.20	5.09	4.91	4.72	4.53	4.43	4.33	4.23	4.12	4.01	3.90
13	11.37	8.19	6.93	6.23	5.79	5.48	5.25	5.08	4.94	4.82	4.64	4.46	4.27	4.17	4.07	3.97	3.87	3.76	3.65
14	11.06	7.92	6.68	6.00	5.56	5.26	5.03	4.86	4.72	4.60	4.43	4.25	4.06	3.96	3.86	3.76	3.66	3.55	3.44
15	10.80	7.70	6.48	5.80	5.37	5.07	4.85	4.67	4.54	4.42	4.25	4.07	3.88	3.79	3.69	3.58	3.48	3.37	3.26
16	10.58	7.51	6.30	5.64	5.21	4.91	4.69	4.52	4.38	4.27	4.10	3.92	3.73	3.64	3.54	3.44	3.33	3.22	3.11
17	10.38	7.35	6.16	5.50	5.07	4.78	4.56	4.39	4.25	4.14	3.97	3.79	3.61	3.51	3.41	3.31	3.21	3.10	2.98
18	10.22	7.21	6.03	5.37	4.96	4.66	4.44	4.28	4.14	4.03	3.86	3.68	3.50	3.40	3.30	3.20	3.10	2.99	2.87
19	10.07	7.09	5.92	5.27	4.85	4.56	4.34	4.18	4.04	3.93	3.76	3.59	3.40	3.31	3.21	3.11	3.00	2.89	2.78
20	9.94	6.99	5.82	5.17	4.76	4.47	4.26	4.09	3.96	3.85	3.68	3.50	3.32	3.22	3.12	3.02	2.92	2.81	2.69
21	9.83	6.89	5.73	5.09	4.68	4.39	4.18	4.01	3.88	3.77	3.60	3.43	3.24	3.15	3.05	2.95	2.84	2.73	2.61
22	9.73	6.81	5.65	5.02	4.61	4.32	4.11	3.94	3.81	3.70	3.54	3.36	3.18	3.08	2.98	2.88	2.77	2.66	2.55
23	9.63	6.73	5.58	4.95	4.54	4.26	4.05	3.88	3.75	3.64	3.47	3.30	3.12	3.02	2.92	2.82	2.71	2.60	2.48
24	9.55	6.66	5.52	4.89	4.49	4.20	3.99	3.83	3.69	3.59	3.42	3.25	3.06	2.97	2.87	2.77	2.66	2.55	2.43
25	9.48	6.60	5.46	4.84	4.43	4.15	3.94	3.78	3.64	3.54	3.37	3.20	3.01	2.92	2.82	2.72	2.61	2.50	2.38
26	9.41	6.54	5.41	4.79	4.38	4.10	3.89	3.73	3.60	3.49	3.33	3.15	2.97	2.87	2.77	2.67	2.56	2.45	2.33
27	9.34	6.49	5.36	4.74	4.34	4.06	3.85	3.69	3.56	3.45	3.28	3.11	2.93	2.83	2.73	2.63	2.52	2.41	2.29
28	9.28	6.44	5.32	4.70	4.30	4.02	3.81	3.65	3.52	3.41	3.25	3.07	2.89	2.79	2.69	2.59	2.48	2.37	2.25
29	9.23	6.40	5.28	6.66	4.26	3.98	3.77	3.61	3.48	3.38	3.21	3.04	2.86	2.76	2.66	2.56	2.45	2.33	2.21
30	9.18	6.35	5.24	4.62	4.23	3.95	3.74	3.58	3.45	3.34	3.18	3.01	2.82	2.73	2.63	2.52	2.42	2.30	2.18
40	8.83	6.07	4.98	4.37	3.99	3.71	3.51	3.35	3.22	3.12	2.95	2.78	2.60	2.50	2.40	2.30	2.18	2.06	1.93
60	8.49	5.79	4.73	4.14	3.76	3.49	3.29	3.13	3.01	2.90	2.74	2.57	2.39	2.29	2.19	2.08	1.96	1.83	1.69
120	8.18	5.54	4.50	3.92	3.55	3.28	3.09	2.93	2.81	2.71	2.54	2.37	2.19	2.09	1.98	1.87	1.75	1.61	1.43
∞	7.88	5.30	4.28	3.72	3.35	3.09	2.90	2.74	2.62	2.52	2.36	2.19	2.00	1.90	1.79	1.67	1.53	1.36	1.00